· 大地测量与地球动力学丛书 ·

# 影像大地测量与灾害动力学

李振洪　朱　武　余　琛　张　勤　彭建兵　著

科学出版社

北　京

# 内 容 简 介

　　影像大地测量与灾害动力学是遥感科学与技术、大地测量学与灾害动力学的交叉与融合。近年来，世界各国相继发射了具备大范围、精细化、多功能的对地观测遥感卫星。诸多在轨卫星利用可见光、红外和微波波段等信号对地球表面进行连续不断的观测，积累了传统大地测量手段无法企及的覆盖地下、浅地表和大气层的海量多源数据，极大地推动了地球动力学尤其是灾害动力学的发展，涌现了大量创新型应用场景。为系统掌握影像大地测量与灾害动力学的定义内涵、技术方法、发展现状与未来趋势，本书罗列目前常用的卫星遥感对地观测数据源，介绍卫星影像、大地测量、灾害动力学最新数据处理理论与方法，研究灾害动力学涉及的地球形态确定、构造动力学过程及其演化规律等关键问题。

　　本书可作为地球科学领域、测绘与遥感领域、自然和地质灾害防治领域的技术人员及广大科技工作研究者的参考用书。

**图书在版编目（CIP）数据**

影像大地测量与灾害动力学 / 李振洪等著. -- 北京：科学出版社，2025.5. -- ISBN 978-7-03-081638-2

Ⅰ. P22；X4

中国国家版本馆 CIP 数据核字第 2025VU9508 号

责任编辑：杜　权　吴春花/责任校对：高　嵘
责任印制：徐晓晨/封面设计：苏　波

**科 学 出 版 社** 出版
北京东黄城根北街 16 号
邮政编码：100717
http://www.sciencep.com
北京中科印刷有限公司印刷
科学出版社发行　各地新华书店经销
\*
开本：787×1092　1/16
2025 年 5 月第 一 版　印张：16
2025 年 5 月第一次印刷　字数：380 000
**定价：248.00 元**
（如有印装质量问题，我社负责调换）

# "大地测量与地球动力学丛书"编委会

# "大地测量与地球动力学丛书"序

    大地测量学是测量和描绘地球形状及其重力场并监测其变化的一门学科，属于地球科学的一个重要分支。它为人类活动提供地球空间信息，为国家经济建设、国防安全、资源开发、环境保护、减灾防灾等领域提供重要的基础信息和技术支撑，为地球科学和空间科学的研究提供基准信息和技术支撑。

    大地测量学的发展历史悠久，早在公元前 3000 年，古埃及人就开始了大地测量的实践，用于解决尼罗河泛滥后的土地划分问题。随着人类对地球认识的不断深入，大地测量学也不断发展，从最初的平面测量，到后来的弧度测量、天文测量、重力测量、水准测量等，逐渐揭示了地球的形状、大小、重力场等基本特征。17 世纪以后，随着牛顿万有引力定律的提出，大地测量学进入了一个新的阶段，开始开展以地球为对象的物理研究，包括探索地球的内部结构、密度分布、自转运动等。20 世纪以来，随着空间技术、计算机技术和信息技术的飞跃发展，大地测量学又迎来了一个革命性的变化，出现了卫星大地测量、甚长基线干涉测量、电磁波测距、卫星导航定位等新技术，形成了现代大地测量学，使得大地测量的精度、效率、范围得到了前所未有的提高，同时也为地球动力学、行星学、大气学、海洋学、板块运动学和冰川学等提供了基准信息。现代大地测量学与地球科学和空间科学的多个分支相互交叉，已成为推动地球科学、空间科学和军事科学发展的前沿科学之一。

    我国的大地测量学及应用有着辉煌的历史和成就。1956 年我国成立了国家测绘总局，颁布了大地测量法式和相应的细则规范。20 世纪 70~90 年代开始建立国家重力网，2000 年完成了国家似大地水准面的计算，并建立了 2000 国家大地坐标系（CGCS2000）及其坐标基准框架，为国家经济建设和大型工程建设提供了空间基准。2019 年以来，我国大地测量工作者面向国家经济发展和国防建设发展需求，顺利完成了多项有影响力的重大工程和研究工作：北斗卫星导航系统于 2021 年 7 月 31 日正式向全球用户提供定位、导航、定时（PNT）服务和国际搜救服务；历尽艰辛，综合运用多种大地测量技术，于 2020 年 12 月完成了 2020 珠峰高程测量；突破系列卫星平台和载荷关键技术，于 2021 年成功发射了我国第一组低-低跟踪重力测量卫星；于 2023 年 3 月成功发射了我国第一组低-低伴飞海洋测高卫星；初步实现了我国海底大地测量基准试验网建设，研制了成套海底信标装备，突破了海洋大地测量基准建设系列关键技术。

    为了更好地推动我国大地测量学科的发展，中国科学院于 1989 年 11 月成立了动力大地测量学重点实验室，是中国科学院从事现代大地测量学、地球物理学和地球动力学交叉前沿学科研究的实验室。实验室面向国家重大战略需求，瞄准国际大地测量与地球动力学学科前沿，以地球系统动力过程为主线，利用现代大地测量技术和数值模拟方法，开展地球动力学过程的数值模拟研究，揭示地球各圈层相互作用的动力学机制；同时，发展大地测量新方法和新技术，解决国家航空航天、军事测绘、资源能源勘探开发、地质灾害监测及应急响应等方面战略需求中的重大科学问题和关键技术问题。2011年，依托中国科学院测量与地球物理研究所（现中国科学院精密测量科学与技术创新研究院），科学技术部成立了大地测量与地球动力学国家重点实验室，标志着我国大地测量学科的研究水平和国际影响力达到了一个新的高度。围绕我国航空航天、军事国防等国民经济建设和社会发展的重大需求，大地测量与地球动力学学科领域的专家学者对重大科学和技术问题开展综合研究，取得了一系列成果。这些最新的研究成果为"大地测量与地球动力学丛书"的出版奠定了坚实的基础。

本套丛书由大地测量与地球动力学国家重点实验室组织撰写，丛书编委覆盖国内大地测量与地球动力学领域20余家研究单位的30余位资深专家及中青年科技骨干人才，能够切实反映我国大地测量和地球动力学的前沿研究成果。丛书分为重力场探测理论方法与应用，形变与地壳监测、动力学及应用，GNSS与InSAR多源探测理论、方法应用，基准与海洋、极地、月球大地测量学4个板块；既有理论的深入探讨，又有实践的生动展示，既有国际的视野，又有国内的特色，既有基础的研究，又有应用的案例，力求做到全面、权威、前沿和实用。本套丛书面向国家重大战略需求，可以为深空、深地、深海、深测等领域的发展应用提供重要的指导作用，为国家安全、社会可持续发展和地球科学研究做出基础性、战略性、前瞻性的重大贡献，在推动学科交叉与融合、拓展学科应用领域、加速新兴分支学科发展等方面具有重要意义。

本套丛书的出版，既是为了满足广大大地测量与地球动力学工作者和相关领域的科研人员、教师、学生的学习和研究需求，也是为了展示大地测量与地球动力学的学科成果，激发读者的思考和创新。特别感谢大地测量与地球动力学国家重点实验室对本套丛书的编写和出版的大力支持和帮助，同时，也感谢所有参与本套丛书编写的作者，为本套丛书的出版提供了坚实的学术基础。由于时间仓促，编写和校对过程中难免会有一些疏漏，敬请读者批评指正，我们将不胜感激。希望本套丛书的出版，能够为我国大地测量与地球动力学的学科发展和应用贡献一份力量！

中国科学院院士

2024年1月

# 前言

自 19 世纪 60 年代法国人费利克斯·纳达尔（Félix Nadar）利用气球作为载体获得第一张航拍照片伊始，非接触、远距离摄影或扫描的遥感技术给传统大地测量带来了深刻变革。遥感技术可以获取高空间分辨率、大范围覆盖、高精度的影像资料，对这些影像进行处理、分析、展示和传输，能够更加深入地服务于大地测量学，由此衍生出影像大地测量学的概念。2014 年，作者首次使用影像大地测量学（Imaging Geodesy）作为教授职位名称，并在英国纽卡斯尔大学组建了 Imaging Geodesy 研究团队，致力于将 Imaging Geodesy 与灾害动力学结合，研究地震、火山、滑坡、地面沉降等灾害的动力学机制和时空演化。2019 年，作者回国加入长安大学地质工程与测绘学院，进一步梳理了影像大地测量与灾害动力学的科学内涵，并将其应用于川藏铁路、黄土高原、三峡库区等区域国家重大工程中。尽管影像大地测量与灾害动力学已经在防灾减灾、环境保护和新能源开发等领域都发挥了重要作用，但至今未见系统介绍影像大地测量与灾害动力学的发展历程、研究范畴、技术方法和综合应用的学术专著。受孙和平院士邀请，作者团队尝试撰写《影像大地测量与灾害动力学》一书，使读者对影像大地测量与灾害动力学内涵有进一步的了解和认识，进而更好地应用于教学和科研工作中，以及服务国家重大战略和工程建设。

本书是在作者及团队近 20 年的科研实践基础上形成的，系统阐述影像大地测量与灾害动力学的基本理论，总结影像大地测量与灾害动力学技术方法在地震、火山、滑坡、地面沉降和地裂缝等方面的现状与进展，旨在为灾害动力学提供一整套新颖、可行的影像大地测量方案。在此由衷地感谢我们的团队及合作团队，他们辛勤的努力和丰富的成果为本书的撰写提供了大量珍贵的素材，也让我们共同参与并见证了影像大地测量与灾害动力学领域的发展进程。

本书分为 6 章：第 1 章主要介绍影像大地测量与灾害动力学国内外研究现状以及与其他学科的关系。第 2 章分别介绍大地测量学、遥感学、影像大地测量学、灾害动力学、影像大地测量与灾害动力学的定义和内涵，体现出不同学科之间的区别与联系。第 3 章从微波遥感、光学遥感及 LiDAR 三个方面分别介绍影像大地测量与灾害动力数据采集平台。第 4 章介绍影像大地测量与灾害动力学的研究内容、技术手段，为后续的具体应用提供可靠有效的影像大地测量观测数据和观测结果。第 5 章主要介绍影像大地测量与灾害动力学在地震、火山、滑坡、地面沉降和地裂缝等领域的实际应用案例。第 6 章从影像大地测量与灾害动力学的发展瓶颈、国家需求和热点研究内容等方面介绍影像大地测量与灾害动力学的发展趋势与挑战。

　　本书主要取材于作者团队承担的多项国家级和省级项目的科研成果，包括国家自然科学基金重大项目"川藏铁路重大灾害风险识别与预测"（41941019）、科技部国家重点研发计划"大范围自然灾害交通网信息全息感知与智能控制及安全诱导技术装备研发"（2020YFC1512000）等。在此，作者对这些基金的资助表示诚挚的谢意！作者团队的研究生做了大量的数据处理和文字录入工作，在此一并表示衷心的感谢！

　　由于作者水平和经验有限，本书中可能存在疏漏，恳请各位读者批评指正。

作　者

2024 年 11 月 24 日

# 目　录

# 第1章

# 绪　　论

## 1.1　概　　述

随着对地观测遥感卫星的快速增多，多源影像为大地测量和地球动力学提供了海量数据支持，促进了灾害动力学理论和体系的成熟，衍生出了影像大地测量与灾害动力学。影像大地测量与灾害动力学通过对影像数据的处理，进行灾害的识别、监测预警和机理反演，以期达到防灾减灾的目的。其中，机理反演可以加深人们对灾害发生规律的了解，为灾害预警和防控等提供数据资料。在灾害救援过程中，高分辨率的遥感影像可为救援路线的快速制订提供支持，确保被困人员在最短的时间内到达安全区域。灾后损毁评估中，不仅可以通过遥感手段获取损毁信息，避免大量的人工调查，而且可以对生态环境恢复进行实时监测，有序推进灾后恢复重建。对上述任务而言，对地观测技术无疑是对传统观测手段强有力的补充。我们相信，影像大地测量与灾害动力学在我国将具有更加广阔的应用前景，在科研领域中也将会引起更多学者的广泛关注。

## 1.2　影像大地测量与灾害动力学的研究现状

Imageodesy 这一术语首次出现是在 1993 年（Crippen et al.，1993），由国际大地测量学与地球物理学联合会（International Union of Geodesy and Geophysics，IUGG）在 1995 年首次给出初步定义，即认为 Imageodesy 是一种绘制两个卫星影像之间发生亚像素地表位移的方法（Crippen et al.，1995）。1998 年，我国摄影测量学之父王之卓给出了 Imageodesy 更具体的定义，即利用合成孔径雷达（synthetic aperture radar，SAR）和合成孔径雷达干涉测量（interferometric synthetic aperture radar，InSAR）对地面观测即可称为影像大地测量学（王之卓，1998）。2002 年，陈俊勇院士在为廖明生教授和林珲教授所著的《雷达干涉测量：原理与信号处理基础》一书作序时也认为，InSAR 技术的应用是空间大地测量学的一个重要领域，其获取高时空分辨率地表形变信息的特点衍生了 Imageodesy 的提法（廖明生 等，2003）。2010 年，德国宇航中心 Eineder 等（2010）首次使用 Imaging Geodesy 这一术语表述了基于高分辨率 SAR 影像提取厘米级绝对定位精度的技术。2014 年，作者首次使用影像大地测量学（Imaging Geodesy）作为教授职位名称，并在英国纽卡斯尔大学组建了 Imaging Geodesy 研究团队。2015 年，休斯敦大学的 Carter 教授等进一步拓展了 Imaging Geodesy 的技术范畴，认为机载激光雷达（light detection and ranging，LiDAR）已然成为 Imaging Geodesy 的重要技术手段（Carter et al.，2015）。近年来，随着 SAR、光学遥感和 LiDAR 等对地观测成像技术的迅速发展（张勤 等，2017），Imaging Geodesy 已成为大地测量、遥感科学、数字摄影测量、计算机视觉等学科相互交叉融合的重要研究方向。

20 世纪 60 年代至 90 年代初，SAR 影像来源相对较少、图像处理技术相对不成熟，影像大地测量学处于起步萌芽阶段。20 世纪 90 年代至 21 世纪初，对地观测数据处理理论日趋成熟，创新技术层出不穷，影像大地测量学处于飞跃发展阶段。21 世纪初至 10 年代，成像卫星种类和数量逐渐增多，为多角度多层次观测地球形状、环境及其变化提供数据支撑，影像大地测量学处于深度创新阶段。21 世纪 10 年代至今，对地观测成像技术突飞猛进，其应用朝着广域、精细化、多维监测发展，影像大地测量学处于全面应用阶段。

SAR、光学遥感和 LiDAR 作为影像大地测量与灾害动力学的关键技术，其基本理论、数据处理流程已较为成熟，在地震、火山、滑坡、地面沉降和地裂缝等研究领域取得了显著的成果。Rogers 等（1969）首次将干涉测量技术应用到雷达上，成功获取金星和月球表面的高程信息。20 世纪 70 年代，数字计算机技术的发展促进了 SAR 技术的应用。Graham（1974）首次将雷达干涉测量技术应用到机载雷达上，利用振幅条纹和光学处理技术获取了地表地形。Zebker 等（1986）首次采用数字信号处理技术将机载系统实验得到的两幅复数影像直接形成干涉。ERS-1/2 的 Tandem 计划获取了对地形数据有利的高相干性干涉图，时间间隔为 1d。Gabriel 等（1989）首次提出差分合成孔径雷达干涉测量（differential interferometric synthetic aperture radar，D-InSAR）技术，实现了地面高程和形变信号的分离，并使用海洋卫星（Seasat）观测获得了美国加利福尼亚州大面积农田厘米级精度的地表形变数据。

进入 20 世纪 90 年代后，一些成熟的科研卫星陆续发射升空，极大地促进了影像大地测量与灾害动力学的快速发展，数据处理关键技术也在该阶段取得重大突破。Crippen（1992）提出利用光学影像偏移量来获取地表形变数据，并成功应用于 1989 年美国洛马普列塔（Loma Prieta）地震的水平位移场。Massonnet 等（1993）将 InSAR 技术首次应用于厘米级地表形变场观测，主要是利用间隔数月的 ERS-1/2 SAR 影像测量美国兰德斯（Landers）地震的同震形变场。Goldstein 等（1993）首次采用 InSAR 技术获取南极洲 Rutford 冰流的速度场，通过对相隔几天的两幅 SAR 影像的雷达信号进行相位比较，得到相对地面运动的干涉图。Massonnet 等（1995）首次将 InSAR 技术用于火山形变探测，通过多期 ERS-1 影像探测到了意大利埃特纳（Etna）火山喷发前的膨胀过程。Fruneau 等（1996）将法国阿尔卑斯地区的滑坡体作为研究对象，首次证实 D-InSAR 技术确定中等滑移速度（cm/d 级别）滑坡体运移场的能力。Hanssen 等（1999）首次将 InSAR 技术用于高分辨率水汽分布估计，证实了雷达观测技术用于大气动力学的可行性。Alsdorf 等（2000）首次将 InSAR 技术用于亚马孙洪泛平原水位变化监测。美国奋进号航天飞机雷达地形测绘任务（shuttle radar topography mission，SRTM）于 2000 年 2 月开展，发射了"奋进号"航天飞机，其搭载的 SAR 传感器在 11 d 获取了覆盖全球陆地表面 80% 以上的地形数据，并在三年后发布了可靠的数字高程模型（digital elevation model，DEM）产品，从而使两轨干涉法成为主流，也在一定程度上促进了时序技术的发展。为了削弱大气延迟等误差的影响，提高干涉影像的信噪比，Sandwell 等（1998）提出了干涉图堆叠（stacking）技术。其核心思想是通过对 InSAR 技术所获取的一段时间内的解缠相位进行加权平均，进而估计大区域的平均形变速率场。Wright 等（2001）成功将堆叠技术应用到土耳其北安纳托利亚断裂的震间形变测量中。永久散射体合成孔径雷达干涉测量（persistent scatterer-InSAR，PS-InSAR）技术于 1999 年提出，有效解决了 D-InSAR 技术中时间、空间去相关和大气效应等限制测量精度的问题。小基线集合成孔径雷达干涉测量（small baseline subset-InSAR，SBAS-InSAR）技术于 2002 年提出，是一种基于多主影像且只利用时空基线较短的干涉对来提取地表形变信息的 InSAR 时间序列方法。PS-InSAR 和 SBAS-InSAR 技术基本奠定了 InSAR 时间序列分析方法的两大派系，此后涌现的所有时序 InSAR 方法几乎都是对这两种技术的优化和改进。

进入 21 世纪后，多极化、多角度、多模式成像的卫星陆续升空，影像大地测量与灾害动力学向深度创新阶段迈进。Fornaro 等（2003）提出了基于高分辨率 SAR 影像的 SAR 层析成像（SAR tomography，TomoSAR）技术，并利用欧洲遥感卫星（European Remote Sensing Satellite，ERS）星载 SAR 数据进行了数据处理试验，证明了利用星载 SAR 数据进行层析 SAR 三维成像的可行性。层析 SAR 技术弥补了传统 InSAR 技术在高程向上分辨能力缺失的不足，真正实现了距离向-方位向-高程向的三维成像，为后续的研究和实际应用奠定了基础。Bechor 等（2006）首次提出的多孔径干涉测量（multiple aperture interferometry，MAI）技术采用单干涉像对就可以获得雷达视线方向和方位向形变量，可实现高精度和高效率的方位向形变量提取。随后，Jung 等（2009）对该方法进行了改进，减少了平地效应和地形相位对结果的影响，加强了数据的相关性。Hooper 等（2007）提出了一套 PS-InSAR 数据处理算法，该算法无须事先给出形变模型且利用三维时空解缠技术来获取目标形变的时序信息，适用于火山、板块运动区等无人类活动区域的地表形变监测。Ferretti 等（2011）首次提出了第二代永久散射体技术 SuqeeSAR，该技术联合处理永久散射体（permanent scatterer，PS）和分布式散射体（distribution scatterer，DS），适合非城市区域的形变观测。InSAR 技术在提取地表形变时会受到大气延迟的影响，进而掩盖真实的地表形变信号，影响提取形变结果的精度。为了克服大气延迟的影响，这一时期出现了利用全球定位系统（global positioning system，GPS）（Li et al.，2006；Onn et al.，2006）、GPS/MODIS[①]（Li et al.，2005）、MODIS/MERIS[②]（Li et al.，2009）等外部观测数据的多种大气改正模型。Westoby 等（2012）使用倾斜摄影测量方法运动恢复结构（structure-from-motion，SfM）构建了高分辨率 DEM 并对模型质量进行了定量评估，这是 SfM 在地学科学领域的一个成功应用。在这个阶段，InSAR 技术的应用场景逐步拓宽，Nof 等（2013）和 Hong 等（2010）分别利用 InSAR 技术完成天坑和湿地水位线变化监测。

进入 21 世纪 10 年代中期，对地观测成像技术突飞猛进，影像大地测量与灾害动力学进入全面应用阶段。2017 年，全国首个通用型 InSAR 大气改正在线服务（generic atmospheric correction online service for InSAR，GACOS）（http://www.gacos.net）发布，已成为国际主流 InSAR 大气误差改正科研服务型系统。GACOS 系统结合了全球导航卫星系统（global

---

① MODIS，moderate-resolution imaging spectroradio-meter，为搭载在 Terra 和 Aqua 两颗卫星上的中分辨率成像光谱仪。

② MERIS，medium resolution imaging spectrometer，为搭载在 ENVISAT-1 卫星上的中分辨率成像光谱仪。

navigation satellite system，GNSS）获取的大气可降水量（precipitable water vapor，PWV）数据和欧洲中期天气预报中心（European Centre for Medium-Range Weather Forecasts，ECMWF）数据，可以免费近实时提供全球任何地区的天顶对流层延迟（zenith tropospheric delay，ZTD）改正影像，能够更好地改正 InSAR 干涉图大气误差。2018 年，张祖勋院士提出了基于面向对象的摄影测量理念的贴近摄影测量。贴近摄影测量利用旋翼无人机贴近摄影获取超高分辨率影像，可高度还原地表和物体的精细结构，被广泛应用于文物保护和地质灾害与桥梁监测等。2020 年，英国地震、火山和构造观测与建模中心（Centre for the Observation and Modelling of Earthquakes，Volcanoes and Tectonics，COMET）提出 LiCSAR 自动化处理平台，免费提供处理好的 Sentinel-1 的解缠图和干涉图数据，处理着重于监测构造和火山活动。同年，Morishita 等（2020）基于 LiCSAR 产品提出一种开源 InSAR 时间序列分析方法，其原理是利用外部 GACOS 产品对 LiCSAR 产品的对流层进行大气校正，并剔除干涉对中存在的误差，用小基线反演得到位移时间序列和速度。欧洲空间局提供的 HyP3 系统是用于处理 SAR 影像的自动化服务，也较好地解决了 SAR 数据云计算与存储的问题，以应对与自然灾害或再处理工作相关事件需求的激增。目前，可以支持免费处理 Sentinel-1 RTC 产品、Sentinel-1 InSAR 产品、Sentinel-1 AutoRIFT 产品。

目前，高原、高海拔地区的地质灾害监测在数据获取、算法实现等方面还有待进一步深入研究。结合"天-空-地-内"立体监测手段和构建多源异构数据平台，已然成为复杂环境地区地质灾害监测预警的必然趋势，也是研究人员需要关注的重点内容。

# 1.3 影像大地测量与灾害动力学和其他学科的关系

大地测量学和遥感学是地球科学的两个重要分支，大地测量学是一切测绘科学技术（含遥感）的基础，遥感学是获取地球资源与环境信息的重要手段。大地测量学与遥感学二者你中有我，我中有你。高精度、高分辨率的遥感影像为研究地球表面特征相关参数信息提供了数据支持，大地测量学为遥感学和其他学科提供了空间信息基础（测绘基准）。微波遥感、光学遥感和激光雷达等对地观测技术的出现及发展推动了大地测量与遥感的融合，衍生出了影像大地测量学。应用影像大地测量学的关键技术对灾害动力学的工程地质与灾害地质科学问题进行研究，影像大地测量与灾害动力学应运而生。

图 1.1 所示为影像大地测量与灾害动力学和其他学科的关系示意图。影像大地测量与灾害动力学是一门综合性交叉学科，涉及计算机科学、地质学、生态环境学、地球动力学、地球物理学等多门学科。计算机科学在影像大地测量与灾害动力学的影像数据处理、分析过程中有着广泛的应用。地质学中的地学规律为影像大地测量与灾害动力学的地质灾害机理和时空规律演变分析提供基本依据。影像大地测量与灾害动力学的多学科"交叉性"及其所具有的快速、宏观、综合等特点，决定了它能被广泛应用于地质、测绘、气象等领域，可为相关学科的发展提供支撑，进而催生新的交叉学科。

影像大地测量与灾害动力学是一门年轻的学科，具有广阔的发展前景。其涌现的大量创新型技术应用可为地质灾害防治和生态环境保护提供科学依据，也可为国家重大工程的前期科学论证、实施和建设提供重要保障。然而，如何深入挖掘多源影像数据信息，对地质灾害进行全方位、快速、系统的动态监测，以便更好地揭示成灾动力及机制，进而建立地质灾害形成机理模型以实现地质灾害的准确模拟和预测，是未来研究的重点方向。在大数据背景下，充分利用不同来源的遥感影像特征对地质灾害发生的时间和地点进行建模预测，势必推动对地观测技术的理论创新与应用场景的拓宽，并将进一步带动地球科学及其他学科的发展。

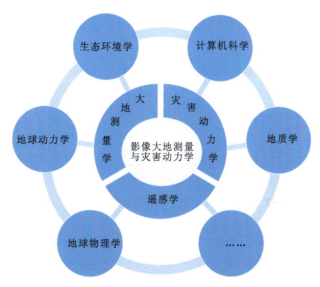

图 1.1　影像大地测量与灾害动力学和其他学科的关系

# 参 考 文 献

廖明生, 林珲, 2003. 雷达干涉测量: 原理与信号处理基础. 北京: 测绘出版社.

王之卓, 1998. 当代测绘学科的发展. 测绘学报, 27(4): 283-286.

张勤, 黄观文, 杨成生, 2017. 地质灾害监测预警中的精密空间对地观测技术. 测绘学报, 46(10): 1300-1307.

Alsdorf D E, Melack J M, Dunne T, et al., 2000. Interferometric radar measurements of water level changes on the Amazon flood plain. Nature, 404(6774): 174-177.

Arnould M, 1976. Geological hazards-insurance and legal and technical aspects. Bulletin of Engineering Geology and the Environment, 13(1): 263-274.

Bechor N B, Zebker H A, 2006. Measuring two-dimensional movements using a single InSAR pair. Geophysical Research Letters, 33(16): 1-5.

Berardino P, Fornaro G, Lanari R, et al., 2002. A new algorithm for surface deformation monitoring based on small baseline differential SAR interferograms. IEEE Transactions on Geoscience and Remote Sensing, 40(11): 2375-2383.

Carter W E, Glennie C L, Shrestha R L, 2015. Geodetic imaging by airborne LiDAR: A golden age in geodesy-A bonanza for related sciences. Proceedings of the IAG Scientific Assembly in Postdam, Germany.

Crippen R E, 1992. Measurement of subresolution terrain displacements using SPOT panchromatic imagery. Episodes Journal of International Geoscience, 15(1): 56-61.

Crippen R E, Blom R G, 1993. Imageodesy applied to the Landers earthquake: An update and a comparison to radar interferometry. San Francisco: The AGU 1993 Fall Meeting, American.

Crippen R E, Blom R G, 1995. Imageodesy: A tool for mapping subpixel terrain displacements in satellite imagery. Boulder: International Union of Geodesy and Geophysics Meeting, American.

Eineder M, Minet C, Steigenberger P, et al., 2010. Imaging geodesy-Toward centimeter-level ranging accuracy with TerraSAR-X. IEEE Transactions on Geoscience and Remote Sensing, 49(2): 661-671.

Ferretti A, Fumagalli A, Novali F, et al., 2011. A new algorithm for processing interferometric data-stacks: SqueeSAR. IEEE Transactions on Geoscience and Remote Sensing, 49(9): 3460-3470.

Fornaro G, Serafino F, Soldovieri F, 2003. Three-dimensional focusing with multipass SAR data. IEEE Transactions on Geoscience and Remote Sensing, 41(3): 507-517.

Fruneau B, Achache J, Delacourt C, 1996. Observation and modelling of the Saint-Etienne-de-Tinée landslide using SAR interferometry. Tectonophysics, 265(3/4): 181-190.

Gabriel A K, Goldstein R M, Zebker H A, 1989. Mapping small elevation changes over large areas: Differential radar interferometry. Journal of Geophysical Research: Solid Earth, 94(B7): 9183-9191.

Goldstein R M, Engelhardt H, Kamb B, et al., 1993. Satellite radar interferometry for monitoring ice sheet motion: Application to an Antarctic ice stream. Science, 262(5139): 1525-1530.

Graham L C, 1974. Synthetic interferometer radar for topographic mapping. Proceedings of the IEEE, 62(6): 763-768.

Hanssen R F, Weckwerth T M, Zebker H A, et al., 1999. High-resolution water vapor mapping from interferometric radar measurements. Science, 283(5406): 1297-1299.

Hong S H, Wdowinski S, Kim S W, et al., 2010. Multi-temporal monitoring of wetland water levels in the Florida Everglades using interferometric synthetic aperture radar (InSAR). Remote Sensing of Environment, 114(11): 2436-2447.

Hooper A, Segall P, Zebker H, 2007. Persistent scatterer interferometric synthetic aperture radar for crustal deformation analysis, with application to Volcán Alcedo, Galápagos. Journal of Geophysical Research: Solid Earth, 112(B7): 1-21.

Jung H S, Won J S, Kim S W, 2009. An improvement of the performance of multiple-aperture SAR interferometry (MAI). IEEE Transactions on Geoscience and Remote Sensing, 47(8): 2859-2869.

Li Z, Fielding E J, Cross P, et al., 2006. Interferometric synthetic aperture radar atmospheric correction: GPS topography-dependent turbulence model. Journal of Geophysical Research: Solid Earth, 111(B2): 1-12.

Li Z, Fielding E J, Cross P, et al., 2009. Advanced InSAR atmospheric correction: MERIS/MODIS combination and stacked water vapour models. International Journal of Remote Sensing, 30(13): 3343-3363.

Li Z, Muller J P, Cross P, et al., 2005. Interferometric synthetic aperture radar (InSAR) atmospheric correction: GPS, moderate resolution imaging spectroradiometer (MODIS), and InSAR integration. Journal of Geophysical Research: Solid Earth, 110(B3): 1-10.

Massonnet D, Briole P, Arnaud A, 1995. Deflation of Mount Etna monitored by spaceborne radar interferometry. Nature, 375(6532): 567-570.

Massonnet D, Rossi M, Carmona C, et al., 1993. The displacement field of the Landers earthquake mapped by radar interferometry. Nature, 364(6433): 138-142.

Morishita Y, Lazecky M, Wright T J, et al., 2020. LiCSBAS: An open-source InSAR time series analysis package integrated with the LiCSAR automated Sentinel-1 InSAR processor. Remote Sensing, 12(3): 424.

Nof R N, Baer G, Ziv A, et al., 2013. Sinkhole precursors along the Dead Sea, Israel, revealed by SAR interferometry. Geology, 41(9): 1019-1022.

Onn F, Zebker H, 2006. Correction for interferometric synthetic aperture radar atmospheric phase artifacts using time series of zenith wet delay observations from a GPS network. Journal of Geophysical Research: Solid Earth, 111(B9): 1-16.

Rogers A, Ingalls R, 1969. Venus: Mapping the surface reflectivity by radar interferometry. Science, 165(3895): 797-799.

Sandwell D T, Price E J, 1998. Phase gradient approach to stacking interferograms. Journal of Geophysical Research: Solid Earth, 103(B12): 30183-30204.

Westoby M J, Brasington J, Glasser N F, et al., 2012. 'Structure-from-Motion' photogrammetry: A low-cost, effective tool for geoscience applications. Geomorphology, 179: 300-314.

Wright T, Parsons B, Fielding E, 2001. Measurement of interseismic strain accumulation across the North Anatolian Fault by satellite radar interferometry. Geophysical Research Letters, 28(10): 2117-2120.

Zebker H A, Goldstein R M, 1986. Topographic mapping from interferometric synthetic aperture radar observations. Journal of Geophysical Research: Solid Earth, 91(B5): 4993-4999.

# 第 2 章

# 影像大地测量与灾害动力学的
# 定义与内涵

## 2.1 概 述

　　《第一次全国自然灾害综合风险普查实施方案（修订版）》《国务院办公厅关于开展第一次全国自然灾害综合风险普查的通知》（国办发〔2020〕12 号）《第一次全国自然灾害综合风险普查总体方案》（国灾险普办发〔2020〕2 号）等一系列文件根据我国灾害种类的分布、程度与影响特征，确定普查的主要类型为地震灾害、地质灾害、气象灾害、水旱灾害、海洋灾害、森林和草原火灾六大类型。其中，地质灾害主要包括崩塌、滑坡、泥石流等。气象灾害主要指台风、干旱、暴雨、高温、低温冷冻、风雹、雪灾和雷电灾害。海洋灾害主要包括风暴潮、海浪、海啸、海冰、海平面上升等。从主要成因看，可视为由地球系统不同圈层的变异活动引起，如由大气圈变异活动主导引起的气象灾害、由水圈变异活动主导引起的海洋灾害、由岩石圈变异活动主导引起的地震灾害等。尽管灾害具有多种类型，但是灾害都由孕灾环境、致灾因子、承灾体等共同组成，灾害的发生是三者共同作用的结果（史培军，1991），这也是灾害系统科学理论发展的基础。

　　影像大地测量与灾害动力学是伴随灾害系统科学和遥感信息技术的快速发展而发展起来的一门科学体系。其主要任务是利用多源、动态的遥感数据，监测致灾因子的空间位置，评价承灾体的危害状况态势，刻画灾害发展演化的过程，服务自然灾害风险的认知。即用遥感技术监测组成各类灾害的要素，其中灾害系统中的致灾因子包括洪涝、滑坡、泥石流、火灾等对象，而承灾体损失则包括人口、经济、房屋、农业、基础设施等各类损失（陈方 等，2022）。灾害系统的高度复杂性、多样性决定了要实现多角度、多层面、全方位的灾害目标监测和信息获取，必须应用天基、空基、地基等多种平台，并结合地面调查核查、统计分析等方法，发展一系列灾害风险评估、灾害应急与灾情监测、灾害损失评价、灾害数据挖掘与信息管理等影像大地测量方法、模型等，推动影像大地测量与灾害动力学形成系统的科学体系。

　　影像大地测量与灾害动力学的理论体系可分为监测要素、监测手段、技术方法、应用服务和标准规范等（范一大 等，2016）。监测要素主要指遥感监测和信息获取的对象或自然实体，主要对象类型包括湿度、降水、温度、风向、电离层结构等，以及地物的光谱、纹理、形状等特征。监测手段则包括航天遥感、航空遥感、地基遥感等。航天遥感能够提供海量的光学和微波卫星遥感数据应用于防灾减灾领域，充分发挥了遥感卫星数据覆盖范围广、获取速度快、信息量大等优势，为提升全球灾害遥感信息提取能力奠定了强大的数据基础；以有人机、无人机等为主的航空遥感，具有灵活机动、时空分辨率高等优势，可用于灾害应急响应和重点地区的连续动态监测；以高塔、车、船等地面平台支撑的地基遥感则主要针对灾害重点风险目标等进行持续监测，开展灾害风险隐患排查和风险监测预警等。通过充分发挥多种不同平台下遥感在灾害信息提取中的作用，可以快速、准确地获取风险预警、灾害损失与恢复重建等全链条数据，为灾害防治提供重要支撑（杨思全，2018）。

影像大地测量与灾害动力学在不同灾害中的应用可总结为以下几个方面。地震灾害中的应用整体上可分为地震灾前预测（Alizadeh et al.，2020；Erken et al.，2019）与震后灾情调查评估（Xu，2015；Gong et al.，2012）两方面。在地质灾害监测中的应用多集中于不同地质灾害的位置和形状信息的获取（Zhang et al.，2021b；Francioni et al.，2019）；在干旱灾害中，通过对地面降水、土壤湿度、作物、植被生理参数变化以及云层覆盖等进行建模，建立评估土壤水分含量变化状况的干旱监测模型，以快速、客观、大范围的特点实现旱情监测目标（尹国应 等，2022；聂娟 等，2018）；在洪涝灾害中，对大范围水域进行动态监测，快速定位洪涝灾害发生的地区，获取洪涝淹没的面积，估算淹没区域的水量和洪水深度，预测洪水的持续时间以及分析洪涝灾害对农田、居民地、城镇和交通建设的影响等（赵景波 等，2007）；在海洋灾害遥感中，卫星影像可以用于热带气旋灾害影响（Hoque et al.，2017）和灾后恢复重建进展的监测（张永红 等，2005）；在森林草原火灾中，进行早期预警（贺薇 等，2014）和迅速获取包括火点位置、温度变化、火场边界等火灾监测中的重要信息（刘家畅 等，2020）。

## 2.2 大地测量学的定义与内涵

### 2.2.1 定义

大地测量学是一门历史悠久而又蓬勃发展的学科，它的研究对象主要是地球及地外行星体。作为地球科学的重要组成部分，其基本目标是在一定的时间和空间参考系中，精确测定地面和空间点位的几何位置，进而研究地球的形状大小、重力场、板块运动及其时间变化信息（宁津生 等，2016）。传统大地测量学的研究内容主要包含三个部分：地球重力场、地球动力学和地球自转。受限于观测手段，传统大地测量学是在有限范围内测定和研究地球上点的空间位置、重力场及其时间变化（孔祥元 等，2010），其通过测定地球椭球和大地水准面的形状来研究地球的形状和大小。经典几何大地测量和物理大地测量便在此基础上发展壮大。

20世纪70年代后，随着科学技术的不断发展，特别是以空间技术、计算机技术和信息技术为代表的先进技术的快速发展（陈俊勇，2003），传统大地测量学发生了重大变革，正式进入现代大地测量学新时期。现代大地测量学是以卫星为主要载体，以卫星测量、电磁波测距、甚长基线干涉测量（very long baseline interferometry，VLBI）等新兴大地测量技术为代表的大地测量学（姚宜斌 等，2020）。新一代空间大地测量技术的出现，为现代大地测量学精确测定地球空间点位三维位置、研究地球形状与大小和重力场及其变化提供了更高精度、更高分辨率、广域长时序的有效观测手段，打破了传统大地测量学观测的时间、空间局限性（宁津生，2003），进而拓宽了大地测量学的应用领域。

## 2.2.2　内涵

　　传统大地测量学主要研究地球形状与大小、地球重力场及其变化并精确测定地球表面点的几何位置，因其范围有限、精度低、耗时耗力，难以满足社会快速发展的现实需求。近代以来，随着各类先进空间观测技术的出现，如全球导航卫星系统、合成孔径雷达干涉测量、卫星激光测距等，传统大地测量学发生革命性变革，逐渐形成以卫星大地测量为主体的现代大地测量学。现代大地测量学因实时高效、精度高、范围广、动态多维度监测等特点（宁津生，1997），被广大科研人员和工程技术人员广泛应用于地球科学研究和实际工程建设，极大地充实了大地测量学的内涵。

　　现代大地测量学是对传统大地测量学的继承与发展，其研究内容主要包括实用大地测量、椭球面大地测量、物理大地测量和卫星大地测量（宁津生，2016），如图 2.1 所示。

图 2.1　现代大地测量学的内涵

### 1. 实用大地测量

　　建立高精度的大地测量参考系及框架并监测其变化是大地测量的基本任务之一。实用大地测量的主要任务是建设全球和区域的大地控制网，包括平面控制网、高程控制网和重力控制网。我国的经典大地参考框架（如 1980 国家大地坐标系）是一种静态、区域性、非地心的参考系，并且是对平面坐标和高程分别进行观测的分维式参考系统，其由全国天文大地网来维持。我国通过 GPS 技术和联合平差方法建立了全国统一、高精度、动态实用的全国现代大地测量参考系（宁津生 等，2002）。

### 2. 椭球面大地测量

　　地球表面崎岖不平、形状复杂，为统一解算和表示大地测量观测数据，需要对大地椭球面进行深入研究。椭球面大地测量的基本任务是研究地球椭球面的数学性质、坐标系的建立和测量数据归算问题（孔祥元 等，2010），即椭球面法截线和大地线的确立与解算、不同坐标系的转换、椭球面投影。其常见的应用有高斯-克吕格投影、地形图分带和大地测量主题的正算与反算等（宁津生 等，2016）。

### 3. 物理大地测量

　　利用重力测量等物理方法确定地球的形状、外部重力场及其变化是物理大地测量的重要任务（孔祥元 等，2010）。地球重力场是地球物质分布的间接反映，精确的重力场模型有助于确定卫星轨道、研究地球内部结构和动力学变化等。通过重力异常可反演地球内部物质密度异常，揭示地球内部物质分布的不平衡状态，进而分析地球内部动力学过程的诱因（李建成 等，2006）。

4. 卫星大地测量

以人造卫星和其他空间探测器为观测载体进行高精度测量，利用观测数据深入研究解决大地测量学的问题，是卫星大地测量的基本任务。卫星大地测量的主要研究内容有建立全球和区域性地球参考框架［国际地球参考框架（ITRF）、2000 国家大地坐标系（CGCS2000）］、卫星测高、地球重力场探测、空间点位三维位置快速定位、地球动力学监测等（程鹏飞 等，2019）。

# 2.3　遥感学的定义与内涵

## 2.3.1　定义

遥感一词，即"遥远的感知"，就是在不接触物体本身的情况下获取物体的信息。遥感的定义包括两个方面：通过距离物体较远的设备获取数据的技术，以及对数据进行分析以解释物体的物理属性，这两个方面彼此密切相关。

广义遥感泛指传感器和物体不接触的各种数据收集技术，采集的数据可以有多种形式，包括电磁波（可见光、微波、无线电等）、力（重力、磁力等）、机械波（声波、地震波等）等。狭义遥感主要指的是电磁场遥感，当传感器和被测物体相距很远时，只有电磁波能够作为传感器和物体之间的有效连接。通过应用探测仪器，不与探测目标相接触，从远处把目标的电磁波特性记录下来，通过分析处理，揭示目标物的特征性质及其变化的综合性探测技术（周军其 等，2014），即从空中或空间平台上的传感器获取电磁辐射（波长通常在 0.4 μm～30 cm）的数据，并对其进行解释，以解码地物特征（Gupta，2017）。

遥感之所以能够根据收集到的电磁波来判断地物目标和自然现象，是因为一切物体，由于其种类、特征和环境条件的不同，而具有完全不同的电磁波的反射和发射辐射特征。因此，遥感技术主要建立在物体反射或发射电磁波的原理之上（孙家抦，2013）。遥感的基本过程如图 2.2 所示。首先电磁波由地面自身辐射或者反射太阳光进入空中，穿过大气，经过一系列的折射、反射、吸收、透射最终到达传感器，传感器接收到能量后根据传感器类型进行不同的处理，如果是光学转换类型的传感器则直接将影像通过卫星传回地面，若是光电转换类型的传感器则需要通过模数（A/D）转换，接着对转换结果进行信息编码，再通过卫星传回地面，根据传感器的各种参数进行地面解码，然后通过专业软件进行几何纠正、辐射纠正、大气纠正，最后通过遥感模型的反演以便让各个应用领域能够进行有效的信息提取。

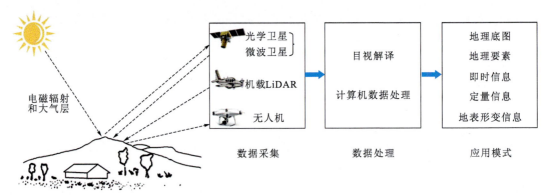

图 2.2　遥感的基本过程

大多数遥感方案利用太阳能量，这是地球表面的主要能源。此外，一些遥感利用地球发出的黑体辐射，这属于被动遥感，又称无源遥感，即遥感系统本身不带有辐射源的探测系统。此外，雷达和激光等可以从遥感平台上的人工辐射源向目标物发射一定形式的电磁波，再由传感器接收和记录其反射波，这属于主动遥感，又称有源遥感。主动遥感的主要优点是不依赖太阳辐射，可以昼夜工作，而且可以根据探测目的的不同，主动选择电磁波的波长和发射方式。

遥感学是利用航天、航空（包括近地面）各种平台上的可见光、红外、微波等探测仪器，获取地球表层（包括陆圈、水圈、生物圈、大气圈）特征的反射或发射电磁辐射能的数据，通过数据处理和分析，定性、定量地研究地球表层的物理过程、化学过程、生物过程、地学过程，从而识别地面物质的性质和运动状态，揭示地球表面各要素的空间分布特征与时空变化规律的一门现代化技术科学。在过去十年中，传感器技术、处理算法和计算能力的进步使遥感达到了可以将观测转化为定量测量的水平，该技术可以近实时地用于制图、监测和决策。

## 2.3.2　内涵

1. 分类

**1）按遥感平台分**

航空遥感：传感器设置在航空器上，如无人机、直升机、气球等。
航天遥感：传感器设置在航天器上，如人造地球卫星、航天飞机等。
地面遥感：传感器设置在地面上，如车载、手提、固定或活动高架平台。

**2）按传感器的探测波段分**

紫外遥感：探测波段在 0.05～0.38 μm。
可见光遥感：探测波段在 0.38～0.76 μm。
红外遥感：探测波段在 0.76～1000 μm。

微波遥感：探测波段在 1 mm～10 m。

**3）按工作方式分**

主动遥感：由探测器主动发射一定电磁波能量并接收目标的后向散射信号。

被动遥感：传感器仅接收目标物体自身发射和对自然辐射源的反射能量。

**4）按遥感的应用领域分**

外层空间遥感、大气层遥感、陆地遥感、海洋遥感等。

2. 应用领域

遥感影像在测绘领域中主要用来测绘地形图、制作正射影像图和经专业判读后编绘各种专题图。使用现时的遥感影像可以补测和修编地形图和地图，以及在一些特殊条件下，如云覆盖、森林覆盖、水下、雪原上测绘地形图等（Luo et al.，2022；Shi et al.，2022；Wang et al.，2022；Yu et al.，2022）；在环境和灾害监测方面，利用遥感方法可以快速监测洪涝灾害、沙尘暴、森林火灾、臭氧层、冰川流速、海洋赤潮、海啸、地震等灾害以及城市的环境变化等（眭海刚 等，2021；Li et al.，2021；周波 等，2017；Kääb et al.，2016）。通过遥感影像目视解译可以直接按影像勾绘出发生灾难的范围，确定其类别和性质，调查其产生原因、分布规律和危害程度；在地质调查中，可以通过遥感影像解译地质构造，利用不同岩石间光谱特性差异对岩性进行识别分类（李琳 等，2021）；在农林牧等方面，遥感信息可应用于农作物估产、土壤解译、土壤侵蚀调查、森林立地类型调查等领域（潘颖 等，2021；王飞龙 等，2020）。

3. 研究任务

**1）遥感机理研究**

遥感机理（mechanism of remote sensing）是地物电磁波的发射、辐射、经大气的传输过程，以及传感器对它的探测、处理、分析及其应用等全部过程的机制或原理。研究电磁波与地物的相互作用机理与模型，可为新型传感器研发、硬件和软件工具、数据处理技术创新提供理论支撑。

**2）遥感定量反演理论和方法研究**

定量遥感是从地物反射或发射的电磁辐射过程中，推演得到地物某些特征定量化描述的手段。通俗地说，就是在遥感获取的各项电磁辐射信号的基础上，通过数学的或者物理的模型，将遥感信息与观测地表目标联系起来，定量地反演或推算目标的各种自然属性信息。研究多源遥感定量反演的理论与方法，可形成地球系统关键要素的全球遥感产品生成能力。

**3）空间地球系统科学研究**

地球系统是由大气圈、水圈、陆圈（包括岩石圈、地幔、地核）和生物圈（包括人类）

组成的有机整体，各组成部分之间保持联系和相互作用。研究地球系统辐射与能量平衡、水循环、碳循环及人类活动影响的遥感综合监测与模型同化，可发展空间地球系统科学。

**4）新型遥感技术研究**

研究新型遥感探测机理、遥感实验装备与传感器、遥感大数据智能信息提取技术，可以开拓遥感应用新领域。将遥感技术从研究环境应用到业务环境中，在这种环境中，衍生产品可用于近乎实时的有效决策，将是一个持续的挑战。

**5）数据的管理、分析和解释**

来自过去和现在卫星的数据量非常巨大，未来还会持续增长，这使得数据管理成为一个挑战。不断变化的数据格式和复杂性，以及数据处理、集成、分析和表示技术的发展，都是持续研究的领域。遥感技术领域希望获得更高空间、光谱、时间和辐射分辨率的数据，这将给数据分析和解释带来新的挑战。

## 4. 技术特点

遥感主要是根据物体对电磁波的反射和辐射特性来对目标进行信息采集，并形成对地球资源和环境进行天-空-地一体化的立体观测体系。因此，遥感有如下主要特点。

（1）感测范围大，具有综合、宏观的特点。遥感从飞机上或人造地球卫星上获取的航空或卫星影像，比在地面上观察视域范围大得多，景观一览无余，视野广阔，监测范围大，为人们研究地面各种自然、社会现象及其分布规律提供了便利的条件。例如，一幅陆地卫星 TM 影像可反映出 185 km×185 km 的景观实况。我国天链二号 03 星入轨并完成测试后，将与天链二号 01 星、02 星实现全球组网运行，可具备满足中低轨道航天器全球覆盖的能力，并提供 24 h 无间断通信。因此，遥感技术为宏观研究各种现象及其相互关系，如区域地质构造和全球环境等问题提供了有利条件。遥感卫星数据有助于对全球制图和建模的物理属性进行定量估计。

（2）信息量大，具有手段多、技术先进的特点。根据不同的任务，遥感技术可选用不同波段和传感器来获取信息。遥感可提供丰富的光谱信息，即不仅能获得地物可见光波段的信息，而且可以获得紫外、红外、微波等波段的信息。遥感所获得的信息量远远超过了可见光波段范围所获得的信息量，这无疑扩大了人们的观测范围和感知领域，加深了对事物和现象的认识。例如，微波具有穿透云层、冰层和植被的能力，红外线则能探测地表温度的变化等。因此，遥感使人们对地球的监测和对地物的观测达到多方位和全天候。

（3）获取信息快，更新周期短，具有动态监测的特点。遥感技术获取信息的速度快、周期短，可以及时获取所经地区的各种自然现象的最新资料。卫星遥感可重复覆盖同一目标区域，便于监测和变化检测。例如，美国国家海洋和大气管理局（National Oceanic and Atmospheric Administration，NOAA）气象卫星（第三代实用气象观测卫星）每天能收到同一地区的两次影像，地球同步气象卫星每隔 30 min～1 h 获取一次数据，无人机有用户自定义的时空分辨率，是一种低成本和时间效率高的解决方案。

（4）具有获取信息受条件限制少的特点。由于一些地区可能无法进行地面调查，获取这类地区信息的唯一可行方式是从遥感平台获取。主动遥感不依赖太阳辐射，可以昼夜工作，而且可以根据探测目的的不同，主动选择电磁波的波长和发射方式。例如，合成孔径雷达、激光雷达等都具有全天时、全天候工作能力的独特优势。与传统方法相比，遥感可以大大节省人力、物力、财力和时间，具有很高的经济效益和社会效益。

（5）应用领域广，具有用途大、效益高的特点。相同的遥感数据可供不同学科的研究人员或工作者使用，如地质、林业、土地利用、农业、水文等。随着信息高速公路、数字地球等概念的提出，加之资源与环境日益被重视，遥感技术被越来越广泛地应用于各领域。与此同时，高分辨率、多波段的新一代资源卫星的出现，新的数字图像处理方法的应用，使遥感的应用范围、深度不断提高。

# 2.4 影像大地测量学的定义与内涵

## 2.4.1 定义

影像大地测量学，又称影像测地学，是利用非接触传感器遥测地球表面及其外层空间获得影像数据资料，通过影像处理、分析和解译，获取地球的形状、大小等信息及其时空变化的一门测绘分支学科。影像大地测量学有三个明显的特点：①以遥感技术为根本的测量手段，具有非接触、远距离的特点；②以影像为主要载体，具有大范围、高空间分辨率的潜质；③以地球的几何和物理形态特征及其变化规律为研究目标，具有大地测量的应用特性。

影像大地测量学本身是一门综合交叉性的学科，以遥感和大地测量学为基础，解决地球系统科学问题，涉及生态环境、空间大气、地球物理、农业、海洋等多门学科。近年来，新一代通信技术、物联网技术、电子技术、超算技术、人工智能、云计算和区块链等技术的快速发展，为影像大地测量和相关学科的交叉融合提供了更广泛的科技基础，如通过卫星遥感、航空遥感、地面观测等天-空-地一体化立体观测技术，结合大数据分析、高性能计算、机器学习和人工智能等现代科技手段，研究地球表层自然、环境、人类活动的相互作用。影像大地测量学与其他学科的深度交叉融合，一方面使影像大地测量学可为生态环境学、空间大地学、地球物理学、地理学、地质学等相关学科的发展提供支撑与推动作用；另一方面又进一步地拓展影像大地测量学的研究领域，其研究成果不仅可为自然资源和生态环境保护提供科学依据，还可为国家重大基础设施建设的战略布局和顺利实施提供重要保障。

## 2.4.2 内涵

影像大地测量学是以地球作为研究对象，通过遥感和大地测量的交叉融合，研究地球形状、大小及其变化等，以理解当前地球正在发生的过程，预测未来的变化。结合国内外研究现状及其定义，根据研究对象空间分布位置的不同，影像大地测量学的研究内容主要包括空间大气环境观测、地表物质迁移监测及地球内部物理结构。影像大地测量学的内涵如图 2.3 所示。

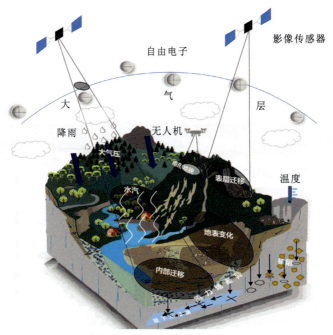

图 2.3　影像大地测量学的内涵

## 1. 关键数据与技术

影像大地测量学科蓬勃发展的基础是基于不同平台的、丰富多样的空间对地观测影像，如星载的雷达、光学、红外等，进而催生了一系列先进的影像处理和分析技术。近年来，为了满足精细化监测的需求，机载和地基的观测手段迅猛发展，形成了机载 LiDAR、无人机航测、地基三维激光扫描、地基 SAR 等众多新兴的研究方向，同时，基于高频次对地观测影像，生成了如高时空分辨率的 4D、GACOS 等衍生产品。这些影像数据、技术方法、服务产品相互促进，共同为大地测量学的发展提供有力支撑。影像大地测量学关键技术如图 2.4 所示。

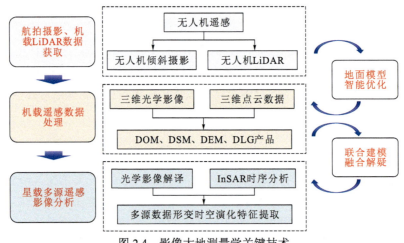

图 2.4　影像大地测量学关键技术

DOM：digital orthophoto map，数字正射影像图；DSM：digital surface model，数字表面模型；

DLG：digital line graph，数字线划图

针对不同地表变化监测场景和遥感技术优势，影像大地测量学科在关键数据与技术方面近年来取得的主要进展包括：①复杂环境下重大地质灾害广域探测关键技术，如顾及相位冗余信息的 InSAR 相干点优化选取方法、加强版 GACOS 大气延迟准实时算法、序贯平差和聚类分析理论、符合灾害孕育发展规律的三维准动态解算模型等；②多源遥感融合的地表形变精细化监测，包括无人机倾斜摄影测量、机载 LiDAR 技术地表形变特征的精细化捕捉技术、机载 LiDAR 复杂山区地面模型智能优化算法、激光点云与倾斜摄影融合建模等。

## 2. 空间大气环境观测

影像大地测量学主要的数据来源是影像，其本质是电磁波成像，而电磁波在传播过程中受到地球大气层折射、散射、吸收等的影响，影像容易产生扭曲误差，影响了影像大地测量的观测精度和可靠性（Hanssen et al.，1999）。因此，获取地球大气层的温度、湿度、压力、水汽含量、电子密度等信息，对大气环境进行观测与异常分析，进而用于改正影像大气误差，是影像大地测量学处理过程中的一个重要步骤（Rocken et al.，1997）。同时，利用影像获取的大气参数可进一步应用于其他大地测量技术的大气改正，包括 GNSS、VLBI、卫星测高等对地观测技术（Li et al.，2005）。影像大气产品也是分析地球变化与气象气候间耦合关系的一种重要手段，如地震、火山等自然灾害与大气之间的耦合关系。因此，利用影像观测地球大气环境并进行异常分析对大地测量研究具有重要的意义。图 2.5 为基于影像的地球大气环境观测与异常分析框架图。

图 2.5　基于影像的地球大气环境观测与异常分析框架图

考虑大气环境在大地测量学中的作用，影像大地测量学在大气方面的研究内容包括：①精细化大气环境参数的获取。探索温度、水汽含量、电子密度等地球空间大气指标对不同频率电磁波的影响特征，即电磁波在大气层中的传播机制；构建基于遥感影像的大气观测方程，分析各类误差源，估计精细化的大气环境参数；评估影像大气环境参数，利用实测的大气产品验证其可靠性。②对地观测技术大气误差校正。研究利用遥感影像获取的精细化大气参数来校正大地测量观测误差，包括激光测距、GNSS 等空间大地测量技术中的大气误差校正，不同波长 InSAR 干涉图中对流层大气误差和电离层大气误差的校正，以及对多类型光学传感器中的大气误差校正。③地球物理过程与大气的耦合关系。大气环境的变化与一些自然灾害的孕育和发生过程及人为活动相关，在遥感影像获取的精细化大气参数基础上，探索地震、火山、台风、海啸和核试验等地球物理过程与大气的耦合关系，为灾害预警预报提供科学依据。

## 3. 地表物质迁移监测

海平面上升、冰川消融、陆地水储量变化等地球环境变化与地表物质迁移和质量重新分布过程有着密切的联系（宁津生 等，2016）。自然或人为因素导致地球表面的物质迁移现象包含瞬时性的突发变化和持续性的缓慢变化。瞬时性的突发变化表现为火山喷发、地震、海啸、滑坡、崩塌、泥石流等现象，持续性的缓慢变化则表现为地面沉降、地裂缝、构造运动、板块蠕动、冰川运动、极地冰盖冻融等过程。这些地表变化过程或因其致灾性造成人类生命财产极大损失，影响着地球的生态变化。因此，充分了解全球及典型区域地表物质迁移的时空演化规律，对防灾减灾、气候变化研究、生态环境保护都具有重要意义（郭飞霄，2019）。影像大地测量学因其大范围、高精度技术优势，为研究地表物质迁移与时空演化特征提供了强有力的解决途径。图 2.6 为基于影像的地表物质迁移监测与时空演化流程图。

图 2.6　基于影像的地表物质迁移监测与时空演化流程图

影像大地测量学在地表物质迁移与时空演化方面的研究内容包括：①大尺度 DEM 构建。作为工程建设和科学研究的基础地理数据，构建高精度 DEM 是影像大地测量学的一项重要任务，包括利用机载和星载 SAR、光学立体像对、LiDAR 点云获取全球或局部区域的高精度 DEM，并用于灾害监测、城市规划、工程建设等方面。②地表覆盖及其时空变化。地表覆盖变化是人类活动和自然变迁的重要指标，遥感影像被广泛应用于各类地表覆盖的变化监测中，如建筑物、植被、城市规模、道路、河流和海岸线等的时空变化监测，为进一步分析其时空演化规律提供了技术支撑。③地球动力学及形变监测。地表形变是地壳运动的外在表现，通过对地表形变的有效监测可以揭示出地球内部运动的动力学机制。遥感影像因其高形变监测精度、高时空分辨率、全天候运行等优点被广泛应用于各类地表形变监测中，如地面沉降、地震及板块运动、火山喷发、冰川漂移、冻土形变、滑坡等。

## 4. 地球内部物理结构

地球内部物理结构、物质运移及其动力学制是地球科学的前沿研究课题（高锐 等，2022；滕吉文，2021）。影像大地测量学技术凭借其高空间分辨率或全球覆盖等突出优势，非常适合监测广域尺度软流圈流变、地下水储量变化和板块运动等地球内部演化过程表现出的地球重力变化、地表形变和地貌演化（孙和平 等，2021；Elliott，2020；陈立泽 等，2016）。另外，影像大地测量学的应用为现代大地测量学与水文等学科的交叉融合提供了一个前所未有的发展机遇（Salvi et al.，2012；Tapley et al.，2004；Amelung et al.，2000）。

影像大地测量学在地球内部物理结构与动力学反演方面的研究内容包括：①基于重力卫星的地球重力场观测。重力卫星具有对地壳密度变化敏感、水平分辨能力强的特点，可以用来观测地球重力场的变化，进而分析地壳形变与地球动力学、海洋和陆地水储量、极地冰川等。②地壳动力学反演。利用多源影像观测资料获取地震周期各阶段高精度的地表形变场，进而反演发震断层的几何参数和滑动分布、分析活动断层的闭锁深度和滑移速率、评估断层的地震危险性。通过对火山喷发前后的地表形变进行动态监测，反演火山内部岩浆运移过程、内部动力源并预测未来灾害的发展趋势。

# 2.5　灾害动力学的定义与内涵

## 2.5.1　定义

灾害动力学是近几年来发展起来的一门新兴学科，它是灾害学和地球动力学两大学科之间的交叉学科。灾害动力学研究地球整体及其内部和外部动力过程以及与此过程有关的灾害现象。具体来看，灾害动力学是研究地质构造、地表过程、气候变化和人类营力等地球动力系统孕育、诱发、控制、影响灾害的发生发展过程，综合灾害多时相动态编目、灾害成因机理分析、灾害空间模式和时间演化监测、灾害过程动力学参数反演、灾害早期预警和灾害防治的一门综合技术学科。

灾害学是揭示灾害形成、发生与发展规律，建立灾害评价体系，探求减轻灾害途径的一门综合性学科。灾害学具有理学、工学与社会学的三重属性，是减灾实践的基础。灾害学的研究对象为灾害系统，灾害系统是由孕灾环境、致灾因子、承灾体共同组成的地球表层系统（史培军，1991），也是由自然与社会共同作用形成的地球表层的自组织系统（Kates et al.，2001）。灾害学是一门大学科，这不仅是指它的研究范围、研究方法和研究途径极其广阔，而且是指它本身就是一个结构复杂的学科群体。灾害学包括众多的分支学科，彼此在层次上有着明显的区别。灾害学处于最高层次上，它是综合整个灾害研究成果而形成的学科。它包含灾害运动学、灾害成因动力学、灾害预测学、灾害防治对策学四个方面的内容（李树刚 等，2008）。这也可以说是灾害学研究的宏观层次。而开展对灾害的社会科学和自然科学研究则处于这个学科体系的第二层次上，它们是灾害学研究的微观方面。两大层次之间及其内部既相互区别，又相互联系。灾害分类是灾害学研究的基础。根据不同的分类标准，将具有相同特征的灾害现象归为一类，以便研究灾害的特性、发生、发展与演变规律和致灾过程。图 2.7 所示为灾害成因分类体系（吕学军 等，2010）。

地球动力学是动力学和地球科学两大学科之间的交叉科学。地球动力学广义上是研究固体地球整体及其内部运动、动力过程和与此过程有关的地球物理和地质现象的一门学科。而狭义上，它是研究板块构造及其动力学的一门学科。地球动力学的发展过程是从狭义逐渐走向广义的研究领域的过程。

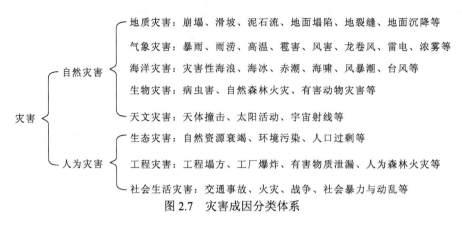

图 2.7　灾害成因分类体系

　　动力学主要研究发生于人类周围世界的动力学行为和动力学过程，因而其研究范围可大至宇宙，小到微观粒子的运动规律。一般而言，动力学的含义局限在力学的范围之内，对任何一个力学系统而言，动力学研究需要了解其力学系统的介质特征及构造，以及作用于该力学系统的力系，然后利用物理学一般的规律研究系统对其作用力的响应，即系统发生的过程。图 2.8 所示为一般系统的动力学过程。由于系统本身及动力学过程的复杂性，许多系统的动力学过程存在所谓的反馈现象。即系统的输出响应不仅和输入的力源有关，而且和其输出有关。换句话说，系统输出的一部分将作为输入而影响系统的行为。这种反馈现象发生在自然界许多系统中（傅容珊 等，2001）

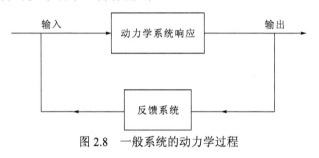

图 2.8　一般系统的动力学过程

　　地球是一个活动的星球，在其表层和内部存在着大规模的物质运动和能量交换过程，所以地球内部系统是一个复杂的热动力学系统。长周期的地球三圈（岩石圈、大气圈、水圈）运动会产生地壳板块的重新组合、大规模的海进海退、冰河期和温暖期的交替出现等现象；短周期的地球三圈运动则在岩石圈、大气圈、水圈的界面上相互作用而引起地震、火山喷发、旱涝、雪害等现象（罗祖德 等，1990）。

　　促成灾害系统演化的动力因素是一个复杂的系统，根据动力要素在动力系统中的作用，可将动力系统划分为顶层动力系统与直接交换动力系统。图 2.9 所示为滑坡演化动力系统（邹宗兴 等，2020）。其中，顶层动力系统是滑坡演化动力的源泉，包括地球以外的外来能源（太阳辐射能、宇宙空间能）和地球内部的内生能量（地球热能、重力能、自转转速变化的动能）（杨伦 等，1998）。太阳辐射能通过引起大气圈、水圈、生物圈循环运动而引起构造运动，进一步影响着滑坡。直接交换动力系统与滑坡的演化密切相关，与滑坡直接进行物质和能量的交换。以地表为界面，又可将该层动力系统划分为内地质营力动力子系统（内动力系统）与外地质营力动力子系统（外动力系统）。内动力系统主要包括构造运动及其形成的区域构造应力（惯性应力、重应力、热应力、湿应力），区域构造应力影响着滑坡体的应力分布。内动力系统构造作用的剧烈表现为地震,可触发大量的地震滑坡。外动力系统主要由水流、阳光、风、人类工程活动等要素构成。在这些要素中,水流与滑坡的作用关系最为密切,也往往成为控制滑坡演化的关键性因素。

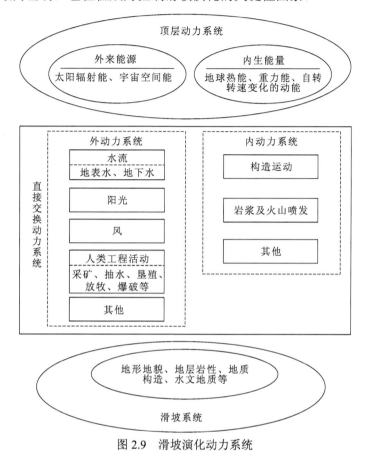

图 2.9 滑坡演化动力系统

灾害动力学涉及内容广泛,它以地球为客体,既研究其整体或者内部发生的短暂的动力过程,也研究其缓慢的动力过程,同时还探讨这些过程对物种及人类的影响。因此,认识发生在地球内部和表面的动力学过程,了解其孕育、发展、发生及后效等规律,也必然成为灾害动力学研究的重点内容。

## 2.5.2 内涵

1. 研究任务

**1)灾害成因动力学研究**

灾害成因动力学主要研究灾害形成的过程、动力来源、作用机理、破坏方式等。我国幅员辽阔,地质环境复杂,随着持续的气候变化和人口增长,灾害发生也有增多的趋势。不同种类的灾害有其成灾共性,更有其特殊性。因此,有必要对各种灾害系统进行系统分析总结,针对不同的灾害类型,研究内外动力耦合作用下的孕灾机理,找出导致人员伤亡和经济损失的因素，为确定减灾措施提供科学依据。

例如，地震的动力来源可分为地壳运动、火山活动、地层塌陷和人为活动等。重力是滑坡发生的主要驱动力，其他影响边坡稳定性的因素，包括岩土类型、地质构造条件、地形地貌条件、水文地质条件和人类工程活动等，也会形成特定情况触发滑坡事件。气候变暖导致全球气温时空分布的极端性增强，高温少雨的天气是造成干旱灾害的主要原因之一。此外，人为干扰渐强、用水需求增大、水资源利用率低，水污染严重、水质恶化都是加剧干旱灾害的主要人为因素（陈方 等，2022）。由此可见，各种灾害往往是众多因素相互叠加的产物，动力来源之间的关系错综复杂，需要经过深入细致乃至长期不懈的研究考察才能逐步认识清楚。灾害成因动力学是整个灾害动力学研究的重要环节，只有知道了灾害成因，才有可能采取防范对策以控制灾害的生成和发生，即使灾害发生了，也可有充分的思想与物质准备，能够尽快地避免不必要的损失。

**2）灾害运动学研究**

灾害运动学侧重研究灾害发生后的各种表现形式，开展灾害运动学特征研究，揭示不同类型灾害的运动学规律，建立有关运动学特征参量模型，反演有关的灾害特征参数，有助于提高对各种灾害的破坏与扩散程度的认识。如果对灾害的运动过程缺乏认识，就难以对灾害发生后各种次生灾害做出准确估计，以致形成决策上的失误，从而使灾害危害扩大化。通过野外现场调查、遥感卫星影像、力学理论推导、物理模型试验和数值仿真等技术手段反演灾害运动学参数，研究灾害运动学过程。

例如，在地震发生后可以采用干涉测量技术进行地震同震形变测量与分析，采用地震仪器确定震源深度、震级和破裂的持续时间等，对于评价地震破坏程度、推断断层性质、研究地震形变和地震孕育特征具有重要参考价值。滑坡灾害的两个非常重要的特征参量是滑坡的速度与运动距离，滑坡速度是进行滑坡涌浪、冲击气浪等滑坡次生灾害分析的基础，滑坡运动距离更是直接决定滑坡的致灾范围（Guo et al.，2022；Zhao et al.，2022）。对过火区域遥感影像数据进行分析解读，迅速获取包括火点位置、温度变化、火场边界等火灾监测中的重要信息，可为进一步实现灾情控制起到决策支撑的作用。因此，灾害运动学研究对灾害空间预测及防灾减灾具有非常重要的现实意义。

**3）灾害早期预警研究**

灾害早期预警是防灾减灾的科学必经之路，是主动应对危机、减少损失的有效途径和重要手段，必须采用各种方法来提高灾害早期预警系统的覆盖率和准确性。灾害早期预警是在灾害成因动力学的基础上，设立一定密度的灾害观测台（站），积极开展全方位的网络监测与预报，以便及时地为报告危机、疏散人员、灾后救护等危机管理决策提供信息。需要多方面、多部门、多学科的协同作业，充分发挥各方面在仪器设备、监测手段、知识领域中的优势捕捉灾害破坏的详细信号，即灾害前兆，预测灾害发生的时间和地点，建立灾害早期识别解译标志，发展灾害早期识别监测预警方法，最终建立各种灾害的监测预报系统，形成成熟可靠的预测理论和预报能力。

例如，在震前遥感预测研究方面，可以监测热红外异常、气体逸出、地表形变、电离层扰动异常等。我国在2018年成功发射第一颗用于防震减灾研究的"张衡一号"卫星。滑坡早期预警中通过采用表层位移和深部位移联合监测技术进行监测预警，确定滑坡滑移过程的位移和变形规律，根据模型实验和机理分析得到可能的滑动阈值，形成综合、全面、可靠的滑坡监测预警技术（张文君 等，2014）。灾害早期预警是灾害动力学研究的目的之所在，旨在实现预防为主、减少灾害、降低损耗的目标。因此，加强灾害早期预警的研究应当成为灾害动力学研究的一个重点。

**4）灾害防治对策研究**

灾害防治对策是对灾害危机爆发后进行有效管理的研究，主要是针对不同的灾害类型，依据其特点进行对策研究，通过稳定性分析评估灾后风险，研究灾害新型治理技术，制订风险防控措施，减轻灾害损失。灾害防治对策研究必须体现出针对性、实用性特征，要增加其灵活性并留有充分余地，以便灾害发生后及时做出修正和调节，保证救灾工作的顺利进行。

例如，在地质灾害的防治中，对滑坡、泥石流等进行一一治理是十分困难的，因此应采取以防为主、防治结合的原则进行防治；在治理上考虑以多学科（工程地质、岩石力学、构造地质学、水文地质等）知识相结合为基础的整治方法，并据此提出多种方法联合治理的途径；提高全民防灾意识，加强协调配合和群测群防体系建设，提高防范水平（刘小文，2016）。

2. 特 点

**1）成灾机制复杂**

灾害成因机制具备多样性与复杂性，在狭义上来说是致灾因子及其致灾过程，即形成灾害的直接原因、间接原因和受灾体在异常运动下的反应及结果。广义上，它包含一切异常运动的原因和诱发因素、异常运动与致灾因子的关系、致灾因子及其致灾过程。

灾害的成灾机制存在个性和共性，共性来自灾害发生所固有的物质运动的性质和特点，个性则受制于发生地的自然和社会背景。不同时期、不同地点发生的同种灾害事件之间的成灾机制同样既有共性也有个性，如地震诱发滑坡和降雨诱发滑坡。引起各种自然灾害的诱发因素、致灾因子是复杂的，其中人类的行为往往导致灾害诱发因素和致灾因子的形成。例如，滑坡的区域分布和集中发育主要与地质构造、地层岩性、地形地貌、边坡地质结构和水文地质条件等地质要素有关，同时还与降雨、地震、人类工程活动有关。

灾害系统内各个因素之间相互作用、相互制约，形成其内在复杂的非线性过程。例如，地形地貌在一定程度上决定着地表水文系统，从而会对地形进行改造。松散结构体为水流提供了流通通道，而水流又会进一步侵蚀坡体，使结构更为松散。可见，地质灾害系统内各要素之间是相互作用、相互制约的。

**2）动力过程多变**

灾害都是在一定的动力诱发下发生的，诱发动力有的是自然的，有的是人为的，或兼而有之，可分为以构造运动、岩浆及火山喷发等为主的内动力系统和以水流侵蚀、自然重力、人类工程活动等为主的外动力系统。许多由自然营力作用产生的灾害隐患常需要人类活动诱发而显现出来，即大多数灾害的形成是几种因素的综合作用，其中以某一种因素作为主导。

例如，构造地裂缝是指与断层、节理、构造应力场、地震等构造作用有关的地裂缝，这些地裂缝往往规模较大，或具有密集分布特征，在空间展布、发生时间、活动特性上具有一定的规律性，而非构造地裂缝则由各种自然地质因素或人为活动引起，没有明显的规律性，而且规模一般较小（彭建兵 等，2017）。

### 3）破坏形式多样

不同灾害的破坏形式多样。例如，强烈的地震发生时会造成地裂缝、地表下沉和滑坡等地表破坏；滑坡、崩塌等地质灾害会摧毁农田、房舍，毁坏森林、道路等，有时甚至给乡村造成毁灭性灾害；洪涝灾害常造成山洪暴发、江河泛滥；干旱灾害会造成农作物生长不良而减产，还会使生态环境恶化等；热带气旋（台风）灾害会引发巨浪、风暴潮，造成掀翻船只、冲破海堤、海水倒灌等。

# 2.6  影像大地测量与灾害动力学的定义与内涵

## 2.6.1  定义

影像大地测量与灾害动力学是现代大地测量学与灾害科学交叉的一门综合性学科。直观来说，它是以各类灾害为研究对象，以现代影像大地测量对地观测技术为手段，借助搭载在人造卫星、太空观测站、航天飞机等平台上的特定传感器遥测灾害发生区域，快速获取包含灾害区域表面及其外部空间的高时空光谱分辨率和高方位、距离分辨率的光学与雷达遥感影像数据（东方星，2015），经过影像处理、专家解译，进而获取灾害的外部表现（大小、形状及范围）并深入研究其内部成因（动力学过程—致灾机理—一般规律），最终用于指导灾害的精准防控与科学治理工作。

灾害动力学是灾害形成"机理"与灾害形成"过程"共同耦合而成的一种复杂的系统动力学过程（史培军，2002）。深入研究灾害动力学的一般过程，发现致灾机理，阐明灾变规律，就离不开灾害相关数据的有力支撑。自 20 世纪人类开始大力发展人造地球卫星以来（李德仁，2001），传统大地测量学发展迈上了新台阶。以卫星大地测量为代表的影像大地测量学，利用先进的对地观测新技术，逐步实现了可时刻监测并获取地球表面任意区域遥感影像的目标。这一重大进步具有其他灾害监测手段难以比拟的优势，为研究灾害动力学提供了最宝贵的数据资料。人们对灾害动力学的研究也由点及面、由表及内、由一维到多维，极大地推动了灾害动力学的发展。反过来，灾害动力学研究的不断深入，则要求影像大地测量学为其提供更大范围、更高精度的数据资料。二者互相影响、相互推动，形成了良性循环的大好局面，影像大地测量与灾害动力学应运而生。时至今日，通过影像大地测量反演灾害动力学过程，理清致灾机理，探求灾害一般规律，建立灾害评价机制，研究灾害防治对策，是影像大地测量与灾害动力学的重要内容。

## 2.6.2　内涵

灾害系统是由孕灾环境、致灾因子与承灾体共同组成的地球表层系统结构体系，以及由致灾因子危险性、孕灾环境不稳定性和承灾体脆弱性共同组成的地球表层系统功能体系，灾情是孕灾环境、致灾因子和承灾体共同作用的产物（史培军，2009）。我国自然灾害种类繁多、分布广、频次高、影响大，是世界上受自然灾害侵扰最为严重的国家之一（范一大 等，2016）。面对当今世界自然灾害风险加剧的情况，如何精准监测灾害的运动过程、评估灾情影响程度、制订防灾减灾对策等问题是影像大地测量与灾害动力学亟待解决的难题。本小节将从研究任务和应用领域两方面详细介绍影像大地测量与灾害动力学的内涵。

1. 研究任务

**1）高精度、高分辨率灾害遥感仪器的研制**

遥感影像是影像大地测量的核心产品，遥感影像质量的好坏、分辨率的高低直接影响灾害监测的精度，决定后续灾害动力学分析研究的成功与否。目前，影像数据实现了从米级至亚米级的跨越，逐渐向多平台、多时相、多光谱及多分辨率方向发展，可见光、近红外、短波红外、热红外、微波等多源影像资源也愈加丰富，使影像大地测量与灾害动力学得到长足发展。随着人类对灾害研究的不断深入，必定要求更高精度和更高时空分辨率的遥感影像，进而提高信息提取、分析和动态监测的能力，这就对监测仪器的精度、稳定性等提出了更高的要求。因此，大力发展高精度、高时空分辨率的灾害遥感监测仪器是影像大地测量与灾害动力学的基本任务。

**2）灾害遥感及成灾机理研究**

影像大地测量与灾害动力学研究是遥感影像技术与灾害动力学理论的有机统一。在解决了遥感影像的精度和可靠性等问题后，就可以着手研究灾害的动力学过程及其致灾机理。灾害系统的复杂多样决定了灾害种类广泛不一，其内在动力学过程不尽相同，这对探求灾害的一般规律造成了极大的困难。如何在众多类型的灾害中，获得更一般的灾害规律来指导防灾减灾实践，是影像大地测量与灾害动力学研究任务的核心所在。

**3）防灾减灾体系建设**

各类灾害研究的本质都是为人类服务。减少受灾人数、减轻受灾影响，建立防灾减灾体系是影像大地测量与灾害动力学的最终目标。我国影像大地测量与灾害动力学经过多年的发展，逐步形成了天-空-地一体化的灾害立体监测体系（董秀军 等，2022）。利用该体系可以实现灾害的大范围、高精度普查，建立各类灾害的动力学模型，评估灾害风险大小，适时调整防灾减灾体系制度。防灾减灾体系建设因灾而异、因人而制，是影像大地测量与灾害动力学研究任务的落实与细化。

## 2. 应用领域

灾害按照不同的标准有众多分类，按灾害源地与人类活动的关系可分为地质灾害和生态灾害，其中地质灾害主要有地震、火山、滑坡、泥石流、地面沉降、地裂缝等，生态灾害主要包括干旱、沙漠化、水土流失、森林破坏等（王沙燚，2008）。本书重点关注影像大地测量与灾害动力学在地质灾害领域的应用。

地球的发展演化始终伴随着地质灾害的发生，地质灾害具有突发性、多发性、群发性和链生性等特点，极易造成重大人员伤亡和财产损失（张勤 等，2022）。随着活动范围的不断扩大，人类对自然改造的需求也不断增加。我国地大物博、人口众多，为了经济的发展和保障民生，各类大型工程建设层出不穷。影像大地测量与灾害动力学被广泛应用于川藏铁路、南水北调、宜居黄河、港珠澳大桥、西气东输、西电东送等各类大型工程的前期建设科学论证、中期建设灾害隐患预警和后期运营安全监测。此外，针对各类具体的地质灾害，如汶川地震（Parsons et al.，2008）、白格滑坡（Zhang et al.，2021a）、舟曲泥石流（童立强 等，2011）、上海地面沉降（王艳 等，2007）、西安地区地裂缝等（赵超英 等，2009），影像大地测量与灾害动力学发挥了常规监测分析手段难以超越的优势，为相关类型灾害的机理研究提供了经验借鉴，为防灾减灾做出了重要贡献。

# 参 考 文 献

陈方，等，2022. 灾害遥感信息提取的理论、方法与应用. 北京: 科学出版社.

陈立泽，申旭辉，王辉，等，2016. 我国高分辨率遥感技术在地震研究中的应用. 地震学报, 38(3): 333-344.

陈俊勇，2003. 现代大地测量学的进展. 测绘科学(2): 1-5, 69.

程鹏飞，文汉江，刘焕玲，等，2019. 卫星大地测量学的研究现状及发展趋势. 武汉大学学报(信息科学版), 44(1): 48-54.

东方星，2015. 我国高分卫星与应用简析. 卫星应用(3): 44-48.

董秀军，邓博，袁飞云，等，2022. 航空遥感在地质灾害领域的应用: 现状与展望. 武汉大学学报(信息科学版), 48(12): 1897-1913.

范一大，吴玮，王薇，等，2016. 中国灾害遥感研究进展. 遥感学报, 20(5): 1170-1184.

傅容珊，黄建华，2001. 地球动力学. 北京: 高等教育出版社.

高锐，周卉，卢占武，等，2022. 深地震反射剖面揭露青藏高原陆-陆碰撞与地壳生长的深部过程. 地学前缘, 29(2): 14-27.

郭飞霄，2019. 地表物质迁移的卫星大地测量反演理论与方法研究. 郑州: 中国人民解放军战略支援部队信息工程大学.

贺薇，白晋华，郭晋平，2014. 加拿大森林火行为预测系统应用及展望. 世界林业研究(3): 82-86.

孔祥元，郭际明，刘宗泉，2010. 大地测量学基础. 2 版. 武汉: 武汉大学出版社.

李德仁，2001. 对地观测与地理信息系统. 地球科学进展, 16(5): 689-703.

李建成，宁津生，晁定波，等，2006. 卫星测高在大地测量学中的应用及进展. 测绘科学(6): 19-23, 3.

李琳，陈松林，修晓龙，2021. 基于多源遥感数据的福建双旗山地区地质构造解译. 长春工程学院学报(自然科学版), 22(1): 57-60, 64.

李树刚, 常心坦, 2008. 灾害学. 北京: 煤炭工业出版社.

刘小文, 2016. 陇南自然灾害与防治. 兰州: 甘肃人民出版社.

刘家畅, 唐斌, 邹源, 2020. 应用GIS分析影响森林火灾发生的因子和时空分布特征: 以美国加利福尼亚州为例. 东北林业大学学报, 48(7): 70-74.

罗祖德, 徐长乐, 1990. 灾害论. 杭州: 浙江教育出版社.

吕学军, 董立峰, 2010. 自然灾害学概论. 长春: 吉林大学出版社.

聂娟, 邓磊, 郝向磊, 等, 2018. 高分四号卫星在干旱遥感监测中的应用. 遥感学报, 22(3): 400-407.

宁津生, 1997. 现代大地测量的发展. 中国测绘(2): 19-23.

宁津生, 2003. 浅谈现代大地测量学. 地理空间信息(1): 7-9.

宁津生, 2016. 测绘学概论. 武汉: 武汉大学出版社.

宁津生, 李德仁, 祝国瑞, 等, 2002. 中国测绘学科 2001 年进展综述. 测绘科学(4): 2, 7-12.

宁津生, 王正涛, 超能芳, 2016. 国际新一代卫星重力探测计划研究现状与进展. 武汉大学学报(信息科学版), 41(1): 1-8.

潘颖, 丁鸣鸣, 林杰, 等, 2021. 基于 PROSAIL 模型和多角度遥感数据的森林叶面积指数反演. 林业科学, 57(4): 90-106.

彭建兵, 卢全中, 黄强兵, 等, 2017. 汾渭盆地地裂缝灾害. 北京: 科学出版社.

眭海刚, 赵博飞, 徐川, 等, 2021. 多模态序列遥感影像的洪涝灾害应急信息快速提取. 武汉大学学报(信息科学版), 46: 1441-1449.

孙和平, 孙文科, 申文斌, 等, 2021. 地球重力场及其地学应用研究进展: 2020 中国地球科学联合学术年会专题综述. 地球科学进展, 36(5): 445-460.

孙家抦, 2013. 遥感原理与应用. 3 版. 武汉: 武汉大学出版社.

史培军, 1991. 灾害研究的理论与实践. 南京大学学报(自然科学版) (自然灾害研究专辑), 37-42.

史培军, 2002. 三论灾害研究的理论与实践. 自然灾害学报, 11(3): 1-9.

史培军, 2009. 五论灾害系统研究的理论与实践. 自然灾害学报, 18(5): 1-9.

滕吉文, 2021. 高精度地球物理学是创新未来的必然发展轨迹. 地球物理学报, 64(4): 1131-1144.

童立强, 张晓坤, 程洋, 等, 2011. "8·7"甘肃舟曲县特大泥石流灾害遥感解译与评价研究. 遥感信息(5): 109-113.

王艳, 廖明生, 李德仁, 等, 2007. 利用长时间序列相干目标获取地面沉降场. 地球物理学报(2): 598-604.

王飞龙, 王福民, 胡景辉, 等, 2020. 基于相对光谱变量的无人机遥感水稻估产及产量制图. 遥感技术与应用, 35(2): 458-468.

王沙燚, 2008. 灾害系统与灾变动力学研究方法探索. 杭州: 浙江大学.

姚宜斌, 杨元喜, 孙和平, 等, 2020. 大地测量学科发展现状与趋势. 测绘学报, 49(10): 1243-1251.

杨伦, 刘少峰, 王家生, 1998. 普通地质学简明教程. 武汉: 中国地质大学出版社.

杨思全, 2018. 灾害遥感监测体系发展与展望. 城市与减灾(6): 12-19.

杨龙伟, 2021. 高位滑坡远程动力成灾机理及减灾措施研究. 西安: 长安大学.

尹国应, 张洪艳, 张良培, 2022. 2001-2019 年长江中下游农业干旱遥感监测及植被敏感性分析. 武汉大学学报(信息科学版), 47(8): 1245-1256, 1270.

赵超英, 张勤, 丁晓利, 等, 2009. 基于 InSAR 的西安地面沉降与地裂缝发育特征研究. 工程地质学报, 17(3): 389-393.

赵景波, 蔡晓薇, 王长燕, 2007. 西安高陵渭河近 120 年来的洪水演变. 地理科学(2): 225-231.

张勤, 赵超英, 陈雪蓉, 2022. 多源遥感地质灾害早期识别技术进展与发展趋势. 测绘学报, 51(6): 885-896.

张文君, 陈廷方, 王卫红, 等, 2014. 滑坡灾害遥感特征监测与预测预警分析研究. 北京: 科学出版社.

张永红, 赵继成, 龙艳, 等, 2005. 基于 DMC 卫星影像对海啸灾情土地覆盖类型变化的分析. 遥感学报(4): 498-502.

邹宗兴, 唐辉明, 熊承仁, 等, 2020. 顺层岩质滑坡演化动力学. 北京: 科学出版社.

周波, 周楠茵, 2017. 遥感在沙尘暴监测领域中的应用. 测绘与空间地理信息, 40(6): 103-105, 108, 112.

周军其, 叶勤, 邵永社, 等, 2014. 遥感原理与应用. 武汉: 武汉大学出版社.

Alizadeh Z Z, Farnood A F, 2020. Possibility of an earthquake prediction based on monitoring crustal deformation anomalies and thermal anomalies at the epicenter of earthquakes with oblique thrust faulting. Acta Geophysica, 68(1): 51-73.

Amelung F, Jónsson S, Zebker H, et al., 2000. Widespread uplift and 'trapdoor' faulting on Galapagos volcanoes observed with radar interferometry. Nature, 407(6807): 993-996.

Elliott J, 2020. Earth observation for the assessment of earthquake hazard, risk and disaster management. Surveys in Geophysics, 41(6): 1323-1354.

Erken F, Karatay S, Cinar A, 2019. Spatio-temporal prediction of ionospheric total electron content using an adaptive data fusion technique. Geomagnetism and Aeronomy, 59(8): 971-979.

Francioni M, Calamita F, Coggan J, et al., 2019. A multi-disciplinary approach to the study of large rock avalanches combining remote sensing, GIS and field surveys: The case of the Scanno landslide, Italy. Remote Sensing, 11(13): 1570.

Gong L, An L, Liu M, et al., 2012. Road damage detection from high-resolution RS image. 2012 IEEE International Geoscience and Remote Sensing Symposium, 990-993.

Guo C, Ma G, Xiao H, et al., 2022. Displacement back analysis of reservoir landslide based on multi-source monitoring data: A case study of the Cheyiping landslide in the Lancang river basin, China. Remote Sensing, 14(11): 2683.

Gupta R P, 2017. Remote Sensing Geology. Berlin: Springer.

Hanssen R F, Weckwerth T M, Zebker H A, et al., 1999. High-resolution water vapor mapping from interferometric radar measurements. Science, 283(5406): 1297-1299.

Hoque M A A, Phinn S, Roelfsema C, et al., 2017 Tropical cyclone disaster management using remote sensing and spatial analysis: A review. International Journal of Disaster Risk Reduction, 22: 345-354.

Kates R W, Clark W C, Corell R, et al., 2001. Sustainability science. Science, 292(5517): 641-642.

Kääb A, Winsvold S H, Altena B, et al., 2016. Glacier remote sensing using Sentinel-2. part I: Radiometric and geometric performance, and application to ice velocity. Remote Sensing, 8(7): 598.

Li Y, Jiang W, Zhang J, et al., 2021. Sentinel-1 SAR-Based coseismic deformation monitoring service for rapid geodetic imaging of global earthquakes. Natural Hazards Research, 1(1): 11-19.

Li Z, Muller J P, Cross P, et al., 2005. Interferometric synthetic aperture radar (InSAR) atmospheric correction: GPS, moderate resolution imaging spectroradiometer(MODIS), and InSAR integration. Journal of Geophysical Research: Solid Earth, 110(B3): 1-10.

Luo H, Zhu B, Yue C, et al., 2022. Semiempirical compensated optimal coherence amplitude method to invert forest height based on InSAR. Journal of Applied Remote Sensing, 16(3): 034533.

Parsons T, Ji C, Kirby E, 2008. Stress changes from the 2008 Wenchuan earthquake and increased hazard in the Sichuan basin. Nature, 454(7203): 509-510.

Rocken C, Anthes R, Exner M, et al., 1997. Analysis and validation of GPS/MET data in the neutral atmosphere. Journal of Geophysical Research: Atmospheres, 102(D25): 29849-29866.

Salvi S, Stramondo S, Funning G, et al., 2012. The Sentinel-1 mission for the improvement of the scientific understanding and the operational monitoring of the seismic cycle. Remote Sensing of Environment, 120: 164-174.

Shi X, Gu L, Jiang T, et al., 2022. Retrieval of chlorophyll-a concentration based on Sentinel-2 images in inland lakes. Earth Observing Systems XXVII. SPIE, 12232: 428-437.

Tapley B D, Bettadpur S, Ries J C, et al., 2004. GRACE measurements of mass variability in the Earth system. Science, 305(5683): 503-505.

Wang H, Zhang P, Yin D, et al., 2022. Shortwave infrared multi-angle polarization imager (MAPI) onboard Fengyun-3 precipitation satellite for enhanced cloud characterization. Remote Sensing, 14(19): 4855.

Xu C, 2015. Preparation of earthquake-triggered landslide inventory maps using remote sensing and GIS technologies: Principles and case studies. Geoscience Frontiers, 6(6): 825-836.

Yu G, Gu L, Ren R, et al., 2022. Snow depth mapping in agricultural areas of Northeast China based on deep learning and multi-temporal Sentinel-1 data. Earth Observing Systems XXVII. SPIE, 12232: 438-452.

Zhang S L, Yin Y P, Hu X W, et al., 2021a, Geo-structures and deformation-failure characteristics of rockslide areas near the Baige landslide scar in the Jinsha River tectonic suture zone. Landslides, 18: 3577-3597.

Zhang J, Zhu W, Cheng Y, et al., 2021b. Landslide detection in the Linzhi-Ya'an section along the Sichuan-Tibet railway based on InSAR and hot spot analysis methods. Remote Sensing, 13(18): 3566.

Zhao S, Zeng R, Zhang H, et al., 2022. Impact of water level fluctuations on landslide deformation at Longyangxia reservoir, Qinghai Province, China. Remote Sensing, 14(1): 212.

# 影像大地测量与灾害动力学的数据采集

## 3.1 概　述

影像大地测量的非接触、大范围、高空间分辨率等技术优势，可以为灾害动力学的研究提供一个全新的观测视角。影像大地测量的技术载体为多源遥感影像，因此遥感影像的成像技术和成像参数决定了该技术的精度，从而进一步决定了灾害动力学研究的可靠性。传统的微波和光学遥感是影像大地测量学使用最广泛的数据源，其影像的成像技术也逐渐成熟，并向更高空间分辨率、更低成本的方向发展。最近几年，LiDAR 技术因其超高测量精度和极强穿透力得到科研学者的青睐，并逐渐在影像大地测量学领域得到广泛应用。遥感成像技术的基础是接收地物反射电磁波并进行记录成像，因此了解电磁波的一些基本原理和特性对于掌握遥感成像理论具有一定的辅助作用。本章首先简单介绍电磁波的基础知识，包括电磁辐射（electromagnetic radiation）、电磁波谱（electromagnetic spectrum）及地物反射特性等，然后从微波遥感、光学遥感及 LiDAR 三个方面分别介绍遥感影像的成像原理、成像模式及科研和应用中常用的几种数据采集平台。

### 3.1.1 电磁辐射与电磁波谱

#### 1. 电磁辐射

根据麦克斯韦电磁场理论，空间变化的电场总是与随时间变化的磁场相联系，同样，空间变化的磁场也总是与随时间变化的电场相关联。这种变化的电场和磁场总是同时存在，交替产生，形成电磁场，电磁场中以有限速度在空间中由近及远传播的电磁波，称为电磁辐射。在均匀且各向同性的介质中，电场和磁场的振荡相互垂直，并且垂直于能量和波的传播方向形成横波，如图 3.1 所示。横波是电磁波的一个特性，此外，电磁波也具有波粒二象性，即既具有粒子的性质，也具有波的性质。

#### 2. 电磁波谱

电场或磁场的周期性变化会产生电磁辐射或电磁波，而这种周期性变化的发生方式和发生功率则会产生不同波长的电磁波谱，如图 3.2 所示。电磁波谱区段的界限是连续渐变的，通常将电磁波区段划分为伽马射线、X 射线、紫外线、可见光、红外线、微波和无线电波，如表 3.1 所示。通常遥感观测中所使用的电磁波波段范围为部分紫外到微波波段。

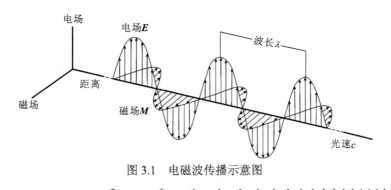

图 3.1 电磁波传播示意图

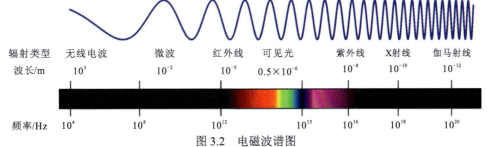

图 3.2 电磁波谱图

表 3.1 电磁波谱区段划分

| 波段 | | 波长 | |
|---|---|---|---|
| 无线电波 | 长波 | >1 m | >3000 m |
| | 中短波 | | 10~3000 m |
| | 超短波 | | 1~10 m |
| 微波 | | 1 mm~1 m | |
| 红外线 | 超远红外 | 0.76~1000 μm | 15~1000 μm |
| | 远红外 | | 6~15 μm |
| | 中红外 | | 3~6 μm |
| | 近红外 | | 0.76~3 μm |
| 可见光 | 红 | 0.38~0.76 μm | 0.62~0.76 μm |
| | 橙 | | 0.59~0.62 μm |
| | 黄 | | 0.56~0.59 μm |
| | 绿 | | 0.50~0.56 μm |
| | 青 | | 0.47~0.50 μm |
| | 蓝 | | 0.43~0.47 μm |
| | 紫 | | 0.38~0.43 μm |
| 紫外线 | | $10^{-3}$~$3.8 \times 10^{-1}$ μm | |
| X 射线 | | $10^{-6}$~$10^{-3}$ μm | |
| 伽马射线 | | <$10^{-6}$ μm | |

传感器通过探测或感知不同波段电磁波谱的发射、反射辐射而成像，因此电磁波是遥感的物理基础。不同地物在不同波段范围呈现的特征不同，故不同波段的使用场景也有所差别。在实际的遥感工作中通常根据不同的地物目标选用合适的电磁波谱，如使用近红外波段识别水体的位置及轮廓、使用紫外波段探测碳酸盐岩的分布和油污监测等。

## 3.1.2 地物的反射特性

太阳辐射到达地球与地表接触后会被地表反射、折射、吸收或散射。电磁波的幅度、方向、极化和相位等属性在与地表相互作用后发生许多变化，这些变化可由传感器记录，并由解译人员从中获得观测对象的有用信息。遥感数据包含空间信息（大小、形状和方向）和光谱信息（色调、颜色和光谱）。

在与地物的所有相互作用（反射、折射、散射和吸收）中，反射特性在遥感影像测量中最具应用价值，也就是说，在遥感的很多应用场景中利用的是地物目标反射的辐射信号。非透明表面的地物对电磁波的反射主要表现为三种形式：镜面反射、漫反射和方向反射，如图 3.3 所示。

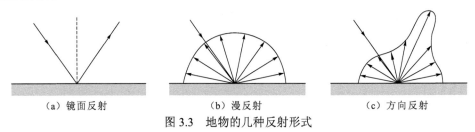

（a）镜面反射　　　　　　　（b）漫反射　　　　　　　（c）方向反射

图 3.3　地物的几种反射形式

### 1. 镜面反射

镜面反射通常发生在表面光滑且能量以单一方向远离物体表面的情况，如平静的水面可以近似认为是一个镜面。镜面反射会在图像中产生一个非常亮的点。

### 2. 漫反射

漫反射发生在表面粗糙且能量几乎在所有方向上均匀反射的情况。保持入射电磁波的波长不变，逐渐增加地物表面粗糙度，当电磁波波长和地物表面粗糙度达到同一量级，地物表面就会均匀反射电磁波，此时地物表面发生漫反射。

### 3. 方向反射

地形起伏及地物表面粗糙度，可能使地物在某个方向反射的发射辐射最为强烈，这种现象称为方向反射。方向反射通常发生在地物表面粗糙度继续增大的情况。

不同地物在不同波段有不同的反射率，地物的反射光谱特性曲线是选择遥感波段、设计传感器的依据，也是遥感影像判读和分类的物理基础。地物的反射光谱特性曲线反映了地物的光谱反射率随电磁波波长变化的规律。地物的反射特性通常以光谱反射率来衡量，光谱反射率为反射辐射通量与入射辐射通量的比值。以电磁波的波长为横轴，以地物的光谱反射率为纵轴，通过实验测定，即可获取地物的反射光谱特性曲线。

## 3.2 微波遥感成像原理与数据采集方法

遥感通常所使用的波段为部分紫外到微波，而影像大地测量学中常使用的遥感技术根据其所用波段可划分为微波遥感、光学遥感和 LiDAR。

微波遥感是指遥感观测中利用微波波段（波长 1 mm～1 m）进行成像。与可见光和红外波段相比，微波波段的波长更长，在遥感观测中不易受到大气散射的影响，可以穿透云层、雾霾、灰尘和降雨等。这种特性允许微波遥感可以在几乎所有天气和环境条件下进行成像，具备全天时、全天候的优势。微波遥感按其工作原理可分为主动微波遥感和被动微波遥感两类。

主动微波遥感是一种有源的微波遥感，通过传感器向探测目标主动发射微波信号并接收其与目标作用后的后向散射回波信号，形成遥感数字图像或模拟信号。主动微波遥感又可分为成像主动微波遥感和非成像主动微波遥感两类。雷达是最常见的成像主动微波遥感的传感器。根据向地面发射雷达波束的天线特点，雷达可分为真实孔径雷达（real aperture radar，RAR）和合成孔径雷达（SAR）。而非成像主动微波遥感的传感器主要有散射计和高度计，大多数情况下，这些传感器在一个线性维度进行测量。高度计发射短微波脉冲，测量到目标的往返时间延迟，以确定它们与传感器的距离，常用于确定飞行器高度或者进行地形测绘和海面高度估计。散射计通常也是非成像传感器，主要用于精确定量测量从目标散射的能量，而后向散射的能量取决于表面性质（粗糙度）和微波能量击中目标的角度，因此可通过散射能量根据海面粗糙度来估计海面风速。

被动微波遥感在概念上与红外遥感相似。所有物体都会发出某种程度的微波能量，这种发射的能量通常与发射物体或表面的温度和水分特性有关。被动微波遥感的传感器一般是微波辐射计或者微波扫描仪，利用这些传感器可在其视野范围内接收并记录来自地表自然发射的微波能量。由于微波波长很长，可用的能量与光学波长相比非常小，因此通常需要足够大的视场才能探测到足够的能量来记录信号，这意味着大多数被动微波遥感具有极低的空间分辨率。被动微波遥感主要可用于大气水汽和臭氧含量的估计、土壤湿度的测定、海洋风场和海冰的绘制及海洋污染物（如浮油）的监测等（吴立新 等，2022）。

本节的微波遥感成像原理、成像模式及数据采集平台主要围绕成像雷达遥感展开，对非成像有源微波遥感方法和被动微波遥感不做详细介绍。

### 3.2.1 微波遥感成像基础

#### 1. 雷达遥感波段

雷达遥感具有全天时和全天候成像的优势，其归因于雷达利用较长波长的微波波段进行遥感成像。对于微波遥感，通常根据其波长范围和频率来表征不同的微波波段，不同波长的微波波段具有不同的特性，被用于不同的应用领域。在第二次世界大战期间，人们对几种常用的波长范围或波段给出了代号，并一直沿用至今，如表 3.2 所示。

表 3.2　常用的雷达波段

| 项目 | 波段 | | | | | | |
|---|---|---|---|---|---|---|---|
| | Ka | Ku | X | C | S | L | P |
| 频率/GHz | 40～25 | 17.6～12 | 12～7.5 | 7.5～3.75 | 3.75～2 | 2～1 | 0.5～0.25 |
| 波长/cm | 0.75～1.2 | 1.7～2.5 | 2.5～4 | 4～8 | 8～15 | 15～30 | 60～120 |

Ka 和 Ku 波段：早期机载雷达系统常使用的一种短波雷达波段，现在多使用在地基雷达上，如 FastGBSAR 系统使用 Ku 波段进行雷达成像。

X 波段：早期广泛用于军事侦察和地形测绘的机载系统，现常见于高分辨率地形测绘的星载系统，如 TerraSAR-X 卫星。

C 波段：广泛应用于雷达干涉测量，常出现在机载或星载雷达系统上，如美国国家航空航天局（National Aeronautics and Space Administration，NASA）的机载 SRTM 系统，欧洲空间局的 ERS-1/2、Envisat、Sentinel-1A/B 卫星，以及我国的高分三号等卫星。

S 波段：早期用于俄罗斯 ALMAZ 卫星，也被用在即将发射的 NASA 和印度空间研究机构研制的 NISAR 卫星。

L 波段：用于美国的 Seasat 卫星、日本的 JERS-1 和 ALOS 卫星，以及我国的陆地探测一号卫星等。

P 波段：最长的雷达波长，过去用于 NASA 实验性机载研究系统，也用于欧洲空间局即将发射的全球首颗 P 波段雷达卫星 BIOMASS 卫星。

2. 雷达遥感成像物理基础

成像雷达是一种主动发射微波信号并接收来自地表目标后向散射信息的设备，其本质是无线电探测和测距设备。成像雷达典型的特征是侧视成像，它基本上由发射器、接收器、天线及处理和记录数据的电子系统组成。发射器以一定的间隔发射连续的微波脉冲，这些脉冲被雷达天线聚焦成雷达波束。雷达波束以与平台运动垂直的角度斜照射地物表面，天线接收被照射光束内各种地物后向散射的回波信号，并传回给处理和记录设备，随着传感器平台的向前移动，对后向散射信号的记录和处理将构建出地表的二维图像。雷达成像示意图如图 3.4 所示。雷达回波信号中包含丰富的信息，如雷达到目标的距离、方位，雷达与目标的相对速度（即做相对运动时产生的多普勒频移），目标的散射特性等，其中距离信息是通过测量脉冲传输和接收来自不同目标的后向散射回波之间的时间延迟来确定的。RAR 是最早的具有侧视成像能力的雷达系统，但其成像分辨率受天线尺寸的限制。后来，为了提升雷达的成像分辨率，学者提出了 SAR 的概念（刘国祥，2019；廖明生 等，2014）。

3. RAR 及其空间分辨率

RAR 是最早的雷达成像系统，其天线一般安置在飞行平台的侧面，天线的飞行方向称为雷达的方位向，垂直于雷达飞行方向（也就是脉冲信号的发射方向）称为雷达的距离向。图 3.5 为 RAR 成像几何示意图，雷达天线以一定的侧视角度向地面发射脉冲宽度较窄的椭圆锥状雷达波束，在地表形成一个辐射带，接收辐射带内地表反射的后向散射信号来进行成像。雷达沿方位向飞行不断重复上述过程，即可生成一个二维的雷达数字图像。

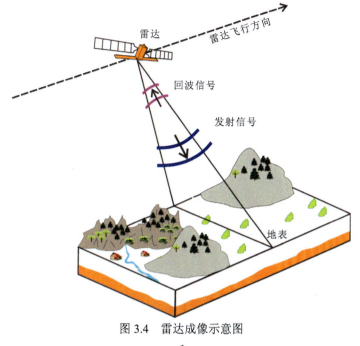

图 3.4　雷达成像示意图

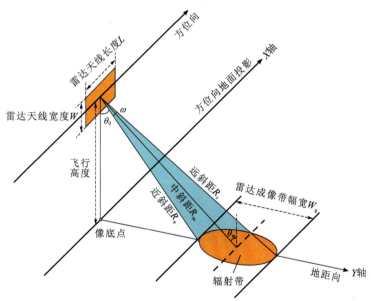

图 3.5　RAR 成像几何示意图

雷达以一定的侧视角 $\theta_0$ 垂直于雷达飞行方向发射一个椭圆锥状的微波脉冲束（图 3.5 中绿色部分），其中 $L$ 为雷达天线长度，$W$ 为雷达天线宽度，$R_n$、$R_m$、$R_r$ 分别为天线的近斜距、中斜距和远斜距，$\omega$ 为雷达波束宽度角，$W_g$ 为雷达成像带幅宽。雷达波束的宽度、地表辐射带的宽度都取决于天线自身的尺寸。雷达波束宽度角 $\omega$ 与天线宽度 $W$ 和雷达波长 $\lambda$ 有关，其关系如下：

$$\omega = \frac{\lambda}{W} \tag{3.1}$$

雷达波束与地面交会部分称为辐射带，由图 3.6 雷达波与地面交互几何关系可推导得

到地距向雷达成像带幅宽 $W_g$ 的表达式为

$$W_g \approx \frac{R_m \omega}{\cos\theta_m} = \frac{R_m \lambda}{W \cos\theta_m} \tag{3.2}$$

式中：$R_m$ 为中斜距；$\theta_m$ 为雷达侧视角；$\omega$ 为雷达波束宽度角；$W$ 为雷达天线宽度；$\lambda$ 为雷达波长。

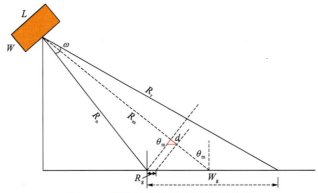

图 3.6　雷达波与地面交互几何关系

与光学系统不同，雷达的空间分辨率是微波辐射的特性和几何效应的函数。对于使用单个发射脉冲和后向散射信号成像的 RAR，当没有重复信号返回雷达系统时，相邻地面点才能被识别，回波信号才能独立地构成影像。在这种情况下，分辨率取决于倾斜范围方向上脉冲的有效长度和方位向上照明的宽度。

**1）距离向分辨率**

距离向分辨率取决于脉冲持续时间（也称脉冲宽度），如果地表两个不同目标之间的距离大于脉冲宽度的一半，则其在距离向上可以被分辨。设雷达的脉冲宽度为 $w$，若雷达要分辨出斜距向距离为 $d$ 的地物，必须满足：

$$d > \frac{cw}{2} \tag{3.3}$$

式中：$c$ 为光速。通常雷达的距离向分辨率是用地距向分辨率 $R_g$ 表示，由图 3.6 中红色直角三角形的几何关系可得

$$R_g = \frac{cw}{2\sin\theta_m} \tag{3.4}$$

式中：$\theta_m$ 为雷达侧视角。随着 $\theta_m$ 在一定范围内变化，$R_g$ 也在一定范围内发生变化。也就是说，雷达斜距向的地面分辨率是变化的，越靠近底点，斜距向地面分辨率越低，越远离底点，斜距向地面分辨率越高。如果雷达侧视角为 0°，即正对底点成像，那么靠近底点的地面分辨率会特别低，这也是雷达侧视成像的原因。

**2）方位向分辨率**

雷达的方位向分辨率描述的是成像雷达区分方位向上的两个空间距离很接近的散射体的能力。每个雷达波束照射在地面上呈条带状，这个条带的宽度称为波束宽度。在方位向上，只有当目标位于波束宽度内才能接收到目标的回波信号，要区分两个目标，要求两个目标之

间的距离大于一个波束宽度，只有这样雷达图像才能记录为两个像素。可以说，方位向分辨率直接取决于雷达波束宽度，而雷达波束宽度又与雷达天线长度 $L$ 和雷达波长 $\lambda$ 有关。对于 RAR，方位向分辨率取决于雷达天线主瓣的 3 dB 宽度，这一宽度所对应的最大张角即波束宽度，假定波束宽度为 $w_h$，雷达波长为 $\lambda$，雷达天线长度为 $L$，则它们之间的关系为

$$w_h = \frac{\lambda}{L} \tag{3.5}$$

若天线到目标的斜距为 $R_m$，则 RAR 方位向分辨率 $R_a$ 为

$$R_a = R_m w_h = \frac{R_m \lambda}{L} \tag{3.6}$$

### 4. SAR 成像原理

为了提高 RAR 影像的空间分辨率，采用脉冲压缩和合成孔径技术的 SAR 成为趋势。利用脉冲压缩可以有效提升距离向分辨率，而利用合成孔径技术可以模拟出等效大孔径天线来提高方位向分辨率（Zebker et al.，1986）。

#### 1）脉冲压缩技术与 SAR 的距离向分辨率

由式（3.4）可知，如果要提升距离向分辨率，雷达脉冲应该尽可能短，然而，天线只有发射足够能量的脉冲，才能使目标的后向散射信号被探测到。如果脉冲被缩短，则必须增大其幅度来保证能量足够大，由于目前雷达设备并不能发射非常短且能量很高的脉冲信号，多数长距离雷达系统常采用线性调频-脉冲压缩技术来改变脉冲的振幅和宽度，以提高距离向分辨率。首先对宽脉冲信号进行相位调制来增加信号频带的宽度，然后用匹配滤波器对天线接收的信号进行压缩，获得原来的窄脉冲宽度，这样既能保持宽脉冲的探测能力，又能获得窄脉冲的距离向高分辨率。

目前，脉冲压缩技术中常用的宽脉冲信号调制方法为线性调频方法，线性调频信号通过匹配滤波器后，非线性相位值校正为同相，得到窄脉冲信号距离向高分辨率。线性调频信号及其匹配滤波器输出过程如图 3.7（魏钟铨，2001）所示。

图 3.7　线性调频信号及其匹配滤波器输出过程

假设雷达对宽脉冲信号调制后，发出一个具有矩形包络的线性调频信号：

$$S(t) = A_0 \mathrm{rect}\left(\frac{t}{\tau}\right) \mathrm{e}^{\mathrm{i}[2\pi f_0 t + \pi K t^2]}, \quad |t| \leqslant \frac{\tau}{2} \tag{3.7}$$

式中：$f_0$ 为线性调频信号的频率中心（也称载波频率）；$A_0$ 为线性调频信号的振幅；$K$ 为线性调频的斜率；$\tau$ 为线性调频信号的持续时间；$\mathrm{rect}(\cdot)$ 为矩形包络函数。此时信号的带宽为

$$B = \frac{K\tau}{\pi} \tag{3.8}$$

假设在距离为 $R$ 的地方有一个反射该信号的目标，其等效雷达截面积（radar cross section，RCS）为 $\sigma$，那么在雷达上就会接收到一个回波信号：

$$R(t) = \sigma A_0 \text{rect}\left(\frac{t}{\tau}\right) e^{i[2\pi f_0(t-t_d) + \pi K(t-t_d)^2]}, \quad |t - t_d| \leqslant \frac{\tau}{2} \tag{3.9}$$

式中：$t_d = \dfrac{2R}{c}$ 为信号的时间延时；$c$ 为光速。为了分析接收到的信号，需要对发射信号和回波信号进行匹配滤波，这样就得到一个具有 $\sin c(\cdot)$ 函数包络的输出信号，即

$$D(t) = \tau \cdot \sin c[K(t - t_d)], \quad |t - t_d| \leqslant \frac{\tau}{2} \tag{3.10}$$

将探测信号主瓣零点作为 SAR 的时间分辨率，并考虑此时的 $\sin c(\cdot)$ 函数，得到 SAR 的时间分辨率：

$$R_t = \frac{\tau}{2}\left(1 - \sqrt{1 - \frac{4}{B\tau}}\right) \approx \frac{1}{B} \tag{3.11}$$

因此，脉冲压缩后雷达的斜距向分辨率为

$$R_s = \frac{R_t c}{2} = \frac{c}{2B} \tag{3.12}$$

将其转化为地面方向得到地距向分辨率为

$$R_g = R_s \frac{1}{\sin\theta_m} = \frac{c}{2B\sin\theta_m} \tag{3.13}$$

**2）合成孔径技术与 SAR 的方位分辨率**

对于 RAR 对地表目标成像，只有当两相邻目标之间的距离比雷达波束辐照带方位向长度大时，才能被很好地区分开（刘国祥，2019）。根据 RAR 方位向分辨率式（3.6）可得，当 RAR 成像几何确定时（$R_m$ 基本恒定），如果要提高方位向分辨率只能通过增加天线长度，或者减小雷达波长来实现，然而波长变短会导致雷达信号受大气影响严重。为了解决这个矛盾，SAR 技术被提出，通过合成孔径增加天线的有效长度，从而提高方位向分辨率。

合成孔径技术通过使雷达天线沿飞行方向连续移动，从而接收地物从各个方向后向散射的回波信号，利用雷达与地物之间相对运动产生的多普勒频移效应，改善雷达的方位向分辨率（刘国祥，2019；舒宁，2003）。如图 3.8 所示，$T$ 为地面目标，$t_1 \sim t_n$ 为雷达天线最早和最后照射的地面目标 $T$ 的位置（称为一个阵列），雷达沿轨道移动，形成一个合成阵列，合成阵列长度 $L_s$ 为

$$L_s = \frac{R_m \lambda}{L} \tag{3.14}$$

式中：$L$ 为 RAR 天线长度。根据雷达信号学理论，雷达合成阵列的有效半功率点波瓣宽度（即雷达波束宽度）近似于相同长度实际阵列的一半（卢万铮，2004），即

$$w_h = \frac{\lambda}{2L_s} \tag{3.15}$$

SAR 的方位向分辨率为

$$R_a' = \frac{\lambda R_m}{2L_s} = \frac{L}{2} \tag{3.16}$$

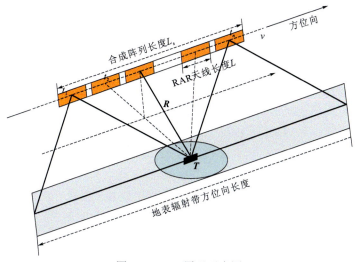

图 3.8　SAR 原理示意图

　　由式（3.16）可知，SAR 的方位向分辨率仅取决于设计的 RAR 天线长度，与雷达到目标的距离无关。这样通过合成孔径技术，即可使小天线获得较高的方位向分辨率。但合成孔径技术的理论分辨率不能随 $L$ 的减小而无限提升，天线孔径大小在工程设计中受到发射功率等诸多条件的限制（廖明生 等，2014，2003）。

### 5. SAR 侧视成像几何畸变

　　SAR 采用侧视成像的工作模式，若地面平坦则地距与斜距呈线性关系，若地表不平坦则侧视成像会造成几何畸变（李振洪 等，2019），包括近距离压缩、阴影（shadowing）、叠掩（layover）和透视收缩（foreshortening）。近距离压缩是雷达图像中的目标在距离向的几何失真现象，如图 3.9 中的 $AC$ 在雷达图像中被压缩为 $A'C'$，$DE$、$HG$、$HI$、$IJ$ 也都存在被压缩的现象，而 $AB$ 更是被压缩为一个点 $A'B'$。透视收缩是距离压缩的一种，主要是指面向雷达波束的斜坡投影到斜距平面时所出现的压缩，如斜面 $AB$ 和 $DE$，当视线向与坡面垂直时，会出现大的透视收缩（如 $A$ 点）。叠掩是另一种特殊的距离压缩，当山顶回波比山脚部分回波更早被雷达接收时，会在距离向上造成山顶和山脚影像倒置的现象，如坡面 $HG$ 在雷达图像中表现为 $G'H'$。叠掩现象与地形坡度和局部俯角有关，坡度 $\beta$ 越大或俯角 $\theta$ 越大，发生叠掩的可能性越大。阴影是指在地形起伏区，后坡坡度 $\alpha$ 较大而使得雷达波束无法照射到斜坡背后区域，从而在强度图像上产生阴影区，如图 3.9 中的条纹三角区 $GHI$。

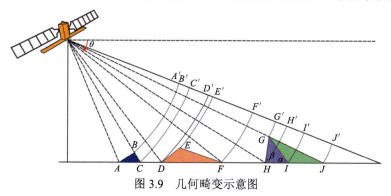

图 3.9　几何畸变示意图

### 3.2.2 微波遥感成像模式

SAR 通过对回波信号进行距离向和方位向匹配滤波而聚焦成像。SAR 系统参数之间是相互制约、相互影响的,在进行 SAR 系统设计时通常要在雷达波长、天线长度、测绘带宽、距离向模糊及方位向模糊之间进行折中处理(吴文豪,2016)。这些通过 SAR 的不同成像模式体现出来,目前各种 SAR 系统使用较为广泛的成像模式有条带模式(strip-map)、聚束模式(spotlight)及宽幅扫描模式。根据波束扫描方式不同,宽幅扫描模式又可分为星载扫描合成孔径雷达(scanning synthetic aperture radar,ScanSAR)模式和地形渐进扫描(terrain observation with progressive scans SAR,TOPSAR)模式。此外,随着 SAR 技术的不断发展,人们也提出了一种新的 SAR 成像模式——SweepSAR 模式,即将发射的 NISAR 卫星将采用此模式。

#### 1. 条带模式

在条带模式下,SAR 在整个数据采集过程中保持固定的侧视波束指向,通过地距向移动照射生成条带影像,如图 3.10 所示。通常条带模式的地距向和方位向分辨率可达到米级,其幅宽在数十千米(Merryman,2019)。该成像模式具有较高的成像分辨率,但是受距离向模糊的限制,其覆盖范围较小。

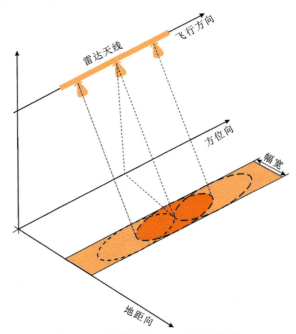

图 3.10  条带模式 SAR 成像示意图

#### 2. 聚束模式

为了克服条带模式距离向模糊的限制,聚束模式成为另外一种比较常用的高空间分辨率的 SAR 成像模式,如图 3.11 所示。聚束模式在条带模式的基础上,通过控制波束的照射角度来聚焦照射同一区域（如地面上的一个光斑），从而实现雷达飞行方向分辨率的有效提升（Wang et al.，2008）。该成像模式下，雷达的可用合成天线长度相对于条带模式增加，从而提高成像的方位向分辨率，然而这种提升是通过牺牲影像覆盖范围来折中的（Franceschetti et al.，2018）。

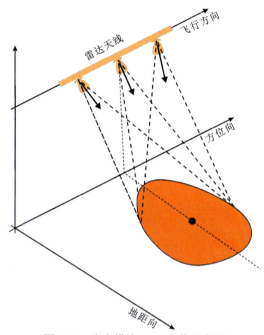

图 3.11　聚束模式 SAR 成像示意图

### 3. ScanSAR 模式

ScanSAR 模式是在相邻几个子带（swath）之间共享合成孔径时间，以降低方位向分辨率为代价，实现影像幅宽的增大。如图 3.12 所示，该成像模式下雷达天线在距离向周期性地调整波束方向，向各个子带照射，导致天线只接收某些特定时间段内点目标的回波信号，从而实现雷达在多个子带内连续成像获取宽幅 SAR 影像，以弥补条带模式影像幅宽较小的不足（吴文豪，2016），尤其是在干涉测量领域，大幅宽 SAR 影像十分有利于广域的形变监测，如震间构造信号监测、强震的同震地表位移获取（Liu et al.，2021；Elliott et al.，2016）等。然而，ScanSAR 模式也存在一定的缺陷，如易出现扇贝（scalloping）效应（Merryman，2019）。

### 4. TOPSAR 模式

为了克服 ScanSAR 模式易出现扇贝效应的缺陷，同时继承其宽幅扫描的优势，TOPSAR 模式被提出和应用，如图 3.13 所示。欧洲空间局的 Sentinel-1 卫星便采用了该成像模式。与标准 ScanSAR 模式一样，TOPSAR 模式将雷达波束发射至子带并从子带返回回波信号，这些子带共同构成一个宽幅影像。不同之处在于，TOPSAR 模式的雷达天线还在方位向沿各个子条带来回扫描，并且扫描速度远超卫星本身的行进速度，以减小扇贝效应对成像的影响（Meta et al.，2008）。然而，先进的 TOPSAR 模式给影像处理提出了更高的要求（SAR 影像的聚焦、配准等）。此外，在 ScanSAR 和 TOPSAR 成像模式下，同一条带的连续 burst

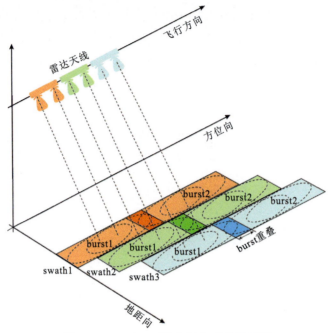

图 3.12　ScanSAR 模式 SAR 成像示意图

之间存在一定程度的方位向重叠，这也可被用于变形测量，如 burst 重叠干涉测量（Li et al.，2021；Grandin et al.，2016）。

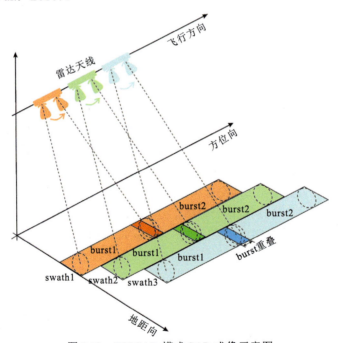

图 3.13　TOPSAR 模式 SAR 成像示意图

## 5. SweepSAR 模式

SweepSAR 技术是一种在不影响 ScanSAR 模式性能的情况下实现比条带模式 SAR 更

宽幅宽的成像技术方法（Rosen，2016），如图 3.14 所示。NISAR 卫星将采用 SweepSAR 模式来部署其雷达天线，以同时提供广域覆盖和精细空间分辨率的 SAR 影像。当雷达天线发射微波信号时，雷达的信号馈送是固定的，产生一束窄的微波能量。但当接收返回的回波信号时，雷达馈源将会以波束形式扫过天线的反射器，这就是 SweepSAR 的名称由来（Freeman et al.，2009）。

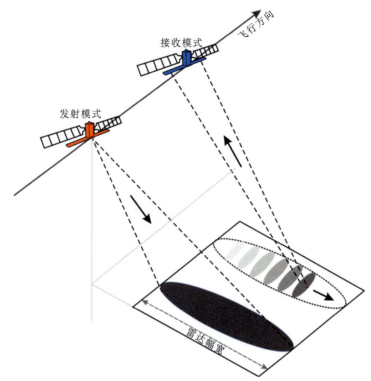

图 3.14　SweepSAR 模式 SAR 成像示意图

　　SweepSAR 模式使用一维相控阵馈电，这是一系列单独的、均匀间隔的、移相的雷达天线或"元件"，排列成行，可单独控制和转向。在发射模式下，相控阵馈电的每个元件都会立即打开，照亮整个扫描带。在接收模式下，每个元件都可以独立打开，这样从地面散射的回波就可以在时间上和空间上定位，每个阵列元件都可以独立于其相邻元件接收回波信号。SweepSAR 模式允许在宽条带上接收许多回波，大大扩展了雷达接收模式可以接收回波信号的区域。此外，不同的回波可在被每个元件接收时被同时处理并实时组合，从而实现同时获取广域覆盖和精细空间分辨率的 SAR 影像。

## 3.2.3　常用数据采集平台

　　为了使雷达发射微波信号，并收集和记录来自观察目标或表面后向散射的回波信号，它必须位于远离被观察目标或表面的稳定平台上。常见的 SAR 遥感平台有地面、飞机和卫星等。不同平台具有不同的优缺点，应用场景也有所不同。
　　与光学遥感不同，SAR 无论使用何种遥感平台，其空间分辨率都不会受到平台高度的影响。尽管空间分辨率与海拔无关，但观测几何和影像覆盖范围会受到平台高度变化的极大影响。对于机载 SAR 必须在大入射角范围下成像，才能获得相对较宽的影像覆盖范围。然而，对于有地形起伏的区域，大入射角会造成成像存在严重的几何畸变（如近距离压缩、叠掩或阴影等），而星载 SAR 由于较高的轨道高度（通常能达到机载平台高度的百倍），通常其入射角变化很小，可以有效避免或者削弱该影响。尽管机载 SAR 系统可能更容易受到成像几何问题的影响，但它们在从不同视角和观察方向收集数据的能力方面是灵活的。此外，机载 SAR 能够随时随地进行数据采集，自定传感器的重访周期，而星载 SAR 往往由其轨道模式严格控制，没有这种程度的灵活性。机载 SAR 容易受到飞机速度变化及环境（如严重的空气湍流）条件的影响，而星载 SAR 就不存在这个问题。为了避免飞机运动中的随机变化导致的图像伪影或定位误差，雷达系统必须使用复杂的导航/定位设备和先进的图像处理技术来补偿这些变化。机载或星载 SAR 多用于地形测绘和大范围变形监测等应用领域，而地基 SAR 则多用于局部范围高分辨率和高精度的变形监测，如单体滑坡、矿区变形、冰川变形、火山运动及人工构（建）筑物形变监测等。本小节从上述三类遥感平台展开，详细介绍常用的 SAR 卫星或平台。

### 1. 星载 SAR 系统

自从 1978 年美国喷气推进实验室（Jet Propulsion Laboratory，JPL）发射了世界上第一个载有成像雷达的卫星 Seasat，星载 SAR 技术不断创新发展和趋向成熟，不同国家和科研机构发射了一系列 SAR 卫星，极大地促进了影像大地测量学的发展。欧洲空间局开展的对地观测计划，由 ERS-1 和 ERS-2 两颗卫星组成，分别于 1991 年和 1995 年发射，如图 3.15（a）所示，两颗卫星共享相同的轨道，都是搭载了 C 波段的 SAR 传感器，唯一的区别是 ERS-2 搭载了一个额外的 GOME 传感器，用于监测大气中的臭氧水平。ERS-1 卫星运行到 2000 年 8 月，后三年为断续运行，进行了 45 000 次轨道飞行，获得了超过 150 万幅单独的 SAR 影像。ERS-2 在轨运行了 16 年，于 2011 年 9 月安全退出任务。

　　（a）ERS 卫星　　　　　　　　　　　　　　（b）Envisat 卫星

图 3.15　ERS 卫星与 Envisat 卫星

（引自 ESA 网站 https://earth.esa.int/）

Envisat 卫星[图 3.15 (b)]作为 ERS-1/2 SAR 卫星的延续，2002 年 3 月 1 日从法属圭亚那的欧洲航天基地发射，Envisat 是有史以来最大的地球观测航天器，载有 10 个仪器，重达 8 t，所载最大设备是先进的合成孔径雷达（ASAR），可生成海洋、海岸、极地冰冠和陆地的高质量高分辨率影像，研究海洋变化。与 ERS 的 SAR 传感器一样，ASAR 工作在 C 波段，波长为 5.6 cm。但 ASAR 相较于 ERS-1/2，性能提升许多，如多极化观测、可变观测角度、宽幅成像等。Envisat 的 ASAR 传感器有 5 种成像模式，包括 Image 模式、Alternating Polarisation（AP）模式、Wide Swath（WS）模式、Global Monitoring（GM）模式和 Wave 模式。

ALOS 卫星[图 3.16 (a)]是日本宇宙航空研究开发机构（Japan Aerospace Exploration Agency，JAXA）研制的一颗地球成像卫星，于 2006 年 1 月 24 日发射，在因动力异常而失败后，于 2011 年 5 月 12 日结束其在轨运行。ALOS 卫星是继日本地球资源卫星一号（JERS-1）后的 SAR 卫星任务，其搭载了用于昼夜和全天候陆地观测的相控阵 L 波段合成孔径雷达（PALSAR）。ALOS-2 是 ALOS 卫星的后续任务，于 2014 年 5 月 24 日成功发射，其搭载国际先进水平的 L 波段四极化相控阵天线（PALSAR-2），将分辨率由 PALSAR 天线的 10 m 提升至 3 m。此外，可通过卫星平台机动实现左右侧视功能，为实现灾后的应急响应提供应急产品，通过基本观测场景规划，ALOS-2 卫星规划了数种入射角条件下的数据产品用于干涉对的快速生成。PALSAR-2 系统具备条带模式、聚束模式和扫描模式三种工作模式，相较 PALSAR 增加了新的观测模式（聚束模式），最大分辨率达到 1 m×3 m（方位向×地距向）。与向用户提供分辨率约为 10 m 的 ALOS/PALSAR 相比，PALSAR-2 更高的分辨率可以更详细地了解灾害的受灾情况。此外，ALOS-2 卫星具有 ALOS 所没有的左右视观测功能，将观测范围扩大了近 2 倍（从 870 km 扩大到 2320 km），为提高观测频率做出了贡献。此外，PALSAR-2 还具备单极化、双极化和四极化功能。得益于 L 波段的强穿透能力，ALOS-2 卫星已被广泛应用于灾害应急响应，如地震、火山、洪水和滑坡等。

 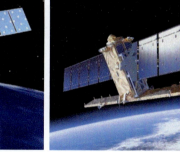

(a) ALOS 卫星        (b) Sentinel-1 卫星

图 3.16　ALOS 卫星与 Sentinel-1 卫星

（引自 ESA 网站 https://earth.esa.int/）

Sentinel-1 卫星[图 3.16 (b)]隶属于欧洲空间局对地观测计划，由 Sentinel-1A 和 Sentinel-1B 两颗卫星组成。其中，Sentinel-1A 卫星于 2014 年 4 月 3 日成功发射，在轨测试至 2014 年 9 月；Sentinel-1B 卫星于 2016 年 4 月 25 日成功发射，在轨测试 4 个月。系统单星在欧洲区域的重访周期为 12 d，全球其他区域为 24 d，双星均匀分布在同一轨道面上,使系统在欧洲区域的回归周期缩短为 6 d,全球其他区域为 12 d。Sentinel-1 星座在 ERS、Envisat 卫星基础上进行了大量改进,如改进的波模式和多普勒估计、更系统的双极化和全新的 TOPSAR 工作模式,其中 TOPSAR 工作模式既达到了宽幅成像的目的,又避免了 ScanSAR 宽幅成像模式造成的扇贝效应。考虑重轨干涉应用,卫星通过精密轨道控制可实现 200 m 直径管道内的严格回归。卫星配置了条带模式、干涉宽幅(interferometric wide swath,IW)模式、超宽幅(extra-wide swath,EW)模式和波(wave)模式 4 种模式。其中,干涉宽幅模式采用改进的 TOPSAR 技术,在实现广域观测的同时保证多幅影像间的干涉质量,是向连续大范围区域观测迈出的重要一步,波模式主要用于海洋观测。不幸的是,2021 年 12 月 23 日,Sentinel-1B 卫星仪器电子电源出现异常,无法传送雷达数据,经过维修无效后,欧洲空间局和欧盟委员会宣布 Sentinel-1B 卫星任务结束,但 Sentinel-1B 卫星的失效推进了 Sentinel-1C 卫星的发射准备。Sentinel-1 卫星成像模式示意图如图 3.17 所示。

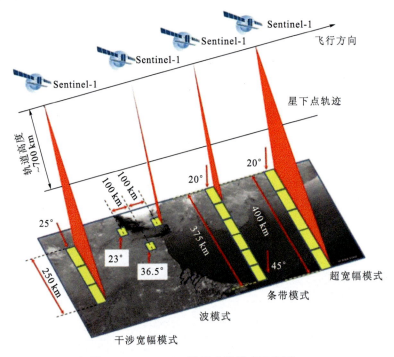

图 3.17　Sentinel-1 卫星成像模式示意图

(引自 ESA 网站 https://sentinel.esa.int/web/sentinel/missions/sentinel-1/instrument-payload)

　　TerraSAR-X 卫星是一颗地球观测 SAR 卫星,于 2007 年 6 月 15 日发射,自 2008 年 1 月开始投入运营。凭借其 X 波段(波长 3.1 cm,频率 9.6 GHz)相控阵 SAR 天线,TerraSAR-X 卫星可提供覆盖整个地球表面的分辨率达 1 m 的高质量 SAR 影像。TerraSAR-X 卫星有条带模式、聚束模式和扫描模式三种主要成像模式,此外,TerraSAR-X 卫星的 SAR 天线设计允许多种极化组合,如单极化、双极化和全极化。TanDEM-X 卫星是 TerraSAR-X 卫星的孪生卫星,两颗卫星实行严格的编队飞行,距离保持在 250～500 m,双星以近距绕飞形式获取 12 m 网格间距、相对高程精度 2 m 的全球 DEM 数据,如图 3.18(a)所示。该系统的首要目标是获取连续大面积的高精度全球 DEM 数据,该数据精度较已有的全球尺度的 DEM 数据提升了 30 余倍，目前该卫星的研究主要集中于切轨干涉、顺轨干涉和先进 SAR 技术等方面。

（a）TerraSAR-X 与 TanDEM-X 卫星编队　　　　　　　　（b）高分三号卫星

图 3.18　TerraSAR-X 与 TanDEM-X 卫星编队和高分三号卫星

高分三号是我国首颗分辨率达到 1 m 的 C 频段多极化 SAR 成像卫星，于 2016 年 8 月成功发射。高分三号卫星具有大尺度高精度、多成像模式、长寿命等特点，主要技术指标达到或超过同类卫星水平。高分三号卫星具备 12 种成像模式，包括传统的条带模式和扫描模式，以及面向海洋应用的波模式和全球观测模式，是成像模式最多的 SAR 卫星。高分三号卫星构型和成像模式图如图 3.19 所示。

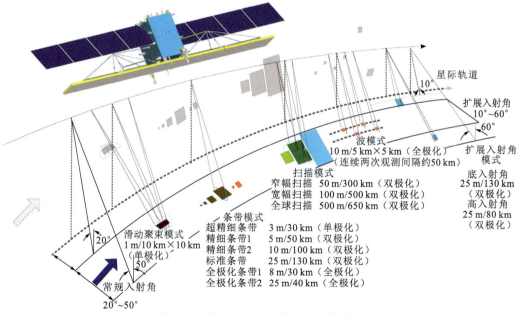

图 3.19　高分三号卫星构型和成像模式图

（引自中国科学院空天信息创新研究院 http://aircas.cas.cn/dtxw/kydt/202204/t20220407_6420970.html）

## 2. 机载 SAR 系统

SAR 除搭载于卫星平台外，还可搭载于飞机（包含无人机）平台。星载 SAR 系统的轨道相对固定，不能随意改变观测区域，具有一定的局限性。而机载 SAR 因其搭载平台具有机动灵活的特点，可实现任何时间对指定观测区域进行重复观测，对军事侦察和灾害应急等领域而言至关重要，被认为是星载 SAR 的一个重要补充。机载 SAR 系统的研制工作起始于 20 世纪 70 年代，NASA 一直处于多频率、多极化机载 SAR 研究的前沿。

机载 SAR 系统中比较有代表性是 NASA 制造的 AIRSAR 系统，如图 3.20（a）所示。AIRSAR 搭载在 NASA DC-8 飞机上，于 1988 年首次飞行，并于 2004 年执行了最后一次任务。AIRSAR 由美国喷气推进实验室设计和建造，是一种多波段、多极化、多模式的极化干涉 SAR 系统。它集 C 波段、L 波段和 P 波段为一体，可同时实现 HH、HV、VH、VV 极化进行全极化观测。它的主要工作模式有极化模式（POLSAR）、交轨干涉模式（TOPSAR）及顺轨干涉模式（ATI）等。在 POLSAR 模式下，在 P、L、C 波段的三个频率上获取全极化数据，POLSAR 数据对地形的几何形状（包括植被）和介电性能（含水量）很敏感，可用于土壤含水量估计等；在 TOPSAR 模式下，使用 C 波段和 L 波段垂直分布的天线对收集干涉测量数据，用于生成 DEM；ATI 模式则主要用于测量洋流速度。

（a）AIRSAR 系统　　　　　　　　　　　　　（b）UAVSAR 系统

图 3.20　常用的机载 SAR 系统

无人驾驶飞行器合成孔径雷达（uninhabited aerial vehicle synthetic aperture radar, UAVSAR）是美国喷气推进实验室设计的机载 L 波段 SAR，如图 3.20（b）所示，是另外一个具有代表性的机载 SAR 系统，专门用于获取机载重复轨道 SAR 数据，进行差分干涉测量。UAVSAR 系统是全极化的，其测距频率为 80 Hz 的 L 波段，地距向分辨率达 1.8 m，影像幅宽 16 km。它的飞行范围主要有北美部分地区、格陵兰岛、冰岛，以及中美洲、南美洲等地区，主要提供极化 L 波段数据和重轨干涉产品。该机载 SAR 系统于 2008 年实现首次飞行，目前仍可正常运行。

### 3. 地基 SAR 系统

相比于机载和星载 SAR 系统，地基 SAR 是一种新兴的 SAR 观测手段，具有可选择最佳观测位置、可实时连续地观测和高时空分辨率等优点，已被广泛应用于滑坡监测（徐甫 等，2022；Lombardi et al.，2016）、边坡监测（Nolesini et al.，2016）、冰川运动监测（刘国祥 等，2019）、矿区变形监测（杨红磊 等，2012）和人工建（构）筑物结构健康监测（Zhang et al.，2018）等领域。目前，我国使用较多的地基 SAR 系统是瑞士 GAMMA Remote Sensing AG 研发的 GAMMA 便携式地基雷达干涉仪 GPRI-II。

## 1）GPRI-II 系统

GPRI-II［图 3.21（a）］是一款成熟的地基 SAR 系统，是星载 SAR 和常规大地测量监测手段的有效补充，能以毫米级的精度测量边坡、矿区、坡体、冰川等各类自然物体和桥梁、大坝、高楼等大型建筑物的位置变化。GPRI-II 地基雷达采用 Ku 波段进行观测，有效观测距离为 5 m～10 km。其地距向分辨率为 0.75 m，方位向分辨率为 6.28 m（当距离为 1 km时），沿雷达视线方向观测精度达到亚毫米级（周春霞 等，2021）。GPRI-II 地基雷达可以固定在观测墩或三脚架上，通过方位扫描仪来实现对观测对象的全方位观测。GPRI-II 地基雷达可提供全极化及单极化两种观测模式，提供实时的具有空间基线的干涉测量能力的观测，可以生成 DEM。其监测数据可以使用 GAMMA 软件处理，处理结果可以编码到地理坐标并且导出为 GeoTIFF 格式产品。此外，GPRI-II 地基雷达可实现 360° 旋转扫描监测，其形变监测精度可达 0.1 mm，形变监测敏感度可达 0.03 mm。

（a）GPRI-II 地基雷达系统　　　（b）IBIS 地基雷达系统　　　（c）FastGBSAR 地基雷达系统

图 3.21　几种常用的地基雷达数据采集系统

（图片来自网络 https://www.gamma-rs.ch/instruments；https://idsgeoradar.com/products/interferometric-radar/ibis-fl；https://metasensing.com/product/fastgbsar/）

## 2）IBIS 系统

IBIS-S/L/M 系统由意大利 IDS 公司和佛罗伦萨大学联合开发，用于大型建（构）筑物和地表的形变监测。系统采用步进频连续波（stepped frequency continuous waveform，SFCW）信号体制，其工作频率为 16.6～16.9 GHz（Ku 波段），水平直线导轨长 2 m，采用 VV 极化测量方式，测程为 200 m～4 km。地距向分辨率为 0.5 m，方位向分辨率在 1 km 处为 4.5 m，采集图像最短时间为 5 min，形变测量精度可达亚毫米级。

## 3）FastGBSAR 系统

FastGBSAR 系统由 MetaSensing 公司研发，具有独特的、设计紧凑的传感器，且安装十分简便，在复杂的环境下也可以操作，可用来监测滑坡、露天矿开采边坡等不稳定自然因素及水坝、桥梁等人工建（构）筑物。系统工作在 Ku 波段，采用步进调频连续波（stepped frequency modulated continuous waveform，SFMCW）的远程遥感设备，可连续监测大区域形变。数据采集时间分辨率为 5 s，极大地克服了监测环境中大气变化导致的低时间相干。此外，FastGBSAR 系统还具有很高的空间分辨率，地距向分辨率为 0.5～0.75 m，方位向分辨率为 4.5 mrad，以及亚毫米级的形变测量精度。系统还可以在 SAR 和 RAR 两种模式下切换。

# 3.3　光学遥感成像理论及数据采集方法

光学遥感是指传感器工作波段在可见光波段（0.38～0.76 μm）的遥感技术。光学遥感的基本工作原理如图 3.22 所示，不同地物反射太阳辐射后表现出不同的光谱特征，携带这些不同光谱特征的反射光经过大气被光学传感器接收，光学系统中的感光元件将光信号转换为电信号并通过接收器进一步处理得到目标景物的数字影像产品。

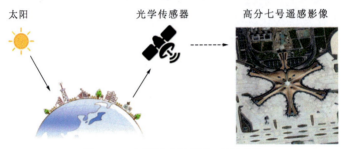

图 3.22　光学遥感的基本工作原理

光学遥感属于被动式遥感技术，其根据传感器所搭载平台到观测对象的距离大致可分为卫星光学遥感（天）和无人机航测遥感（空）两大类，根据可见光波段范围内不同谱段的组合，传感器又可分为多光谱相机、全色相机等。尽管目前不同平台搭载的光学传感器种类繁多，其功能和参数设置也不尽相同，但其用来成像的数字影像采集单元则都是基于电荷耦合器件（charge-coupled device，CCD）技术的数码相机。此外，为了满足光学遥感的不同应用场景，科研人员还设计了光学传感器的不同成像模式，从而获取具有不同参数和属性的光学影像。

本节首先简单介绍 CCD 相机光学成像的基本原理，然后总结不同平台所搭载传感器的常规成像模式，最后列出在科研和生产中常用的几种国内外光学遥感数据采集平台。

## 3.3.1　光学遥感成像基础

### 1. 光学遥感成像相机

1969 年，美国贝尔实验室的两位科学家博伊尔（Boyle）和史密斯（Smith）在探索磁泡器件的过程中产生了数字影像传感芯片，即 CCD 的设想，该器件利用光电效应使其表面产生电荷，产生的电荷又可在半导体表面进行传递，从而可以形成数字影像。随着后人的不断改进，CCD 得到了前所未有的发展，并在多个领域得到广泛应用，如科研人员将 CCD 改进并应用到数码相机中，从而促使摄影技术从胶卷时代走向数字化时代（Tompsett et al.，1971）。

CCD 本质上是一种半导体器件，其基本原理是通过感光二极管完成光电转换，将拍摄的影像转化为数字信号储存起来。CCD 表面上的微小光敏体称为像素（pixel），通常情况下一块 CCD 上排列的光敏体密度越大，其最终展现的数字影像的分辨率也就越高。CCD 表面感光后产生的电荷经由外部电路的控制，排列整齐的电容就能将其所带的电荷传递给相邻的电容。

CCD 的作用类似于传统相机的胶片，但区别于传统胶片的化学感光原理，CCD 是把影像像素转换成数字信号进行存储。CCD 通过一个 8 bit 的数值来表示某一种颜色的 RGB 综合灰度值。由于 CCD 上排列的许多用于感应颜色灰度值的每个像素点只能感知 RGB 中的一种，为了形成丰富多彩的彩色影像，通常在其表面的同一个像素点上设置三种灰度感知分别对应红色、绿色和蓝色灰度，各自负责采集当前光线中对应的灰度信息，其简化原理如图 3.23 所示。另外，影像像素的亮度值则是由单个感光元件接收到的光照曝光量决定的，曝光量越大，亮度值越高，也就是说 CCD 传感器对曝光量的响应是线性的，即 CCD 产生的数字影像的亮度值和曝光量在任意区间是成正比的。而在同样的曝光量区间，传统胶片的感光特性曲线是非线性的，因此 CCD 生成的数字影像能够更准确、真实地反映出物体的亮度信息。

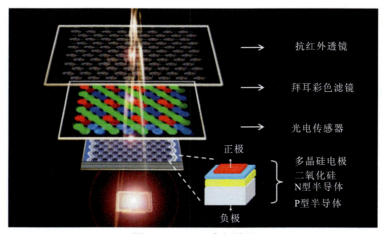

图 3.23　CCD 感光原理

在数字航摄相机中，CCD 则具有航空胶片的作用，即负责感受镜头捕捉的光线以形成数字影像。航摄相机 CCD 表面感光二极管的排列方式通常有两种，即面阵和线阵，如图 3.24 所示，面阵是将感光二极管紧密排列成一个平面同时感应光信号，原理与传统的胶片类似，这种排列模式的优点是感光速度快，但其成本较高。线阵是将感光二极管排列成一条直线，工作时逐行扫描进行感光成像，工作原理与扫描仪相似，这种排列模式的优点是工艺简单且成像质量高，但感光时间长、工作效率低。

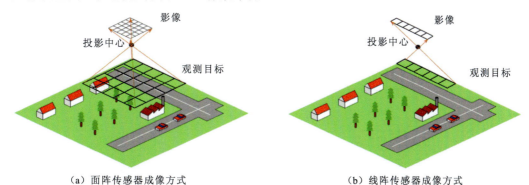

（a）面阵传感器成像方式　　　　　　　（b）线阵传感器成像方式

图 3.24　CCD 两种成像方式

## 2. 全色成像和多光谱成像

根据影像信息的类别，用于影像采集的光学传感器大致可分为两类：一类为全色成像或全谱成像技术，通常获取地面目标的黑白影像，主要反映地物目标的空间特征；另一类为多/超光谱成像或光谱成像技术，通常获取在单个或多个不同波段处的影像。全色影像和多光谱影像如图3.25（He et al.，2018）所示。

（a）全色影像　　　　　　　　　　　　　　　　　（b）多光谱影像

图 3.25　全色影像和多光谱影像

全色成像一般指获取 0.5～0.75 μm 整个波段范围内的影像。由于是单一波段，全色成像获取的是灰度影像，即无法区分地物的色彩信息。多光谱成像则获取具有多个波段的光谱信息的影像，并分别赋予各波段不同颜色生成彩色影像。二者的主要区别在于传感器的分光机制不同，由于光学遥感为被动式遥感，传感器需要一定光能才可以进行光电转换从而生成影像。对于多光谱遥感，电磁波接触传感器前会有一个分光的过程，分光装置将入射的可见光分解成所需的光谱段然后才分别与感光二极管进行光电转换；而对于全色遥感，由于不存在分光过程，摄入的可见光直接照射到传感器。需要指出的是，传感器接收到的光能量是一定的，多光谱分光后会降低入射的光能量，因此其空间分辨率也相应降低；而全色成像接收的波长范围远大于多光谱成像，因此全色影像的光谱分辨率较低，但保留了较高的空间分辨率。简单来讲，全色影像寻求较高的空间分辨率，而多光谱影像则通过损失空间分辨率来换取丰富的光谱信息，在实际应用中，通常对全色影像与多波段影像进行融合处理，从而得到较高空间分辨率的彩色影像。

此外，光谱成像是成像技术和光谱技术结合的产物，其成像技术可分为分光法和滤光片法。分光法又可分为棱镜分光、光栅分光和干涉分光；滤光片法又可分为声光可调滤光片、镀膜滤光片、液晶可调滤光片等。这两种技术的区别在于，分光法通常是扫空间维得到一条线的光谱信息，而滤光片法通常是扫光谱维得到不同波长的影像。因此，光谱成像得到的是地物目标的三维信息，包括一维的光谱信息和二维的空间位置坐标。

## 3. 影像分辨率、空间分辨率、时间分辨率、光谱分辨率

影像分辨率是指相机中光敏元件的数目，也就是通常所说的像素。数字相机的 CCD

中包含的晶体管数量越多，则影像的分辨率越高，影像的质量也越高。换句话说，相机的分辨率利用影像的绝对像素量来衡量，如当一个相机拍出的相片在行和列上分别有 1600 个和 1200 个像素值时，就可以认为这是一台 200 万像素的相机。目前，比较先进的 CCD 传感器做到了数亿级别的像素值。

空间分辨率是指影像能分辨的物方最小单元尺寸，与光学系统和探测器本身的性质相关，如数值孔径（numerical aperture，NA）、放大器、探测器像元尺寸等。在遥感领域，空间分辨率常用瞬时视场（intantaneous field of view，IFOV）描述，通常是指某一瞬间探测器单元对应的视场角，其与空间分辨率的关系为

$$\delta = 2h\tan\left(\frac{\text{IFOV}}{2}\right) \tag{3.17}$$

式中：$h$ 为传感器平台到地面的距离。

时间分辨率反映同一地点的重复观测能力，也称重访周期。重访周期越短，时间分辨率越高，对地物的动态变化检测能力也越强。

光谱分辨率由传感器所使用的波段数、每个波段波长及宽度三个要素共同决定。

光谱分辨率是传感器接收地物反射光谱时所能辨别的最小波长间隔，能够表征影像中地物光谱的细节信息，当波长间隔较小时，光谱分辨率相应就会较高。在遥感领域中，光谱成像技术中的多光谱、高光谱和超光谱成像就是按照光谱分辨率进行划分的。在相同的光谱范围内，一般波段数越多，影像光谱分辨率越高，如高光谱影像往往比多光谱影像具有更高的光谱分辨率，这一影像特征对地物的分类识别具有重要作用。

## 3.3.2　光学遥感成像模式

### 1. 光学传感器的扫描模式

光学遥感主要有摄影成像和扫描成像两种成像模式。

摄影成像是利用光学镜头和放置在焦平面上的感光胶片等组成的成像系统记录地物影像的技术，是光学遥感最基础的成像模式之一。摄影成像模式具有空间分辨率高、几何完整性好、视场角大等优点，同时具备高度的灵活性和实用性，因此便于开展精确的测量与分析。摄影成像按相机主光轴与地面之间的夹角又可分为垂直摄影和倾斜摄影，如图 3.26 所示。受投影距离、倾斜角度、地形起伏的影响，摄影成像模式也具有较大的局限性，如摄影成像获取的影像中存在较严重的几何畸变。此外，成像受气候、光照和大气效应的影响，摄影成像模式的数据采集周期长，无法做到实时观测。

扫描成像是以逐点逐行进行扫描、分波段获取地表反射电磁能量并形成二维影像的一种成像模式。扫描成像模式能够获取地物在不同波段下的反射信息，为分析与识别地物类别提供了十分重要的数据源，是当前卫星遥感中使用最广泛的传感器类型。

扫描成像模式又可分为全景式扫描、刷扫式扫描和推扫式扫描三种。全景式扫描通过单次曝光得到地物目标的二维影像，随着传感器与地物间的相对运动，在感光快门的控制下，获取多幅局部影像，经拼接处理后得到完整影像；刷扫式扫描和推扫式扫描是目前遥感技术中使用最多的扫描成像模式，二者都是线视场扫描方式，其搭载的相机都只需要一维探测器，结构也较简单，特别是推扫式扫描不需要传感器自主进行机械扫描，而是借助

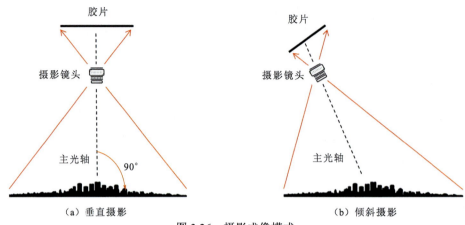

（a）垂直摄影 （b）倾斜摄影

图 3.26　摄影成像模式

平台的飞行和地球的自转来实现扫描成像，用一维线阵探测器就能得到地表物体的二维时间信息。扫描成像的优点是可以获取更高空间分辨率和辐射分辨率的影像，且具备更好的几何完整性、几何精度及更长的使用寿命等。

## 2. 光谱成像仪的扫描模式

光谱成像系统的影像扫描方式包括点扫描、线扫描和非扫描三种模式，如图 3.27 所示。

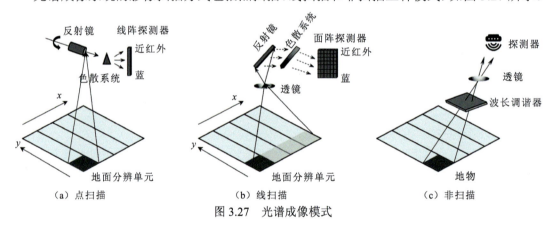

（a）点扫描 （b）线扫描 （c）非扫描

图 3.27　光谱成像模式

（1）点扫描：每次获取物体上一点的光谱信息 $I(\lambda)$，再通过 $x$-$y$ 方向扫描得到成像光谱。点扫描的优势在于，仅使用线阵探测器就可以实现成像，并且容易通过延长时间来提高信号的信噪比，缺点是获取成像光谱较慢。

（2）线扫描：每次获取物体在一条线上每点的光谱信息 $I(x,\lambda)$，然后通过在 $y$ 方向逐线扫描得到成像光谱，该方式适用于被测物体与成像系统的相对运动为线性的情况。遥感领域常用的推扫式成像就属于线扫描方式。

（3）非扫描：在空间 $x$-$y$ 方向上扫描，每次获取特定波长 $\lambda$ 下的物体影像 $I(x,y)$，然后通过波长扫描得到成像光谱。这种扫描方式不需要使用面阵探测器，只需要探测器的二维方向分别为空间的 $x$ 和 $y$ 方向。遥感领域中的凝视成像光谱系统就是这种扫描方式。该扫描方式在一定时间内所探测的区域固定不变，通过波长调谐器选择探测特定波段下的二维影像。此外，也可以采用傅里叶变换干涉方式获取光谱，这种情况下探测器每次得到的是特定光程差下的干涉强度影像，再对每个像素的干涉强度序列进行傅里叶变换得到相应光谱（张淳民，2010）。

3. 宽幅成像技术

幅宽是影响光学遥感应用的一个重要指标，随着影像大地测量技术的发展，大尺度对地观测应用中对宽幅影像的需求日趋强烈。目前，在轨和计划发射的许多光学卫星都将宽幅成像传感器考虑在内，其主流的宽幅成像方式包括多 CCD 内视场拼接、多相机外视场拼接、敏捷成像、多星组网等。

（1）多 CCD 内视场拼接：将多个 CCD 排列以获得较大的成像视场可以提高遥感影像的幅宽。另外，国际上的高分辨率光学遥感卫星大多采用时间延时积分电荷耦合器件（time delayed and integration-charge coupled device，TDI CCD）来提高成像系统的灵敏度和信噪比。TDI CCD 在物理结构上是一个小面阵，在焦平面上很难直接按照一条直线进行排列，通常采用视场拼接或光学拼接的设计方式：视场拼接是将多片 TDI CCD 在焦平面上按双列上下交错的方式排列，如资源一号 02C、天绘一号、QuickBird、IKONOS 等卫星；光学拼接则通过分光模式将焦平面上交错安装的多片 TDI CCD 排列成一条近似直线的连续扫描阵列，如 Pléiades、资源三号等卫星。

（2）多相机外视场拼接：为了更大程度地提升覆盖能力，很多国产高分辨率遥感卫星利用多台视场重叠的 CCD 线阵相机沿垂轨方向安置，通过同时对地推扫成像来实现高分辨率与宽覆盖的结合，如高分一号、高分二号、北京一号、资源一号 02C 等卫星。其中，高分一号卫星配置了两台分辨率为 2 m 全色和 8 m 多光谱组合而成的全色/多光谱相机，视场拼接后的幅宽优于 60 km，还搭载 4 台垂轨安置的中分辨率（16 m）宽视场相机，视场拼接后的幅宽优于 800 km。但是，受宽视场角、倾斜摄影等因素的影响，该模式获取的影像存在较严重的几何变形。

（3）敏捷成像：敏捷成像卫星能够在姿态机动的过程中开启光学相机进行拍摄，具备多点目标成像、多角度立体成像、多条带拼幅成像等工作模式，对于范围大于相机成像幅宽的目标区域，多条带拼幅成像模式可以将目标区域分解为多个可观测的条带，然后利用卫星的姿态机动能力连续调整相机，根据成像指令依次扫描各个条带以实现对目标区域的全覆盖，该成像模式在空间分辨率达到分米甚至厘米级的同时，也具备较强的覆盖能力。美国发射的高分辨率光学遥感卫星基本为此类成像模式，如 WorldView-3 卫星搭载的高分辨率相机幅宽只有 13.1 km，却能够沿轨获取 66.5 km×112 km 连续覆盖区域的影像。

（4）多星组网：要兼顾高空间分辨率与宽幅成像，单颗卫星的能力仍然有限，而通过多星组网的模式能够提升影像获取能力和时间分辨率，实现对大区域的高分辨率持续观测。美国的 QuickBird、GeoEye-1、WorldView-1/2/3/4 卫星构成了高分辨率卫星星座，一天可对同一地区成像 4 次；星球实验室（Planet Labs）研制的 Planet 卫星群是目前全球最大规模的微小卫星星座，可实现每天获取一遍全球覆盖影像；法国的 SPOT-6/7、Pléiades-1A/1B 4 颗卫星组成的星座极大地提高了对目标区域的影像获取能力。我国资源三号卫星、天绘一号卫星均已发射多星并在轨组网运行，对同一地点的重访周期缩短至 3 d 以内；北京二号是由 3 颗高分辨率小卫星组成的民用商业遥感卫星星座，成像幅宽达 23.5 km，具备±45°的侧摆机动能力，仅用 1 d 便能对全球任一地点进行重复观测。

### 3.3.3  常用数据采集平台

#### 1. 星载光学数据采集平台

星载光学成像遥感作为一种典型的遥感技术，在空间对地观测任务中扮演着十分重要的角色。经过半个世纪的发展，星载光学遥感成像系统经历了从返回式到在轨式、单色传感到多/高光谱传感、低分辨率到高分辨率的不断进步，具有代表性的系统有 Landsat 系列、SPOT 系列、Planet 卫星群、WorldView 系列等。我国光学遥感成像也从最初的资源系列发展到高分、天绘系列等，涵盖了高低轨道、多光谱段、不同分辨率等各技术层次，在资源监测、防灾救灾、国防军事等领域发挥重大作用。随着成像技术的发展和卫星成本的降低，一些能达到亚米级空间分辨率的卫星/星座相继升空和组网，如 QuickBird、WorldView、GeoEye、IKONOS 等，这些卫星提供的高分辨率影像在目标检测、精准农业、地质灾害监测和救援等领域发挥重要作用。

#### 1）Landsat 系列卫星

20 世纪 60 年代中期，美国地质调查局（United States Geological Survey，USGS）构思了民用地球资源卫星计划并由 NASA 负责建造卫星和相关载荷。1972 年 7 月 23 日和 1975 年 1 月 22 日分别成功发射了地球资源技术卫星 ERTS-1 和 ERTS-2，后来将其重命名为 Landsat-1 和 Landsat-2 并一直沿用。截至目前，该系列共发射 9 颗卫星，其中 Landsat-6 卫星发射失败，最新的卫星是 2021 年 9 月 27 日发射的 Landsat-9，Landsat 系列卫星参数如表 3.3 所示。

表 3.3  Landsat 系列卫星参数

| 卫星 | 服役周期 | 传感器 | 波段 | 空间分辨率/m | 轨道高度/km | 重访周期/d |
|---|---|---|---|---|---|---|
| Landsat-1 | 1972-07-23～1978-01-06 | MSS、RBV | Green、Red、NIR1/2 | 80 | 900 | 18 |
| Landsat-2 | 1975-01-22～1983-07-27 | | | 40/80 | | |
| Landsat-3 | 1978-03-05～1983-09-07 | | Green、Red、NIR1/2、Thermal | | | |
| Landsat-4 | 1982-07-16～1993-12-14 | MSS、TM | Blue、Green、Red、NIR1/2、MIR、TIR | 30/120 | 705 | 16 |
| Landsat-5 | 1984-03-01～2013-01-05 | | | | | |
| Landsat-6 | 1993-10-05（发射失败） | ETM | — | — | — | — |
| Landsat-7 | 1999-04-15～2022-04-06 | ETM+ | Pan、Blue、Green、Red、NIR、SWIR1/2、TIR | 15/30/60 | 705 | 16 |
| Landsat-8 | 2013-02-11 至今 | OLI、TIRS | Pan、Coastal、Blue、Green、Red、NIR、SWIR1/2、Cirrus、TIR1/2 | 15/30/100 | | |
| Landsat-9 | 2021-09-27 至今 | OLI-2、TIRS-2 | | | | |

Landsat-7 卫星搭载了一个增强型专题制图仪（enhanced thematic mapper plus，ETM+），共包含 8 个波段。相比上一代传感器具有如下优点：①新增全色波段，从而将对地观测的分辨率提高到 15 m；②将热红外波段的地面分辨率从 120 m 提高到 60 m；③提高了成像质量及数据存储和传输能力，可以直接通过天线将数据传输到地面站。2003 年 5 月 31 日，卫星传感器的扫描行校正器发生故障，导致此后获取的数据出现部分条带丢失。2022 年 4 月 6 日，Landsat-7 卫星获取了地表的最后一幅影像。

Landsat-8 和 Landsat-9 卫星分别搭载了陆地成像仪 OLI/热红外传感器 TIRS 和增强型 OLI-2/TIRS-2，两颗卫星的传感器均包含 11 个波段，除涵盖 Landsat-8 卫星的 8 个波段外，还新增一个用于海岸带观测的 Coastal 波段、一个用于云检测的 Cirrus 波段。此外，热红外传感器分为 2 个单独的波段，分辨率降低为 100 m。

**2）SPOT 系列卫星**

1978 年，法国空间研究中心立项研制对地观测卫星系统，命名为 SPOT 系列卫星。该系列卫星的设计目的是通过探索地球资源、探测和预测气候学与海洋学现象及监测人类活动和自然现象来提高对地球的认识和管理。自 1986 年 2 月 22 日，SPOT 系列共发射 7 颗卫星（SPOT-1~7），获取了丰富的全球卫星观测影像数据。SPOT 系列卫星参数如表 3.4 所示。需要说明的是，SPOT-1~5 卫星已先后失效或退役，目前在役的 SPOT-6、SPOT-7 卫星则与 2011 年 12 月 17 日和 2012 年 12 月 2 日发射的 Pléiades-1A/B 卫星组成 4 星星座。

表 3.4　SPOT 系列卫星参数

| 卫星 | 服役周期 | 传感器 | 波段 | 空间分辨率/m | 轨道高度/km | 重访周期/d |
|---|---|---|---|---|---|---|
| SPOT-1 | 1986-02-22~2002-05 | HRV-1/2 | Pan、Green、Red、NIR | 10/20 | 832 | 2~3 |
| SPOT-2 | 1990-01-22~2009-07-01 | | | | | |
| SPOT-3 | 1993-09-26~1997-11 | | | | | |
| SPOT-4 | 1998-03-24~2013-01 | HRVIR-1/2、VGT | Pan、Green、Red、NIR、SWIR、Blue、MIR | 10/20/1150 | | |
| SPOT-5 | 2002-05-04~2015-03 | HRG-1/2、HRS、VGT-2 | SPAN、Pan、Green、Red、Blue、NIR、MIR | 2.5/5/10 | | |
| SPOT-6 | 2012-09-09 至今 | NAOMI-1/2 | Pan、Blue、Green、Red、NIR | 1.5/6 | 694 | 1 |
| SPOT-7 | 2014-06-30 至今 | | | | | |

注：Pan 为全色；Green 为绿；Red 为红；NIR 为近红外；SWIR 为短波红外；Blue 为蓝；MIR 为中红外；SPAN 为超全色

SPOT-1~3 具有相同的传感器荷载和波段设计，即搭载两台高分辨率可见光扫描仪（HRV-1/2），可以采集 3 个多光谱波段（绿、红、近红外）和 1 个全色波段的数据，其中多光谱波段数据的空间分辨率为 20 m，全色波段的空间分辨率为 10 m。

SPOT-4 搭载两台高分辨率可见光及短波红外成像仪（HRVIR-1/2），具有和 SPOT-1~3 相同的成像特性但提升了成像能力，并新增短波红外波段（SWIR）。此外，SPOT-4 还搭载一个宽视域植被探测仪（vegetation，VGT），可以捕捉 4 个波段的反射光（蓝、红、近红外、中红外），扫描宽度为 2250 km，分辨率为 1150 m，实现一天内几乎所有的地表覆盖。

SPOT-5 搭载两台高分辨率几何成像仪（HRG-1/2）、一台高分辨率立体成像仪（high resolution stereoscopic，HRS）和一台改进宽视域植被探测仪（VGT-2），其中 HRG-1/2 采集全色波段（分辨率为 2.5～5 m）、多光谱波段（绿、红、近红外，分辨率为 10 m）和短波红外波段（分辨率为 20 m），VGT-2 采集 4 个多光谱波段（蓝、红、近红外、中红外），HRS 在全色模式下工作拍摄立体像对（分辨率为 10 m）。相比上一代，SPOT-5 具有如下优点：①提升了卫星影像的空间分辨率；②采用 12 000 像元的 CCD 探测器来保持 60 km 的影像幅宽；③采用全新数据压缩方式并提升了数据传输速率。

SPOT-6 和 SPOT-7 两颗卫星完全相同，确保了 SPOT-4 和 SPOT-5 卫星影像获取的连续性。为了与在轨的 Pléiades-1A/B 卫星组成 4 星星座，SPOT-6 和 SPOT-7 调整了轨道高度，使双星的重访周期达到 1 d。卫星搭载了两颗新型 AstroSat 光学成像模块组（NAOMI-1/2），采用基于 Korsch-type 望远镜技术的高分辨率推帚成像模式，具有较高的空间定位精度。传感器设计一个全色阵列组（分辨率为 1.5 m）和一个包含 4 个谱段的多光谱阵列组（蓝、绿、红、近红外，分辨率为 6 m）。

与 Landsat 系列卫星相比，SPOT 系列卫星的空间分辨率更高，且采用线阵推扫式传感器，还可以通过拍摄直接获取立体像对，因此在立体测图、制图等领域具有优势。此外，该系列卫星在资源调查、农业、林业、土地管理、大比例尺地形图测绘等方面都有着十分广泛的应用。

### 3）Planet 卫星群

Planet Labs 是于 2010 年在旧金山成立的一家遥感卫星数据公司。该公司在世界上首次研发成功微卫星群技术，拥有世界上唯一具有全球高分辨率高频次全覆盖的遥感卫星系统。Planet Labs 通过星群对地球陆地和重点海域进行大面积、系统性成像，每天接收处理大量卫星遥感数据，在处理和应用遥感数据的整个流程中实现了高度的自动化、智能化，在遥感大数据处理和人工智能（artificial intelligence, AI）应用技术方面处于世界领先水平。Planet 卫星群最大的特点在于，它是无须编程的卫星运行模式。卫星群运用核心的像素级影像拼接技术，由量变产生质变，达到全球全覆盖的高频采集。

Planet Labs 目前运营两个星座 Dove 和 SkySat，每个星座的卫星具有独特的空间、时间和辐射分辨率，能够从多个角度和维度捕捉地球的活动。Planet Labs 的下一代卫星星座为 Pelican，该星座将提供超高分辨率及快速重访能力，以补充和升级目前在轨的 21 颗 SkySat 卫星。

Dove 是由大约 130 颗卫星组成的星座，轨道高度为 475～525 km，能够每天对地球的整个陆地表面进行成像，每日采集能力为 2 亿 $km^2$，影像分辨率约为 3 m。该系列卫星搭载的传感器包括：Dove Classic，可获取红、绿、蓝和近红外 4 个通道约 25 km×11.5 km 的影像；Dove-R，在 Dove Classic 基础上更新了传感器拜耳模式和通带滤光片，可获取红、绿、蓝和近红外 4 个通道 25.0 km×23.0 km 的影像；SuperDove，除了获取红、绿、蓝、近红外，新增红色边缘、绿色 I、沿海蓝色和黄色 4 个通道共 8 个波段，可获取约 32.5 km×19.6 km 的影像产品。

SkySat 是由 21 颗高分辨率地球成像卫星组成的星座。SkySat-1 于 2013 年发射，随后开展了发射计划。前两颗 SkySat 卫星（SkySat-1 和 SkySat-2）是 A 代和 B 代，其他 19 颗卫星是现代化的 C 代卫星。6 颗 C 代 SkySat 卫星（SkySat-16～SkySat-21）被发射到非太阳同步轨道，影像分辨率约为 5 m。

### 4）高分（GF）系列卫星

GF-1 卫星组包含 4 颗同款卫星，01 卫星于 2013 年 4 月 26 日发射，02/03/04 卫星于

2018 年 3 月 31 日以"一箭三星"方式发射入轨。卫星搭载 2 台全色和多光谱(panchromatic and multispectral,PMS)相机和 4 台宽幅（wide field of view,WFV)相机,PMS 相机获取 60 km 幅宽的 2 m 分辨率全色黑白影像、8 m 分辨率多光谱（蓝、绿、红、近红外）彩色影像、2 m 分辨率多光谱和全色融合真彩色影像,WFV 相机获取 16 m 分辨率多光谱（蓝、绿、红、近红外）彩色影像,幅宽则达到 800 km。

GF-2 卫星搭载一台多光谱相机和两台全色相机,可实现全色 0.8 m 分辨率和多光谱 3.2 m 分辨率成像,影像幅宽 45 km。该卫星是我国自主研制的首颗空间分辨率为 1 m 的民用光学卫星,标志着我国遥感卫星进入亚米级"高分时代"。

GF-4 卫星搭载一台 400 km 幅宽的凝视相机,具备 50 m 分辨率可见光和近红外、400 m 分辨率中波红外成像能力。该卫星是我国第一颗地球同步轨道遥感卫星。

GF-5 卫星搭载大气痕量气体差分吸收光谱仪（environmental trace gases monitoring instrument,EMI)、大气主要温室气体监测仪（greenhouse gases monitoring instrument,GMI)、大气多角度偏振探测仪（directional polarimetric camera,DPC)、大气环境红外甚高分辨率探测仪（atmospheric infrared ultra-spectral sounder,AIUS)、可见短波红外高光谱相机（advanced hyperspectral imager,AHSI)与全谱段光谱成像仪（visual and infrared multspectral sensor,VIMS)共 6 台载荷。可以获取从可见光到短波红外（400~2500 nm)光谱范围内 330 个光谱颜色通道。该卫星是世界上第一颗同时对陆地和大气进行综合观测的卫星。

GF-6 卫星搭载一个全色/多光谱高分辨率相机（2 m 分辨率全色,8 m 分辨率多光谱,90 km 幅宽)和一个多光谱中分辨率宽幅相机（16 m 分辨率,800 km 幅宽)。GF-6 卫星与 GF-1 卫星组网运行,使得重访周期从 4 d 缩短到 2 d。

GF-7 卫星搭载一个两线阵立体相机（0.8 m 分辨率的全色立体影像、3.2 m 分辨率多光谱影像,20 km 幅宽)和一个两波束激光测高仪（3 Hz 对地观测频率,30 m 地面足印直径)。卫星采用立体相机和激光测高仪复合测绘模式,从而实现 1∶10 000 比例尺立体测图。

GF 系列卫星参数如表 3.5 所示。

表 3.5　GF 系列卫星参数

| 卫星 | 发射时间 | 传感器 | 波段 | 空间分辨率/m | 轨道高度/km | 重访周期/d |
|---|---|---|---|---|---|---|
| GF-1（4 颗） | 2013-04-26(GF-1-01)<br>2018-03-31<br>(GF-1-02-03-04) | PMS-1/2、<br>WFV-1/2/3/4 | PAN、Blue、Green、<br>Red、NIR | 2、8、16 | 645 | 4 |
| GF-2 | 2014-08-19 | 全色/多光谱相机 | PAN、Blue、Green、<br>Red、NIR | 0.8、3.2 | 631 | 5 |
| GF-4 | 2015-12-29 | 凝视相机 | PAN、Blue、Green、<br>Red、NIR、MWIR | 400 | 36 000 | |
| GF-5 | 2018-05-09 | EMI、GMI、DPC、<br>AIUS、AHSI、VIMS | 400~2500 nm | 20、30、40 | | |
| GF-6 | 2018-06-02 | 高分辨率相机、<br>中分辨率宽幅相机 | PAN、Blue、Green、<br>Red、NIR | 2、4、16 | | 2 |
| GF-7 | 2019-11-03 | 两线阵立体相机、<br>激光测高仪 | PAN、Blue、Green、<br>Red、NIR | 0.8、3.2、30 | 500 | |

### 5）QuickBird 卫星

QuickBird 卫星于 2001 年 10 月 18 日发射，为太阳同步卫星，同年 12 月开始接收影像，重访周期为 4～6 d，是世界上最先提供亚米级空间分辨率的商业卫星。该卫星在 2015 年 1 月 27 日完成 13 年的轨道任务后退役，在轨期间获取了大约 6.36 亿 km$^2$ 的高分辨率地球影像。

QuickBird 卫星提供全色、多光谱和彩色合成三大类影像。其中，全色影像分辨率为 0.61～0.72 m；多光谱影像收集蓝色、绿色、红色可见光和近红外 4 个波段的影像，空间分辨率为 2.4～2.8 m；彩色合成影像是将 0.6 m 的全色影像和 2.4 m 的多光谱影像进行了融合。QuickBird 卫星获取高质量的卫星影像，用于地图创建、变化监测等，通过地理定位功能，无须使用地面控制点即可制作偏远地区的地图。

### 6）WorldView 卫星群

WorldView 系列是目前世界上最常用的商业高分辨率光学卫星，WorldView 影像不仅具有超高的空间分辨率，还具有其他高分辨率卫星所不具备的 8 波段，其中 WorldView-3/4 卫星影像能够达到 0.3 m 的空间分辨率。

WorldView-1 卫星于 2007 年 9 月 18 日发射，为太阳同步轨道卫星，轨道高度 496 km，平均重访周期 1.7 d，可提供 18 km 幅宽的全色影像和 30 km×110 km 的立体像对，空间分辨率均为 0.5 m。卫星具备高精度定位能力和快速响应能力，能够通过指令快速瞄准目标进行拍摄和立体成像。

WorldView-2 卫星于 2009 年 10 月 6 日发射，为太阳同步轨道卫星，轨道高度 770 km，平均重访周期提高到 1.1 d，可提供 0.5 m 分辨率的全色影像和 1.8 m 分辨率的多光谱影像。另外，该卫星为全球首颗 8 波段多光谱商业卫星，除了蓝色、绿色、红色、近红外 4 个常见的波段外，还能提供海岸黄色、红色边缘段和近红外的彩色波段影像。此外，卫星对指令的响应速度也有所提升，从下达成像指令到接收影像仅需几个小时。

WorldView-3 卫星于 2014 年 8 月成功发射，轨道高度 671 km，平均重访周期 1 d，其获取的全色影像和多光谱影像分辨率分别提升到了 0.31 m 和 1.24 m。卫星还新增了 20 个特殊波段：包括 8 个短波长红外光波段，其空间分辨率为 3.7 m，更有利于特殊地物的分类与侦测；12 个分布于可见光至不可见光的 CAVIS-ACI 波段，空间分辨率为 30 m，有利于云雾侦测、影像修复及获取更准确的地物反射率，从而使影像更加美观。

WorldView-4 卫星于 2016 年 11 月发射升空，轨道参数和传感器与 WorldView-3 卫星相同。但 WorldView-4 卫星的机动性和数据存储能力更强。WorldView-4 卫星的发射大幅提高了 DigitalGlobe 星座的数据采集能力，使得 DigitalGlobe 星座对地球任意位置的平均拍摄频率达到每天 4～5 次。

## 2. 机载光学数据采集平台

航空遥感影像数据获取平台包括高/低空有人机、低空无人机、飞艇等。1858 年，法国人图纳利恩用气球悬挂相机获取了巴黎附近的空中相片。1903 年，莱特兄弟发明了飞机，为航空摄影的发展提供了稳定可靠的飞行平台。本小节主要介绍基于航空飞机的影像获取平台和基于低空无人机的影像采集平台。

### 1）基于航空飞机的影像获取平台

航空摄影测量具有影像精度高、成图速度快、不受季节影响等优点，一直以来是我国基本地图成图的主要手段。航空摄影机是专门为航空摄影测量设计的大像幅摄影机，也称航摄仪，随着数字摄影技术的发展，大像幅的数字航空摄影机问世并逐步得到广泛使用。

（1）框幅式光学航空摄影机：基于胶片的光学模拟摄影机，框幅式是指每次摄影只能取得一帧影像，其结构除了普通相机的主要部件外，还包括控制系统的各种装置，以减少摄影过程中的像移误差。

（2）数字航空摄影机：随着 CCD 技术和计算机技术的发展，国际上出现了可以直接获取数字影像的测量型数字航摄仪，可同时获取黑白、天然彩色及彩红外数字影像，具有无须胶片、免冲洗、免扫描等优点，减少了传统光学航摄获取影像的多个环节。

### 2）基于低空无人机的影像采集平台

低空摄影测量一般指航高在 1000 m 以下的摄影测量，多采用无人飞行器为飞行平台，搭载高分辨率的数码相机为传感器，直接获取摄影区域的数字影像。低空摄影技术作为一种新的测绘手段，因机动、灵活、快速反应等优势越来越得到广泛应用与重视，而高分辨率、小像幅的数码相机在摄影测量的研究和应用中也不断深入。

目前，国内无人飞行器遥感系统使用的数码相机种类繁多，一般只要满足体积小、重量轻、有效像素大于 2000 万，电子快门速度大于 1/1000 s 等，经标定后，均可用于低空摄影测量。无人飞行器采用的非量测数码相机像幅较小，但要拍摄的影像数量却很大。另外，小像幅立体像对的基高比变小，解算精度受到影响。为了获取较大的像幅影像，目前多采用组合宽角相机拼接技术。

## 3. 地面光学数据采集平台

目前，地面光学数据采集平台主要服务于城市全景地图的车载移动数据采集系统、地基光学数据采集系统等领域（李德仁 等，2008）。

### 1）车载移动数据采集系统

车载移动数据采集系统用来采集影像数据的车辆，通常需要安装一台或多台相机、激光扫描仪、GNSS、惯性测量单元（inertial measurement unit，IMU）等多种传感器设备，并集成有电源系统、采集控制单元、前置运算的计算机等。通过这些设备可获得影像、点云、GNSS 的空间位置信息数据，将这些数据按一定规程可制作、生产地图所需要的信息。

### 2）地基光学数据采集系统

地基光学数据采集系统通常将相机、光谱成像仪、扫描仪等传感器固定在距离观测对象一定距离的区域内进行持续的数据采集，通常用于作物长势的监测与分析、城市道路与环境监控等领域。

# 3.4 LiDAR 成像理论及数据采集方法

LiDAR 是激光技术与雷达技术相结合的一种快速、精确获取目标三维信息的新技术，可以获得比传统摄影测量技术和微波遥感手段更精确和细致的信息。LiDAR 的概念早在 1930 年就被辛格（Synge）提出，他设想使用强大的探照灯来探测大气层。现今 LiDAR 已经被广泛应用于大气研究和气象学。此外，安装在卫星和飞机上的 LiDAR 及地基 LiDAR 等已经成为当下测绘领域的重大技术突破和革新，是影像大地测量的重要组成部分，可用于生成高分辨率 DSM，已被广泛应用于地质灾害的探测、监测与预警中。与普通雷达不同，LiDAR 是一种使用激光作为辐射源的雷达，但又与成像雷达类似，也是一种有源主动遥感方式，不会受光照条件的限制，在夜晚或者光照不好的条件下也能正常工作。此外，激光能穿透水体、树林和植被，可以获取一些被覆盖或隐藏的细节和真实地形数据，可以为地质灾害的早期探测与识别提供非常重要的信息。LiDAR 按照其搭载平台可以分为星载 LiDAR（也称星载激光测高仪）、机载 LiDAR 及地基 LiDAR（如三维激光扫描仪）等。

## 3.4.1 LiDAR 成像原理

### 1. LiDAR 成像物理基础

激光是光受激辐射产生的效应。1905 年，爱因斯坦提出了光电效应方程，为激光器的诞生奠定了理论基础。1960 年，休斯研究实验室的梅曼（Maiman）发明了一种光的放大装置，称为激光仪，它是世界上第一台激光仪。激光不同于其他光源，因为它发出的光是相干的。激光的空间相干性还允许激光束在很远的距离上保持窄（准直）距，从而实现激光指示器和 LiDAR（光检测和测距）等方面的应用。无论是用于探测、测距或者成像，激光都是一种非常优秀的点光源，具有高亮度、强单色性、强方向性和强抗干扰能力等优点。在激光被发明后，对其相关的研究和应用被广泛开展，LiDAR 是其中至关重要的一种应用，以激光为载波的 LiDAR 具有精度高、定向性强、抗干扰能力强等优点。

与雷达和光学遥感利用某一波段的电磁波不同，激光扫描则利用的是激光器发射的高强度光束（也称单色光），其不是单一波长，而是一个非常窄的光谱带范围（小于 10 nm）的波束。LiDAR 可使用紫外线、可见光或近红外光对地表目标进行成像。它的观测对象可以是非金属物体、岩石、水汽、化合物、气溶胶、云，甚至单个分子。LiDAR 使用的电磁波波长也因观测目标而异，从大约 10 μm（红外线）到大约 250 nm（紫外线）的光谱范围。通常情况下，激光测距主要是利用近红外范围的电磁波谱完成的。

### 2. LiDAR 测距原理

LiDAR 是一种主动测量方式，核心部件是激光测距仪（也称激光扫描仪），其主要由激光发射单元、接收部分单元、信号处理单元三部分组成。激光测距仪可以搭载在卫星、飞机或者地基平台，对目标进行激光测距和遥感成像。不管是星载、机载还是地基 LiDAR，其测量原理基本一致，都是通过激光仪的激光发射时间和接收时间差来获取激光测距仪到目标之间的位置矢量。

激光测距仪对空间目标 P 发射一束激光，安装在激光测距仪上的探测器通过高频采样记录发射、接收脉冲的波形信息，通过对波形分析即可提取激光的发射时间 $T_0$ 和接收时间 $T_R$ 信息。此时，激光发射中心到空间目标 P 的距离为

$$\rho = \frac{1}{2}c(T_R - T_0) \tag{3.18}$$

式中：$c$ 为光在真空中的速度。

### 3. LiDAR 空间几何模型

空间几何模型反映了探测器像元与探测目标空间位置的几何关系。为了确定每个像元对应地面目标的空间位置信息，需要确定激光脉冲的几何信息，包括光束发射方向和光束发射原点。由于不同平台的 LiDAR 与之配备使用的仪器有所不同，如机载 LiDAR 常常与 GNSS 和惯性导航系统（inertial navigation system，INS）组合在一起使用，而地基 LiDAR 则以激光扫描设备为主要部件，不配备 GNSS 或 INS，因此它们具体获得点云或激光足印点的空间几何模型略有差异。以机载 LiDAR 为例，机载 LiDAR 通常是一个集成了 LiDAR、GNSS 和 INS 的复杂系统。机载 LiDAR 的空间几何模型可表述为（潘超，2022）：利用激光发射点到地面的距离、INS 获取的平台姿态参数、GNSS 获取的平台位置坐标，LiDAR 测量的激光指向角度，进行多个数据源联合解算，通过一系列坐标变换获取地面点在目标坐标系下（如 CGCS2000 大地坐标系）的三维坐标 $(X, Y, Z)$，如图 3.28 所示。

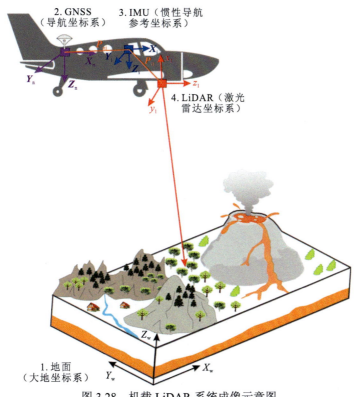

图 3.28　机载 LiDAR 系统成像示意图

LiDAR 获取的数据一般为这些地面点的三维坐标位置数据，而这些点坐标构成的集合称为点云，LiDAR 点云的一般空间几何模型（田雨，2022）可表示为

$$\begin{bmatrix} X_{\mathrm{w}} \\ Y_{\mathrm{w}} \\ Z_{\mathrm{w}} \end{bmatrix} = \overrightarrow{R_{\mathrm{n}}^{\mathrm{w}}}(B,L)\overrightarrow{R_{\mathrm{i}}^{\mathrm{n}}}(\theta_{\mathrm{r}},\theta_{\mathrm{p}},\theta_{\mathrm{h}})(\overrightarrow{R_{\mathrm{l}}^{\mathrm{i}}}(\alpha,\beta,\gamma)\begin{bmatrix} x_{\mathrm{l}} \\ y_{\mathrm{l}} \\ z_{\mathrm{l}} \end{bmatrix} + \overrightarrow{P_{\mathrm{nl}}}) + \overrightarrow{g_{\mathrm{w}}}(B,L,H) \qquad (3.19\mathrm{a})$$

$$\overrightarrow{P_{\mathrm{nl}}} = \overrightarrow{P_{\mathrm{ni}}} + \overrightarrow{P_{\mathrm{il}}} \qquad (3.19\mathrm{b})$$

式中：$[X_{\mathrm{w}},Y_{\mathrm{w}},Z_{\mathrm{w}}]$ 为激光点在 CGCS2000 大地坐标系中的位置坐标；$[x_{\mathrm{l}},y_{\mathrm{l}},z_{\mathrm{l}}]$ 为激光点在激光雷达坐标系中的位置坐标；$\alpha$、$\beta$、$\gamma$ 为激光雷达坐标系与惯性导航参考坐标系之间的旋转安置角；$\overrightarrow{P_{\mathrm{ni}}}$ 和 $\overrightarrow{P_{\mathrm{il}}}$ 分别为 GNSS 天线中心到 INS 中心的位置偏移矢量和 INS 中心到 LiDAR 发射中心的位置偏移矢量；$\overrightarrow{g_{\mathrm{w}}}(B,L,H)$ 为 GNSS 天线中心在 CGCS2000 大地坐标系中的坐标，其中 $B$、$L$、$H$ 分别为 GNSS 天线中心的经度、纬度和大地高；$\theta_{\mathrm{r}}$、$\theta_{\mathrm{p}}$、$\theta_{\mathrm{h}}$ 分别为横滚角、俯仰角和航偏角，代表传感器的位置姿态参数；$\overrightarrow{R_{\mathrm{n}}^{\mathrm{w}}}$ 为从惯性导航参考坐标系到 CGCS2000 大地坐标系的旋转矩阵；$\overrightarrow{R_{\mathrm{i}}^{\mathrm{n}}}$ 为从惯性导航参考坐标系到导航坐标系的转换矩阵；$\overrightarrow{R_{\mathrm{l}}^{\mathrm{i}}}$ 为从激光雷达坐标系到惯性导航参考坐标系的旋转矩阵。

相较于地基和星载 LiDAR，一些机载应用的 LiDAR 可以同时记录同一发射脉冲的多次返回信号。相较于单返回传感器仅记录一个返回信号，目前一些机载激光测距仪配备了多路返回信号接收器，允许操作者选择记录多次返回信号。这种多返回的激光测距仪在有植被的地形飞行时尤为明显。第一次返回信号可能来自树冠顶部，而最后一次返回信号则更有可能来自地面。在这种系统中，光束可能会击中树冠顶部的叶片，而部分光束会传播得更远，可能会击中树干甚至地面。每次返回都可转换为点云坐标（$X$, $Y$, $Z$），可用于进行地面与树冠层的分割。

## 3.4.2 LiDAR 成像模式

LiDAR 作为一种高精度、快速获取目标三维信息的主动遥感技术，已被广泛应用于国防和民用相关领域。其成像模式大体上可以分为扫描式成像和非扫描式成像两大类。扫描式 LiDAR 具有大视场和高分辨率的优势，但是扫描模式对激光重频要求很高，从而制约了激光单脉冲能量，限制了 LiDAR 的作用距离。而非扫描式 LiDAR，如果采用多波束阵列，可在提高观测效率和分辨率的同时，降低对激光重频的要求，提高 LiDAR 的作用距离，但受制于阵列探测器件的性能，观测视场范围有限（潘超，2022）。

1. 扫描式成像

扫描式成像是机载 LiDAR、车载 LiDAR 和地基 LiDAR 常用的成像模式，扫描式成像的 LiDAR 可以根据扫描方式不同分为两类：一类是利用飞行平台进行沿轨方向的推扫式成像，另一类是利用振镜或转台等扫描机构进行视场旋转扫描式成像。推扫式成像模式受限于平台载荷能力，难以实现非常多的波束数量，从而降低了其在中高空探测时垂直于飞行方向上的地面分辨率。旋转扫描式成像模式对激光重频要求很高，从而制约了激光单脉冲能量，限制了其作用距离。另外，扫描式成像的 LiDAR 又可以根据发射波束的数量多少，

划分为单线/单波束扫描成像 LiDAR 和多线/多波束扫描成像 LiDAR，其中单线扫描成像 LiDAR 可通过单线束激光旋转扫描结合平台飞行，实现对探测区域的扫描覆盖。

扫描式 LiDAR 是最早被使用的，也是发展最为成熟的 LiDAR 成像技术。其基本原理是通过激光扫描仪发射单波束或者少量波束的激光脉冲，使用独立的探测单元对目标进行三维信息探测，与此同时，通过扫描机构的一维扫描，结合系统随着搭载平台的运动实现对观测区域的扫描覆盖，最终实现对探测区域雷达扫描成像。目前，该成像模式已经广泛应用到静态三维激光建模、车载 LiDAR 系统和机载 LiDAR 系统中，并已实现商业化，主要厂商包括 Riegl（奥地利）、Velodyne（美国）、OPTECH（加拿大）、LEICA（德国）等。其中，最具代表性的为奥地利 Riegl 公司，其三维成像 LiDAR 产品已经在测绘、采矿、地质灾害识别和林业调查等领域得到广泛应用（穆超，2010）。

### 2. 非扫描式成像

传统扫描式成像模式具有十分显著的优势，但仍受限于 LiDAR 光源单脉冲能量和发射重频相互制约的问题，无法进行远距离成像。随着激光多波束精细分光、单光子阵列探测技术的发展，基于多波束激光发射、同步阵列探测的激光三维成像技术被逐渐发展和应用，阵列探测 LiDAR 的原理是通过对激光束进行分束发射，结合阵列探测器进行接收探测，从而实现单次多点的同步测量，克服传统扫描式 LiDAR 光源单脉冲能量和发射重频相互制约的问题。此外，该技术采用单光子灵敏度的阵列探测机制，可以使接收系统实现单光子量级的回波信号探测，在极低信噪比条件下实现回波信号的有效提取，从而最大限度地提高光源利用率。阵列探测成像模式的提出和发展为实现 LiDAR 的更高测绘分辨率、更宽测绘幅宽、更高数据获取时效提供了途径。

阵列探测三维成像的基本思想来源于早期的光学遥感的 CCD 成像技术。与传统的光学 CCD 成像技术类似，阵列探测 LiDAR 采用脉冲激光泛光照射或多波束分光照射作为光源，通过阵列探测器对目标范围进行逐一探测，通过对探测每个像元的响应脉冲进行时间测量，从而获取探测目标的三维影像。图 3.29（潘超，2022）展示了多波束阵列探测 LiDAR 成像示意图，该系统可以在提高探测效率的同时，降低对激光重频的要求，将系统搭载于光电吊舱中沿垂轨方向进行摆扫，可提高系统垂直飞行方向的分辨率。

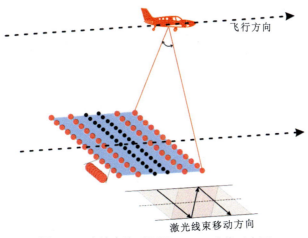

图 3.29 多波束阵列探测 LiDAR 成像示意图

### 3.4.3 常用数据采集平台

#### 1. 星载 LiDAR

星载 LiDAR 也称星载激光测高,可用于获取全球地表及空间目标三维信息,在极地冰盖测量、植被高度及生物量估测、云高测量、海面高度测量、全球气候监测等方面也都发挥着极其重要的作用。20 世纪 70 年代起,美国就开始逐步发展卫星激光测高,之后在国际上一直处于领先地位,在月球、火星及水星等星体测绘方面大量采用了卫星激光测高技术。2003 年,NASA 成功发射 ICESat-1 卫星,开展了极地冰盖监测、海冰高程测量、森林生物量估算、全球陆地高程控制点获取等应用,在国际上形成广泛的影响,但该卫星已于 2009 年停止工作。2018 年,NASA 又发射了 ICESat-2 卫星,旨在测量格陵兰岛和南极洲陆地冰川的年平均高度变化。我国星载激光测高起步相对较晚,2016 年 5 月发射了第一颗用于对地观测的激光测高卫星——资源三号卫星,其 02 星搭载了我国首台对地观测的卫星激光测高试验性载荷,实现了我国这一领域的起步,而后发射的高分七号立体测量卫星,搭载了全波形记录仪和激光足印相机。

#### 1) ICESat-1/GLAS

在全球气候变暖的背景下,温度的升高加剧了两极冰盖及其周围海冰的消融,同时也使大气变得更加湿润,带来了更多的降水。为了更好地认识和理解气候变化对极地冰盖质量平衡、海冰厚度及全球海平面变化等的影响,NASA 于 2003 年 1 月 13 日发射了第一颗激光测高卫星 ICESat-1[图 3.30(a)]。该卫星由加利福尼亚州范登堡空军基地发射,沿近极地轨道飞行,高度大约为 600 km,轨道倾角为 94°,卫星观测数据覆盖地球表面大部分地区。这是国际上第一颗对地观测激光测高卫星。ICESat-1 卫星搭载了先进的地球科学激光高度计系统(geoscience laser altimeter system,GLAS),其首要任务是确定极地冰盖质量平衡及其消融对海平面上升的贡献,并预测未来气候变化对极地冰川质量和全球海平面的影响。同时,对测量云层的高度及云层和气溶胶的垂直结构,以及陆地地形、粗糙度、反射特征、植被高、积雪和海冰表面特性等同样具有重要研究价值。

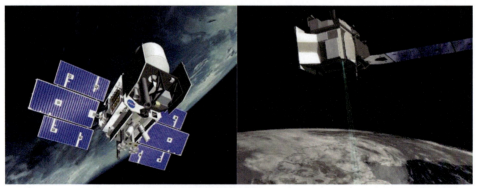

(a) ICESat-1 卫星　　　　　　　　　　　(b) ICESat-2 卫星

图 3.30　ICESat-1 卫星和 ICESat-2 卫星

(引自 NASA 网站 https://icesat.gsfc.nasa.gov/)

GLAS 利用激光器每秒 40 次发射红外（1064 nm）和绿光（532 nm）脉冲。红外脉冲用于地面测高，绿光脉冲用于大气后向散射测量。红外反射脉冲主要用于极地冰盖、海冰、陆地地表、森林植被高程测量等。绿光后向散射主要用于云高、大气气溶胶测量，沿轨的云和气溶胶高度的分布可以垂直方向 75～200 m 的分辨率测定，水平方向的分辨率对厚云层为 150 m。除此之外，冰原的质量平衡及对海平面变化的影响也可由 GLAS 测定。ICESat-1 卫星主要参数指标见表 3.6。

表 3.6　ICESat-1 卫星主要参数指标

| 主要参数 | 具体指标 |
| --- | --- |
| 中心波长/nm | 1064 |
| 重复频率/Hz | 40 |
| 脉冲能量/mJ | 75 |
| 脉冲宽度/ns | 6 |
| 足印点大小 | 标称：66 m，实际 55～110 m |
| 足印间隔 | 沿轨：170 m，垂轨 15 km（赤道）、2.5 km（南北纬 80°） |
| 重复周期 | 在轨检校：8 d，平时 183 d |
| 寿命 | 设计：3 年，实际：6 年 |
| 测距精度/m | 0.1 |
| 几何定位精度 | 平面：4.5～10 m，高程：0.15 m |

### 2）资源三号 02 星

资源三号 02 星于 2016 年 5 月 30 日成功发射，是我国首颗高精度民用立体测图卫星资源三号 01 星的后续星。资源三号 02 星上搭载了我国首台对地观测的试验性激光测高载荷，主要用于测试激光测高仪的功能和性能，探索地表高精度高程控制点数据获取的可行性，以及采用该数据辅助提高光学卫星影像无控立体测图精度的可能性。

资源三号 02 星搭载的试验性激光测高仪采用单波束，发射激光的中心波长为 1064 nm，属于近红外激光，工作的重复频率为 2 Hz。此外，其功能单一，除测距外，暂不具备回波波形记录功能，也未带足印相机。资源三号 02 星激光测高仪主要参数指标见表 3.7。

表 3.7　资源三号 02 星激光测高仪主要参数指标

| 主要参数 | 具体指标 |
| --- | --- |
| 激光脉冲宽度/ns | 7 |
| 重复频率/Hz | 2 |
| 功率/W | 45 |
| 质量/kg | 40 |
| 激光器单脉冲能量/mJ | 200 |
| 有效口径/mm | 210 |

| 主要参数 | 具体指标 |
|---|---|
| 有效作用距离/km | 480～520 |
| 激光足印大小/m | >75 |
| 轨道高度/km | 506 |
| 中心波长/nm | 1064 |
| 探测器带宽/MHz | 200 |
| 测距精度/m | 1 |

### 3）ICESat-2/ATLAS

2018 年 9 月 15 日，NASA 的 ICESat-2 卫星[图 3.30（b）]在加利福尼亚州范登堡空军基地成功发射，这标志着星载激光对地连续观测新纪元的开启。ICESat-2 卫星的唯一荷载仪器是一部先进地形激光高度计系统（advanced topography laser altimeter system，ATLAS），该激光高度计在 NASA 戈达德太空飞行中心完成组装和测试。ATLAS 采用多个模块单元集成的箱体结构。平台上安置了两台激光器，在运行期间仅使用一台激光器发射脉冲。一号激光器发射的激光被折叠式反射镜反射到发射器路径中，而二号激光器发射的激光则通过偏振光束组合器反射到发射器路径中。激光由反射型光束扩展器进行扩展，通过波束转向机制到达衍射光学元件，在此单脉冲被分割为 6 个波束。相较于 ICESat-1 卫星主要荷载 GLAS 采用的全波形记录方法，ATLAS 运用了单光子计数技术，单光子计数 LiDAR 系统每秒发射 10 000 个激光脉冲。该技术的优点是能够产生高重复频率的脉冲，从而提高卫星沿轨分辨率。

ICESat-2 卫星的激光参考系统及安装在 ATLAS 平台上的恒星跟踪仪和陀螺仪在同一个参考坐标系下，测量激光器发射脉冲的指向和恒星位置，保证获得高质量的对地观测结果。同时，ICESat-2 卫星配备了 GPS 天线和双频接收器，以确定高度计观测位置，其径向精度在 3 cm 以内。联合 ATLAS 的脉冲发射和返回时间及激光器的指向方向测量值，进而将观测数据转换为地面上精确的足迹位置和相应高程。除此之外，ICESat-2 卫星在轨道设计上与 ICESat-1 卫星相似，500 km 的轨道高度，91 d 的重复周期和 92° 的轨道倾角。综合考虑时间和空间采样，提供最大的地面轨迹覆盖密度，允许每 3 个月对地进行一次观测，这有助于探究极地冰盖的季节性变化。

### 4）高分七号卫星

2019 年 11 月 3 日，我国自主研制的高分七号卫星在太原卫星发射中心成功发射升空，其搭载的激光测高仪，用于广义稀疏控制点测量，对立体线阵测绘相机的地形数据进行高程误差修正，提高了立体影像的高程精度，满足高分七号卫星在少控制点条件下实现 1∶10 000 比例尺立体测绘的应用需求。

该激光测高仪有两个 1064 nm 波长的激光束，采用高速数字化回波获取技术来记录全波形回波信号，用于沿轨方向的地表垂直结构及局部坡度信息反演。相较于资源三号试验性卫星，该卫星采用高精度全波形测距技术，能够获取探测区域内地表形状、地表粗糙度和反射率等地形、地物信息，通过对波形数据的分析、处理，可实现对距离的高精度统计。此外，该激光测高仪也配置了足印相机，可同时记录激光出射方向和地物影像以获取激光足印控制点在地面的位置。高分七号卫星激光测高仪主要参数指标见表 3.8。

表 3.8　高分七号卫星激光测高仪主要参数指标

| 参数 | | 指标 |
| --- | --- | --- |
| 测距精度（标称轨道，地物反射率 0.1）/m | | ≤0.3 |
| 激光器 | 激光波束 | 2 波束 |
| | 重复频率/Hz | 3 |
| | 能量/mJ | 100～180 |
| | 激光波长/nm | 1064 |
| | 激光发射角/（°） | ≤60 |
| | 脉冲宽度/ns | 4～8 |
| | 设计寿命/年 | 8 |
| 接收机 | 接收口径/m | 0.6 |
| | 全波形采样频率/GHz | 2 |
| 足印相机 | 地面像元分辨率/m | ≤3.2 |
| | 光束指向监测精度/m | ≤5 |

## 2. 机载 LiDAR 平台

机载激光扫描技术的发展源自 1970 年，NASA 研制成功第一台对地观测 LiDAR 系统 LITE。得益于 GPS 及 INS 的发展，精确确定遥感平台的实时位置和姿态成为可能，图 3.31 为机载 LiDAR 成像示意图。德国斯图加特大学于 1988～1993 年将激光扫描技术与实时定位、定姿系统结合，形成了机载激光扫描系统（Ackermann，1999）。之后，机载激光扫描仪随即迅速发展，从 1995 年开始商业化。20 世纪 90 年代末至今是机载 LiDAR 技术的高速发展时期。动态差分 GPS 和 IMU 的精度不断提高，使激光扫描脚点坐标的精度能够满足实际应用的需求。与此同时，国际上一些著名的测绘仪器生产厂商将更多的精力用于高精度机载 LiDAR 的研发与生产，目前国外一些比较成熟的 LiDAR 系统包括美国 Fugro 公司的 FLI-MAP、瑞士 Leica Geosystems 公司的 ALS50、加拿大 Optech 公司的 ALTM Gemini、德国 TopSys 公司的 FALCON III 等（刘经南 等，2003；张小红，2002）。

我国在 LiDAR 技术上的起步较晚，对机载 LIDAR 系统的研究始于 20 世纪 70 年代，其间经历了理论探索、试验、完成原理样机等阶段。目前，已研制成功的原理样机有中国科学院遥感应用研究所与中国科学院上海技术物理研究所于 1996 年合作完成的机载激光扫描测距成像系统，中国人民解放军海军海洋测绘研究所与中国科学院上海光学精密机械研究所于 2004 年合作研制的机载激光测深系统的原理样机等。图 3.32 所示为一些常见的机载 LiDAR 系统。

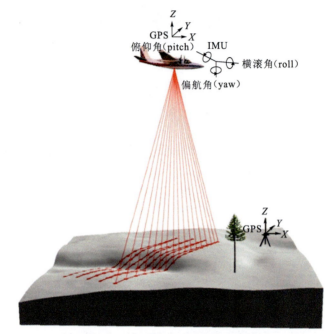

图 3.31 机载 LiDAR 成像示意图

（a）OptechGalaxy T2000

（b）FALCON III

（c）FLI-MAP

（d）Leica ALS-50

图 3.32 一些常见的机载 LiDAR 系统

### 1）OptechGalaxy T2000

加拿大 OptechGalaxy T2000 是目前应用比较广泛的平台激光传感器，其最高采集频率可达 200 万点/s，最大测程为 6500 m，同时还搭载目前最先进的 Applanix 惯性导航系统。搭载光学相机为飞思 IXU1000 相机，有效像素达 1 亿（11 608×8708），镜快门速度最高可达 1/1600 s，感光度 ISO 值为 50～6400。

### 2）Leica ALS50

ALS50 系统的特点是配置了多脉冲激光测距技术，开发了一套惯性位姿系统（inertial

position and attltude system，IPAS），可以根据用户的实际需求匹配不同的 IMU。ALS50 系统采用双向振荡镜的模式，产生的地面扫描线的形状都是类正弦形状，最大的扫描频率上升到 90 Hz。ALS50 系统在测距性能上能达到最大的 6 km 等级。

### 3）TopSys 的 FALCON III

FALCON 系列 LiDAR 的特点在于采用了两个线阵列光纤，第一个阵列用来传输和发射激光脉冲，发射方向和航行方向垂直，第二个阵列用来接收地物反射信号，激光测距仪的核心是基于铒的激光发射系统，脉冲重复频率达到 83 kHz，扫描频率达到 630 Hz，激光波长为 1540 nm，由此产生的脉冲流沿着中心光纤传输到螺母反射镜上，该反射镜将每个脉冲按顺序反射到阵列每条光纤通道上。光纤将脉冲传输到传输光学的焦平面，再依次发射向地面，能量通过地物反射回到传感器，对应的光纤将反射信号拾取，又沿着光纤路径被传递到旋转镜上，然后又传递到第二个阵列上，这个过程和发射过程相反，在这之后能量再通过一个滤波镜头传递到接收二极管。本质上，发射和接收光学系统是相同的，但相互反向工作。

### 4）Fugro 的 FLI-MAP

FLI-MAP 系列 LiDAR 都是以直升机为平台进行低海拔条带扫描，最新型号为 FLI-MAP400，与之前型号相比又有了进一步的提升，尤其是采用了更新的激光测距系统，能够达到 150 kHz 的脉冲重复频率，使用的激光等级还是一级安全激光，有效射程也增加到 350 m。如此便可覆盖更大的航带。FLI-MAP I 和 II 都只能记录单次脉冲回波，FLI-MAP 400 能够记录 4 次回波数据，除此之外，与之前的设备一样，FLI-MAP400 也配置了数码相机，能够获取 1100 万像素影像。虽然 FLI-MAP 系统被广泛用于低空调查，但 Fugro 和其他几家服务提供商一样，使用 Leica 的 ALS-50 激光扫描仪来进行大面积高空调查。

### 3. 地基 LiDAR 平台

三维激光扫描技术是 20 世纪 90 年代中期开始出现的一项技术，是继 GPS 之后又一项测绘技术领域的新突破。它通过高速激光扫描测量的方法，大面积高分辨率地快速获取被测对象表面的三维坐标数据，可以快速、大量采集空间点位信息，为快速建立物体的三维影像模型提供了一种全新的技术手段。由于具有快速性、不接触性，实时、动态、主动性，高密度、高精度，以及数字化、自动化等特性，三维激光扫描技术的应用推广很有可能会像 GPS 一样引起测量技术的又一次革命。图 3.33 为常见的三维激光扫描仪。

（a）Leica 三维激光扫描仪　　　　　　　　　　（b）中海达三维激光扫描仪

图 3.33　常见的三维激光扫描仪

## 1）Leica ScanStation P50

Leica 测量系统作为三维激光扫描仪发展的行业领导者，全新打造的长测程三维激光扫描仪 ScanStation P50，在完美继承高精度测角测距技术、波形数字化（wave form digitizer，WFD）技术、混合像元（mixed pixel）技术和高动态范围（high-dynamic range，HDR）图像技术的同时，扫描距离提高至 1 km 以上，使 Leica ScanStation P50 具有更长的测程和更强大的性能，满足长距离及各种扫描任务需求。全新的 570 m、>1 km 两种长距离扫描模式，可增大扫描范围、减少设站次数，节省外业成本。更远的扫描距离，可轻松满足地形测绘、矿山、大坝、滑坡等长距离扫描需求。视场角高达 360°×290°，超大视野扫描可提供完整的现场数据，无须重复扫描。扫描速率高达 100 万点/s，超高速扫描可减少外业时间，节省成本。具有全站仪的设站定向方式，如后方交会，可利用平差后的控制点坐标进行设站。直接获取本地坐标数据，无须转换，可减少误差，提高成果精度。内置同轴相机采用 HDR 图像技术，可快速获取低反差、色彩绚丽、细节层次明显的照片。全景影像高达 7 亿像素，媲美人眼视觉效果，方便点云着色和纹理贴图。测距精度 1.2 mm+10 ppm[①]（270 m 模式）/3 mm+10 ppm（>1 km 模式），测角精度 8″，确保成果精准可靠。根据需求自定义扫描分辨率，预设最高支持 0.8 mm@10 m。可针对特定区域进行"精细扫描"，提高局部点密度，优化作业效率。

## 2）中海达 HS 系列

武汉海达数云技术有限公司完全自主研发的 HS 系列高精度三维激光扫描仪是脉冲式、全波形、高精度、高频率三维激光扫描仪，配套自主研发的全业务流程三维激光点云处理系列软件，具备测量精度高、点云处理效率高、成果应用多样化等特点，广泛应用于数字文化遗产、数字城市、地形测绘、形变监测、数字工厂、隧道工程、建筑信息模型等领域。HS1000i 型号的扫描仪测距范围为 2.5～1000 m，40 m 的测距精度达 5 mm，搭载 7000 万像素的全景外置相机，最大激光脉冲重复频率为 500 kHz。扫描垂直视场角为 −40°～60°，水平视场角为 360°。

为了满足不同的三维扫描场景，除了常规的地面三维激光扫描仪，近些年又陆续研制了车载、背包和手持式等移动三维激光扫描仪，如图 3.34 所示。

（a）车载三维激光扫描仪　　　　（b）背包三维激光扫描仪　　　　（c）手持式三维激光扫描仪

图 3.34　各类移动三维激光扫描仪

---

① ppm 为百万分之一。

# 参 考 文 献

李德仁, 郭晟, 胡庆武, 2008. 基于 3S 集成技术的 LD2000 系列移动道路测量系统及其应用. 测绘学报, 37(3): 272-276.

李振洪, 宋闯, 余琛, 等, 2019. 卫星雷达遥感在滑坡灾害探测和监测中的应用: 挑战与对策. 武汉大学学报(信息科学版), 44(7): 967-979.

廖明生, 林珲, 2003. 雷达干涉测量: 原理与信号处理基础. 北京: 测绘出版社.

廖明生, 王腾, 2014. 时间序列 InSAR 技术与应用. 北京: 科学出版社.

刘国祥, 2019. InSAR 原理与应用. 北京: 科学出版社.

刘国祥, 张波, 张瑞, 等, 2019. 联合卫星 SAR 和地基 SAR 的海螺沟冰川动态变化及次生滑坡灾害监测. 武汉大学学报(信息科学版), 44(7): 980-995.

刘经南, 张小红, 2003. 激光扫描测高技术的发展与现状. 武汉大学学报(信息科学版)(2): 132-137.

卢万铮, 2004. 天线理论与技术. 西安: 西安电子科技大学出版社.

穆超, 2010. 基于多种遥感数据的电力线走廊特征物提取方法研究. 武汉: 武汉大学.

潘超, 2022. 机载多波束阵列探测三维成像激光雷达关键技术研究. 北京: 中国运载火箭技术研究院.

舒宁, 2003. 雷达影像干涉测量原理. 武汉: 武汉大学出版社.

田雨, 2022. 机载高光谱/LiDAR 集成监测系统关键技术研究. 徐州: 中国矿业大学.

魏钟铨, 2001. 合成孔径雷达卫星. 北京: 科学出版社.

吴立新, 齐源, 毛文飞, 等, 2022. 多波段多极化被动微波遥感地震应用研究进展与前沿方向探索. 测绘学报, 51(7): 1356-1371.

吴文豪, 2016. 哨兵雷达卫星 TOPS 模式干涉处理研究. 武汉: 武汉大学.

徐甫, 王政, 李振洪, 等. 2022. 复杂环境下的地基雷达大气改正方法. 武汉大学学报(信息科学版), 48(12): 2069-2081.

杨红磊, 彭军还, 崔洪曜, 2012. GB-InSAR 监测大型露天矿边坡形变. 地球物理学进展, 27(4): 1804-1811.

张淳民, 2010. 干涉成像光谱技术. 北京: 科学出版社.

张小红, 2002. 机载激光扫描测高数据滤波及地物提取. 武汉: 武汉大学.

周春霞, 温耀辉, 陈一鸣, 等, 2021. 地基真实孔径雷达 GPRI 的精度验证与分析. 测绘通报(4): 28-32.

Ackermann F, 1999. Airborne laser scanning-present status and future expectations. ISPRS Journal of Photogrammetry and Remote Sensing, 54(2/3): 64-67.

Elliott J R, Walters R J, Wright T J, 2016. The role of space-based observation in understanding and responding to active tectonics and earthquakes. Nature Communications, 7: 13844.

Franceschetti G, Lanari R, 2018. Synthetic Aperture Radar Processing. Boca Raton: CRC Press.

Freeman A, Krieger G, Rosen P, et al., 2009. SweepSAR: Beam-forming on receive using a reflector-phased array feed combination for spaceborne SAR. Proceedings of the 2009 IEEE Radar Conference.

Grandin R, Klein E, Métois M, et al., 2016. Three-dimensional displacement field of the 2015 $M_W8.3$ Illapel earthquake (Chile) from across-and along-track Sentinel-1 TOPS interferometry. Geophysical Research Letters, 43(6): 2552-2561.

He G, Xing S, Xia Z, et al., 2018. Panchromatic and multi-spectral image fusion for new satellites based on multi-channel deep model. Machine Vision and Applications, 29: 933-946.

Li X, Jónsson S, Cao Y, 2021. Interseismic deformation from Sentinel-1 burst-overlap interferometry: Application to the Southern Dead Sea fault. Geophysical Research Letters, 48(16): e2021GL093481.

Liu J, Hu J, Li Z, et al., 2021. Complete three-dimensional coseismic displacements related to the 2021 Maduo earthquake in Qinghai Province, China from Sentinel-1 and ALOS-2 SAR images. Chinese Science Bulletin, 65: 687-697.

Lombardi L, Nocentini M, Frodella W, et al., 2016. The Calatabiano landslide (southern Italy): Preliminary GB-InSAR monitoring data and remote 3D mapping. Landslides, 14: 685-696.

Merryman B J P, 2019. Measuring coseismic deformation with spaceborne synthetic aperture radar: A review. Frontiers in Earth Science, 7: 16.

Meta A, Prats P, Steinbrecher U, et al., 2008. TerraSAR-X TOPSAR and ScanSAR comparison. Proceedings of the 7th European Conference on Synthetic Aperture Radar.

Nolesini T, Frodella W, Bianchini S, et al., 2016. Detecting slope and urban potential unstable areas by means of multi-platform remote sensing techniques: The Volterra (Italy) case study. Remote Sensing, 8(9): 746.

Rosen P A, 2016. Sweepsar sensor technology for dense spatial and temporal coverage of earth change. AGU Fall Meeting Abstracts.

Tompsett M F, Amelio G F, Bertram W, et al., 1971. Charge-coupled imaging devices: Experimental results. IEEE Transactions on Electron Devices, 18(11): 992-996.

Wang Y, Zhang Z, Deng Y, 2008. Squint spotlight SAR raw signal simulation in the frequency domain using optical principles. IEEE Transactions on Geoscience and Remote Sensing, 46(8): 2208-2215.

Zebker H A, Goldstein R M, 1986. Topographic mapping from interferometric synthetic aperture radar observations. Journal of Geophysical Research: Solid Earth, 91(B5): 4993-4999.

Zhang B, Ding X, Werner C, et al., 2018. Dynamic displacement monitoring of long-span bridges with a microwave radar interferometer. ISPRS Journal of Photogrammetry and Remote Sensing, 138: 252-264.

# 影像大地测量与灾害动力学
# 主要研究内容

## 4.1　概　　述

第 3 章介绍了常用的影像大地测量平台，并详细介绍了通过这些平台上安装的各类传感器能够获取的直接观测量及其获取方式。这些直接观测量通常代表的是像素的后向散射的强度、相位等电磁波信息，这些信息在现实情况中很难直接被应用。对于不同的应用场景，都需要将直接观测值转化为带有实际意义的观测值，如电离层中的电子密度、对流层中的水汽含量、DEM、地表形变值等。本章将围绕空间大气环境、地表物质迁移等研究内容，重点介绍通过直接观测值转化为带有实际意义的观测值的方法，进而为后续的具体应用提供可靠有效的影像大地测量观测数据和观测结果。

根据影像大地测量手段能够获取的观测值的空间层次，将本章分为空间大气环境和地表物质迁移两个部分。其中，空间大气环境部分主要介绍影像大地测量能够获取的地球大气圈层中的物理参数，包括电离层、对流层、温度、大气成分等方面。地表物质迁移部分重点关注影像大地测量能够获取的地表信息，主要介绍 DEM、地表变形观测、土壤湿度监测、地表覆盖及动态变化等热点研究内容。

## 4.2　空间大气环境观测理论与技术

### 4.2.1　电离层

电离层中含有丰富的自由电子，主要是由太阳辐射中的极紫外线、X 射线和高能粒子等对地球中性大气进行电离而形成的。在电离作用产生自由电子时，大气中所包含的自由电子也会进行迁移，迁移方式包括自由电子和正离子之间相互碰撞，以及电子附着在中性分子和原子上等。同时，大气各风系的运动、极化电场的存在、外来带电粒子不时入侵、气体本身的扩散等因素，都会引起自由电子的迁移（Pulinets et al.，2004）。由于电离层中含有大量的自由电子和离子，在电离层中无线电波的传播方式经常会发生改变，这些改变包括传播速度变化，发生折射、反射和散射现象，产生极化面的旋转，以及受到不同程度的吸收等（Yeh et al.，1982）。由于电离层扰动时常发生、变化快、动态范围大，因此有效地监测电离层状态，尤其是总电子含量（total electron content，TEC）成为国内外研究的重点（Mendillo，2006），图 4.1 所示为全球 TEC 分布，TEC 是单位面积内电子数密度沿海拔的积分，是描述电离层系统结构和状态的重要参量。理论上，电离层的主要特性可以通过 TEC 的空间分布及其随时间的变化特性来反映，因此通过探测与分析 TEC，可以研究电离层不同时空尺度的分布与变化特性。实际中，电离层 TEC 与在电离层中传播的无线电波的时间延迟和相位延迟密切相关，是卫星定位、导航等空间应用中重要的修正参数（Bust et al.，2008）。电离层 TEC 具有时变特性（Tian et al.，2014），一般来说，电离层活动日间变化剧烈，夜间较平稳，且呈现春夏上升、秋冬回落的季节性趋势。此外，电离层活动还有周日、季节性、半周年、周年的周期性变化，以及高频扰动现象，如磁暴、电离层闪烁等。

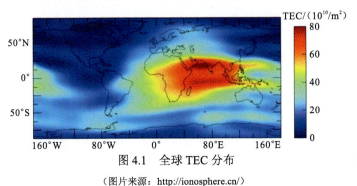

图 4.1　全球 TEC 分布

（图片来源：http://ionosphere.cn/）

　　卫星大地测量、卫星遥感等星载传感器所发射或接收的无线电波，都会受到电离层的影响，其中 GNSS 和主动式微波遥感 SAR 受到的影响最为明显（Nina et al.，2019）。导航或定位信号在从卫星穿过电离层到达接收机的过程中，GNSS 使用的 L-波段无线电信号可能会存在高达 100 m 的距离误差（Jakowski et al.，2011）。在一阶近似中，距离误差与沿传播方向的 TEC 成正比，由于电离层折射率的色散特性，一阶距离误差可以容易地在双频系统（如 GPS 的 L1 和 L2 波段）中通过差分而校正（Nie et al.，2020）。但是，仍有许多单频应用需要额外的信息来减小电离层传播误差（Zhao et al.，2019）。对 SAR 卫星来说，尽管其采用的极轨飞行方式可以保证近似时间的成像位置相似，但由于电离层的时变特性，不同时刻获取的 SAR 影像中的电离层效应不能完全抵消，同时 SAR 影像具有较大的幅宽，而电离层 TEC 在水平方向上的梯度也会导致同一景影像中的电离层效应分布不均匀，干涉影像中的电离层误差不能完全抵消。此外，波长较长的 SAR 影像受电离层的影响更为严重，如在 L-波段及波长更长的 P-波段中，电离层可能引入几十至上百米的高程误差及数十厘米的形变误差（Wegmuller et al.，2006）。

### 1. 光学影像

　　由全球 GNSS 监测站获取电离层 TEC 是主要的和常用的 TEC 监测方法，因其数量众多的 GNSS 卫星和广泛分布的 GNSS 连续监测站点，使用 GNSS 可以获得相当高时间分辨率的电离层 TEC 监测结果（Jakowski et al.，2012）。但由于在海洋和一些无人区缺乏 GNSS 接收设施，所以使用 GNSS 获得 TEC 监测结果的空间分辨率受到了很大限制。鉴于此，许多学者研究利用星载光学遥感系统获取高分辨率的电离层 TEC。

　　利用星载光学影像获取电离层 TEC，主要是从远紫外成像光谱仪临边扫描的光谱数据中确定 OI[①] 135.6 nm 夜气辉观测数据，进而解算出电离层 TEC（Paxton et al.，2004）。广泛使用 OI 135.6 nm 发射来推断夜间电离层参数，主要是因为其发射率相对较大，且大气的不透明度较低，可以相对容易地测量。OI 135.6 nm 的发射机制主要是电子和原子氧离子 O⁺ 的辐射复合：

$$O^+ + e \longrightarrow O^* + hv \tag{4.1}$$

式中：$O^*$ 为激发的氧原子；$hv$ 为直接复合光子。直接跃迁到基态的辐射复合反应，产生波长短于 91.1 nm 的窄带辐射，而跃迁到氧原子激发态的复合反应，则在可见光、红外和紫外波段产生许多发射线，紫外发射线包括 98.9 nm、102.7 nm、130.4 nm、135.6 nm 谱线（王静 等，2013）。

夜间电离层 OI 135.6 nm 的另一个重要来源机制是，原子氧离子 O⁺ 和原子氧离子 O⁻ 的中和反应：

$$O^+ + O^- \longrightarrow 2O^* \tag{4.2}$$

利用热成层–电离层–散逸层–能量学与动力学卫星（thermosphere，ionosphere，mesosphere energetics and dynamics，TIMED）上搭载的全球紫外线成像仪（global ultraviolet imager，GUVI）获取的 OI 135.6 nm 扫描来反演电离层电子密度分布，使用查普曼（Chapman）参数化电子密度分布，可以表示为

$$n_e = N_m F_2 \times \exp\left[ \frac{1}{2} - \frac{h - h_m F_2}{2H(h)} - \frac{1}{2}\exp\left( -\frac{h - h_m F_2}{H(h)} \right) \right] \tag{4.3}$$

式中：$N_m F_2$ 为峰值密度；$h_m F_2$ 为峰值高度；$H$ 为氧原子标高。得到电离层电子密度后，可得到电离层 TEC：

$$\text{TEC} = \int_0^\infty n_e \tag{4.4}$$

这里，Chapman 标高 $H(h)$ 为

$$H(h) = \begin{cases} A_1(h - h_m F_2) + H_m, & h < h_m F_2 \\ A_2(h - h_m F_2) + H_m, & h > h_m F_2 \end{cases} \tag{4.5}$$

5 个可调参数 $A_1$、$A_2$、$N_m F_2$、$h_m F_2$ 和 $H_m$ 可以通过最小二乘拟合过程将模型拟合到观测值来确定（Qin，2020）。

## 2. SAR

SAR 作为一种主动式微波遥感技术，其信号在穿过电离层时会出现路径延迟现象，这主要与传播路径上的 TEC 有关。两次 SAR 成像时刻沿传播路径上 TEC 的分布不同，导致 InSAR 干涉图中呈现电离层延迟误差。电离层对 InSAR 结果的影响程度与传播信号频率的平方呈正相关，频率越高影响越大，这也是电离层对波长较长的 L-波段、P-波段 SAR 影像的影响通常比 C-波段 SAR 影像更为显著的原因，通常情况下，C-波段影像上的误差一般只有 L-波段的 1/6。而随着雷达影像的覆盖范围不断增大，C-波段影像的应用中也发现了较为显著的电离层延迟误差，如 2016 年 $M_W$6.4 台湾地震同震形变影像（Gomba et al.，2016），极地地区及冰川运动等方面的研究。虽然电离层误差的存在为影像大地测量带来了挑战，但其也为利用 SAR 获取电离层参数提供了机遇（Fattahi et al.，2017）。目前，利用 SAR

---

① 在光谱数据中，OI 通常表示氧原子的谱线。

反演电离层参数的方法主要有法拉第旋转角法、频带分割法和 SAR 电离层层析法。

**1）法拉第旋转角法**

法拉第旋转角法主要是利用全极化 SAR 信号在穿过电离层时产生的极化面的旋转来反演电离层 TEC（Zhu et al.，2019）。本小节介绍通过全极化 SAR 反演电离层 TEC 的方法。

首先，需要得到电离层产生的法拉第旋转角与 TEC 之间的关系。电磁波在通过电离层时，其极化面会发生旋转，旋转的角度称为法拉第旋转角，这种现象也被称为法拉第旋转现象（Wright et al.，2003）。通过电离层的无线电波不仅会发生折射，还会被分为速率不同的正常波和异常波，它们的折射率 $\mu_O$ 和 $\mu_E$ 可以用阿普尔顿-哈特里（Appleton-Hartree）公式来描述，简化的 Appleton-Hartree 公式可以表示为

$$\mu_O \approx 1 - \frac{1}{2}X(1-Y)$$
$$\mu_E \approx 1 - \frac{1}{2}X(1+Y) \tag{4.6}$$

式中：$\mu_O$ 为正常波的折射率；$\mu_E$ 为异常波的折射率；$X = \left(\dfrac{\omega_p}{\omega}\right)^2$；$Y = \dfrac{\omega_H}{\omega}$；其中，$\omega_p = \left(\dfrac{n_e e^2}{\varepsilon_0 m_e}\right)^{1/2}$，$\omega_H = \dfrac{|e|B}{m_e}$，$\omega$ 为角频率，$n_e$ 为电子密度，$e$ 为单位电量，$\varepsilon_0$ 为真空介电常数，$m_e$ 为单位电子质量，$B$ 为磁场强度。

其次，法拉第旋转角的大小等于正常波与异常波沿传播路径的光程差的一半，可以表示为

$$\Omega = \int \frac{1}{2}\frac{\omega}{c}(\mu_O - \mu_E)\mathrm{d}s \tag{4.7}$$

式中：$\Omega$ 为法拉第旋转角；$c$ 为真空中的光速；$s$ 为传播的路径。将式（4.6）代入式（4.7）中，可得

$$\Omega = \frac{2.365 \times 10^4}{f^2} \int n_e B \cos\theta \mathrm{d}s \tag{4.8}$$

式中：$\theta$ 为磁场与 SAR 信号的夹角。星载 SAR 卫星发射和接收的电磁波的传播路径上，磁场可近似为线性变化，即可取平均磁场强度 $B_0$ 作为 $B$，且 $\cos\theta$ 几乎不变，则式（4.8）可变为

$$\Omega = \frac{2.365 \times 10^4}{f^2} B_0 \cos\theta \int n_e \mathrm{d}s \tag{4.9}$$

而 TEC 为信号传播路径上的电子数目总和，即 $\int n_e \mathrm{d}s$，所以最终可以得到法拉第旋转角与 TEC 之间的关系为

$$\Omega = \frac{2.365 \times 10^4}{f^2} B_0 \cos\theta \mathrm{TEC} \tag{4.10}$$

最后，通过计算法拉第旋转角，就可以得到 TEC。

对于全极化 SAR 数据，由于其具有 HH、VV、HV 和 VH 4 种极化类型，所以就产生了 4 种散射类型，其观测到的散射矩阵 $M$ 可以简化地表示为

$$\begin{bmatrix} M_{HH} & M_{VH} \\ M_{HV} & M_{VV} \end{bmatrix} = \begin{bmatrix} \cos\Omega & \sin\Omega \\ -\sin\Omega & \cos\Omega \end{bmatrix} \begin{bmatrix} S_{HH} & S_{VH} \\ S_{HV} & S_{VV} \end{bmatrix} \begin{bmatrix} \cos\Omega & \sin\Omega \\ -\sin\Omega & \cos\Omega \end{bmatrix} \quad (4.11)$$

式中：$S$ 为真实散射矩阵。考虑真实散射矩阵的散射互易性，式（4.11）可以变为

$$M_{HH} = S_{HH}\cos^2\Omega - S_{VV}\sin^2\Omega$$
$$M_{VH} = S_{HV} + (S_{HH} + S_{VV})\sin\Omega\cos\Omega$$
$$M_{HV} = S_{HV} - (S_{HH} + S_{VV})\sin\Omega\cos\Omega \quad (4.12)$$
$$M_{VV} = S_{VV}\cos^2\Omega - S_{HH}\sin^2\Omega$$

由于法拉第旋转效应，观测到的散射矩阵不存在互易性，即 $M_{VH} \neq M_{HV}$，因此可以根据式（4.12）解算出法拉第旋转角。这里介绍一种通过圆极化基矩阵 $Z$ 估计法拉第旋转角的算法，首先将观测到的散射矩阵 $M$ 进行变换：

$$\begin{bmatrix} Z_{RR} & Z_{RL} \\ Z_{LR} & Z_{LL} \end{bmatrix} = \begin{bmatrix} 1 & j \\ j & 1 \end{bmatrix} \times \begin{bmatrix} M_{HH} & M_{HV} \\ M_{VH} & M_{VV} \end{bmatrix} \times \begin{bmatrix} 1 & j \\ j & 1 \end{bmatrix} \quad (4.13)$$

$$Z_{LR} = M_{VH} - M_{HV} + j \times (M_{HH} + M_{VV}) \quad (4.14)$$

$$Z_{RL} = M_{HV} - M_{VH} + j \times (M_{HH} + M_{VV}) \quad (4.15)$$

式中：j 为虚数单位。然后根据下式计算法拉第旋转角：

$$\Omega = \frac{1}{4}\arg(Z_{RL} \cdot Z_{LR}^*), \quad -\frac{\pi}{4} < \Omega < \frac{\pi}{4} \quad (4.16)$$

式中：arg($\cdot$) 表示取复数的幅角；$Z_{LR}^*$ 表示其共轭复数。得到法拉第旋转角后，可以对式（4.10）进行变形，得到式（4.17）：

$$\text{TEC} = \Omega \frac{f^2}{2.365 \times 10^4 \times B_0 \cos\theta} \quad (4.17)$$

即利用全极化 SAR 数据的法拉第旋转角、磁场强度等信息便可解算出沿传播路径的 TEC 分布。而垂直总电子含量（vertical total electron content，VTEC）可以看作是 TEC 相对于信号入射角 $\varphi$ 的投影，即 VTEC = TEC $\times \sin\varphi$，通过该式便可求出影像覆盖范围内的 VTEC。

### 2）频带分割法

频带分割法主要是通过分频技术对干涉影像进行距离向最优化分频，得到两个不同频率下的相位观测值，利用电离层带来的色散相位与信号频率之间的关系来反演电离层 TEC（Liang et al.，2019；Gomba et al.，2015），如图 4.2 所示。

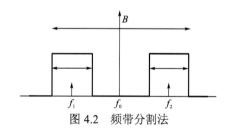

图 4.2　频带分割法

对于重复轨道星载 SAR，主副影像在两次测量时由于时间上的差异，干涉过程中会产生相位差，干涉影像的相位差可以表示为

$$\varphi_{int} = \varphi_{topo} + \varphi_{def} + \varphi_{iono} \quad (4.18)$$

式中：$\varphi_{int}$ 为干涉总相位；$\varphi_{topo}$ 为地形相位；$\varphi_{def}$ 为形变相位；$\varphi_{iono}$ 为电离层相位。地形相

位可以表示为地形高度 $r_1$ 引起的相位，形变相位可以表示为形变高度 $r_2$ 引起的相位，合起来可以表示为

$$\varphi_{\text{topo}} + \varphi_{\text{def}} = \frac{4\pi f}{c}(r_1 + r_2) \tag{4.19}$$

电离层对星载 SAR 信号产生的相位 $\varphi_{\text{iono}}(f)$ 可表示为

$$\varphi_{\text{iono}}(f) = 2 \times \frac{2\pi k}{cf} \int n_e(s)\mathrm{d}s = \frac{4\pi k}{cf}\text{TEC} \tag{4.20}$$

式中：$f$ 为信号频率；$k$ 为常数，$k = 40.28 \ \text{m}^3/\text{s}^2$；$n_e$ 为电子密度；$s$ 为传播的路径。由此可见，地形相位和形变相位与频率成正比，电离层相位与频率成反比。

在使用距离向频带分割法估计电离层 TEC 时，图 4.2 中所示假设两景要干涉的 SAR 影像为 $U_1$ 和 $U_2$，带宽中心频率为 $f_0$，分别划分为上下两个子带，得到 4 景影像 $U_{1\text{l}}$、$U_{1\text{h}}$、$U_{2\text{l}}$ 和 $U_{2\text{h}}$，下子带中心频率为 $f_1$，上子带中心频率为 $f_2$。下子带与下子带干涉，上子带与上子带干涉，得到两景干涉影像 $S_1$ 和 $S_2$：

$$\begin{aligned} S_1 &= U_{1\text{l}} \cdot U_{2\text{l}}^* \\ S_2 &= U_{1\text{h}} \cdot U_{2\text{h}}^* \end{aligned} \tag{4.21}$$

式中：*表示其共轭复数。得到的相位可以表示为

$$\begin{aligned} \varphi_{\text{int}}^1 &= \frac{4\pi f_0}{c}(r_1 + r_2)\frac{f_1}{f_0} + \frac{4\pi k}{cf_0}\text{TEC}\frac{f_0}{f_1} \\ \varphi_{\text{int}}^2 &= \frac{4\pi f_0}{c}(r_1 + r_2)\frac{f_2}{f_0} + \frac{4\pi k}{cf_0}\text{TEC}\frac{f_0}{f_2} \end{aligned} \tag{4.22}$$

由此可以推出 TEC 的计算公式为

$$\text{TEC} = \frac{\varphi_{\text{int}}^1 f_2 - \varphi_{\text{int}}^2 f_1}{\dfrac{4\pi k}{c}\left(\dfrac{f_2}{f_1} - \dfrac{f_1}{f_2}\right)} = \frac{cf_0}{4\pi k}\frac{f_1 f_2}{f_0(f_2^2 - f_1^2)}(\varphi_{\text{int}}^1 f_2 - \varphi_{\text{int}}^2 f_1) \tag{4.23}$$

即通过分频技术对干涉影像进行距离向最优化分频，通过上下两个子带之间的干涉，利用子带间的干涉相位和频率便可以求出 TEC 的分布，通常这一分布是逐像素求得的。电离层相位在 L-波段、P-波段等频率较低、波长较长的波段中较为明显，估计电离层相位是其干涉处理中不可缺少的一个重要处理步骤，在进行这类 SAR 影像的数据处理中，通常需要先反演电离层 TEC，然后改正干涉相位，消除电离层相位带来的色散效应，以保证星载 SAR 系统的成像质量。

**3）SAR 电离层层析法**

SAR 电离层层析法是利用星载极化 SAR 数据进行高分辨率 TEC 反演，从 TEC 值获得电子密度的空间分布，实现电离层层析成像的方法。将整景 SAR 影像划分为多个部分，可以在一个采样位置获得对应部分的 TEC 值，通过使用全极化 SAR 数据，可以轻松地实现可靠的电离层层析重建，而无须地面接收站或强点目标。将整个影像划分为相似的子影像，在每个子影像中使用法拉第旋转角法获取对应的法拉第旋转角，进而可以获取每个子影像的 TEC 值。星载极化 SAR 电离层层析法如图 4.3 所示。

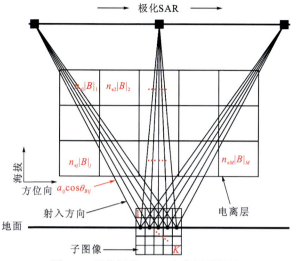

图 4.3　星载极化 SAR 电离层层析法

如图 4.3 所示，假设空间电离层被划分为 $M$ 个网格，每个网格中的电子密度是恒定的。假设 SAR 影像被划分为 $K$ 个子影像，通过法拉第旋转角法即可获得 $K$ 个法拉第旋转角，当 SAR 影像在 $N$ 个方位向采样，则可以获取到 $K \cdot N$ 组法拉第旋转角。$K \cdot N$ 组的值可以从每条射线穿过电离层时路径上电子密度和磁场的积分量来得到，即

$$\begin{cases} \text{TEC}_1 = a_{11}|B|_1 \cos\theta_{B11} n_{e1} + \cdots + a_{1j}|B|_j \cos\theta_{B1j} n_{ej} + \cdots \\ \qquad\quad + a_{1M}|B|_M \cos\theta_{B1M} n_{eM} \\ \vdots \\ \text{TEC}_i = a_{i1}|B|_1 \cos\theta_{Bi1} n_{e1} + \cdots + a_{ij}|B|_j \cos\theta_{Bij} n_{ej} + \cdots \\ \qquad\quad + a_{iM}|B|_M \cos\theta_{BiM} n_{eM} \\ \vdots \\ \text{TEC}_{K \cdot N} = a_{K \cdot N1}|B|_1 \cos\theta_{BK \cdot N1} n_{e1} + \cdots + a_{K \cdot Nj}|B|_j \cos\theta_{BK \cdot Nj} n_{ej} + \cdots \\ \qquad\quad + a_{K \cdot NM}|B|_M \cos\theta_{BK \cdot NM} n_{eM} \end{cases} \tag{4.24}$$

式中：$\text{TEC}_i$ 为子影像中每处的 TEC 值；$a_{ij}$ 为 SAR 影像中心位置与第 $j$ 个子影像中心位置的投影长度；$\theta_{Bij}$ 为信号与地磁之间的夹角；$n_{ej}$ 和 $B_j$ 分别为对应位置的电子密度和磁场强度。然而，只有当 $M$ 和 $K \cdot N$ 足够小且 $K \cdot N \geqslant M$ 时，该方法是可行的。但在实际中，大多数情况是 $M$ 和 $K \cdot N$ 都很大，而且 $K \cdot N$ 比 $M$ 小。这使得使用式（4.24）将花费更多的计算，并可能获得多个解。针对此问题，使用倍增代数重构技术（multiplicative algebraic reconstruction technique，MART）将式（4.24）改写为

$$(n_e|B|)_j^{(l+1)} = (n_e|B|)_j^{(l)} \left( \frac{\text{TEC}_i}{\langle (a\cos\theta_B)_i^{\text{T}}, (n_e|B|)^{(l)} \rangle} \right)^{\lambda a_{ij}/\|a_i\|} \tag{4.25}$$

式中：$\langle \cdot \rangle$ 和 $\|\cdot\|$ 分别表示内积和范数；$(n_e|B|)_j^{(l+1)}$ 为子影像 $j$ 的第 $l+1$ 次迭代结果；T 为转置；$\lambda$ 的范围为 0～1。通过式（4.25）即可获取整个极化 SAR 影像覆盖范围内的电离层层析。

## 4.2.2 对流层

对流层是地球大气圈层中最靠近地面的一个圈层。对流层中包含各种类型的云和几乎所有的大气水汽及气溶胶，并且包含整个大气层的大部分质量（75%~80%），因此它也是地球大气层中密度最高的一层。对流层也是大气层中气象变化最复杂，与人类活动最密切的一层。影像大地测量的各种手段都需要穿过对流层，而对流层中的大气水汽和气溶胶是影响影像大地测量对地成像的主要因素之一，同时大气水汽和气溶胶也是对流层研究中的重要部分，其对空气质量和气候变化都有很大影响。

### 1. 大气水汽

大气水汽含量与其变化是天气变化的主要驱动力，在降雨预测、中小尺度气象监测、全球气候变化等方面都发挥着重要作用，因此对大气水汽的监测也是影像大地测量的一个重要研究内容。同时，大气水汽变化也是影像大地测量中的一个重要误差来源，特别是在InSAR 测量的大气校正中，由于水汽分布不均匀且变化速度快，很难使用简易方法削弱其中大气水汽引起的误差，为影像大地测量的应用造成了困难（图4.4）。利用影像大地测量方法反演大气水汽，根据数据源的不同，可以分成紫外、可见光、近红外、热红外和微波等方法（王永前 等，2015）。这里重点介绍近红外和微波反演大气水汽的方法。

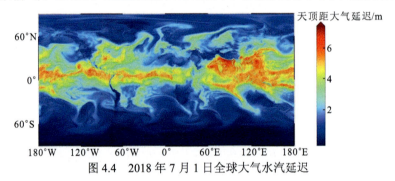

图 4.4　2018 年 7 月 1 日全球大气水汽延迟

以常用的 MODIS 卫星数据为例，介绍近红外波段反演大气水汽的方法。主要使用辐射差分吸收方法，即通过水汽吸收通道和大气窗口通道之间的太阳辐射差异，建立与大气水汽含量之间的关系，从而使用影像提取大气水汽含量信息。目前，较为成熟的算法是两通道比值法和三通道比值法，它们都是采用水汽吸收通道与大气窗口通道的观测值的比值得到大气透过率，建立大气透过率与水汽含量之间的函数，进而获取大气水汽。

Kaufman 等（1992）通过大量实验，确定了大气透过率与大气水汽之间的关系：

$$T = \exp(\alpha - \beta\sqrt{W})$$  (4.26)

式中：$\alpha$ 和 $\beta$ 为与太阳天顶角和卫星天顶角有关的变量，对于复杂地表，$\alpha = 0.02$，$\beta = 0.651$，对于植被，$\alpha = 0.012$，$\beta = 0.651$，对于裸土，$\alpha = -0.04$，$\beta = 0.651$；$T$ 为大气透过率；$W$ 为大气水汽含量。

想要求得大气水汽含量，就需要先求取大气透过率。在 1 μm 附近的近红外通道，传感器在波长 $\lambda$ 接收到的辐射可以表示为

$$L_{Sensor}(\lambda) = L_{Sun}(\lambda)T(\lambda)\rho(\lambda) + L_{Path}(\lambda) \tag{4.27}$$

式中：$L_{Sensor}(\lambda)$ 为传感器接收到的太阳辐射；$L_{Sun}(\lambda)$ 为大气上方的太阳辐射；$T(\lambda)$ 为大气总透过率，它等于从太阳到地球表面的大气透过率与从地球表面到卫星传感器的大气透过率的乘积；$\rho(\lambda)$ 为地表的反射率；$L_{Path}(\lambda)$ 为太阳辐射穿过大气时发生的散射辐射，包括大气中的分子和气溶胶对太阳辐射造成的单次散射和多次散射。在近红外波段，大气中气溶胶的光学厚度很小，对太阳辐射的影响可以忽略不计，因此 $L_{Path}(\lambda)$ 也非常小，可以忽略不计。式（4.27）也可以简化为

$$L_{Sensor}(\lambda) = L_{Sun}(\lambda)T(\lambda)\rho(\lambda) \tag{4.28}$$

定义传感器接收到的某个通道的反射率为

$$\rho^*(\lambda) = L_{Sensor}(\lambda) / L_{Sun}(\lambda) \tag{4.29}$$

则 MODIS 卫星接收到的太阳辐射第 $i$ 通道的大气辐射传输方程可以表示为

$$\rho^*(\lambda_i) = T(\lambda_i)\rho(\lambda_i) \tag{4.30}$$

若假设地表反射率为常数，即 $\rho(\lambda_i) = \rho$，则由式（4.30）可得

$$\frac{T(\lambda_1)}{T(\lambda_2)} \approx \frac{\rho^*(\lambda_1)}{\rho^*(\lambda_2)} \tag{4.31}$$

即两通道大气透过率的比值约为二者传感器接收到的反射率之比。若 $\lambda_1$ 为大气水汽的吸收通道，$\lambda_2$ 为大气窗口通道 $[T(\lambda_2) \approx 1]$，则有

$$T(\lambda_1) \approx \frac{\rho^*(\lambda_1)}{\rho^*(\lambda_2)} \tag{4.32}$$

即两通道比值法。

若假设地表反射率随波长线性变化，则可以通过一个水汽吸收通道 $\lambda_1$ 和两个大气窗口通道 $\lambda_2\lambda_3[T(\lambda_2) \approx 1, T(\lambda_3) \approx 1]$ 线性组合得到。设 $C_1$、$C_2$ 为常数，由

$$\rho(\lambda_1) = C_1\rho(\lambda_2) + C_2\rho(\lambda_3) \tag{4.33}$$

和式（4.32）可得

$$T(\lambda_1) \approx \frac{\rho^*(\lambda_1)}{C_1\rho(\lambda_2) + C_2\rho(\lambda_3)} \tag{4.34}$$

即三通道比值法。

在 MODIS 卫星可以获取的 36 个波段中，常用的用于反演水汽的近红外通道包括水汽吸收波段（17、18、19）和大气窗口波段（2、5）。MODIS 卫星大气水汽常用波段如表 4.1。

**表 4.1　MODIS 卫星大气水汽常用波段**

| 波段序号 | 波段宽度/nm | 中心波长/nm |
| --- | --- | --- |
| 2 | 40 | 865 |
| 5 | 20 | 1 240 |
| 17 | 30 | 905 |
| 18 | 10 | 936 |
| 19 | 50 | 940 |

若 $\lambda_1$、$\lambda_2$ 和 $\lambda_3$ 分别为 19、2 和 5 波段，则可以得到

$$T_{19} \approx \frac{\rho_{19}^*}{\rho_2^*} \tag{4.35}$$

$$T_{19} \approx \frac{\rho_{19}^*}{C_1\rho_2^* + C_2\rho_5^*} \tag{4.36}$$

式中：$C_1 = 0.8$；$C_2 = 0.2$。

将 $T_{19}$ 代入式（4.26），即可求得大气水汽含量。

通过 3 个不同的水汽吸收通道（17、18、19），可以获取 3 个独立的大气水汽估计值 $W_{17}$、$W_{18}$ 和 $W_{19}$。由于不同的水汽吸收通道对大气水汽含量的敏感性不同，可以通过加权平均的方法计算这三者的平均值作为最终大气水汽含量估计值：

$$W = f_{17}W_{17} + f_{18}W_{18} + f_{19}W_{19} \tag{4.37}$$

式中：$f_{17}$、$f_{18}$ 和 $f_{19}$ 为相应的归一化权重，其具体数值可以随大气水汽含量和大气模型而变化。同时，也可以通过对大气透过率与大气水汽含量的数值模拟曲线求导的方法获取：

$$\begin{cases} f_x = \dfrac{\eta_x}{\eta_{17} + \eta_{18} + \eta_{19}} \\ \eta_x = \dfrac{\mathrm{d}T_x}{\mathrm{d}W_x} \end{cases} \tag{4.38}$$

式中：$x$ 可以取 17、18 和 19。

由于近红外传感器是被动遥感，只能在白天成像，反演白天的大气水汽含量，不能用于夜间水汽反演。特别地，近红外波段也不能穿过云层，在有云的区域只能反演云层上部大气水汽含量，这极大地限制了近红外波段的应用。

下面介绍利用微波反演大气水汽含量的方法。利用微波反演大气水汽含量的方法包括主动微波成像和被动微波成像等多种方法，本小节主要关注从 InSAR 观测中估计大气水汽含量的方法，这些用 InSAR 技术估计大气水汽含量，或者大气可降水量（precipitable water vapor，PWV）的方法也被称为 InSAR 气象学。InSAR 气象学中的一个主要难题是，InSAR 只能测量得到两景影像获取时间之间的 PWV 差，而并不能直接获取其绝对值。要想得到 PWV 的绝对值，则需要借助 GNSS、数值模拟产品、GACOS 或者其他外部数据等。InSAR 的原始观测值 $\varphi_{\mathrm{obs}}$，可以表示为（Hanssen，2001）

$$\varphi_{\mathrm{obs}} = \varphi_{\mathrm{topo}} + \varphi_{\mathrm{def}} + \varphi_{\mathrm{dry}} + \varphi_{\mathrm{wet}} + \varphi_{\mathrm{iono}} + \varphi_{\mathrm{orb}} + \varphi_{\mathrm{noise}} \tag{4.39}$$

式中：$\varphi_{\mathrm{topo}}$ 为地形相位；$\varphi_{\mathrm{def}}$ 为形变相位；$\varphi_{\mathrm{dry}}$ 为对流层干延迟相位，主要取决于干燥气体的分压；$\varphi_{\mathrm{wet}}$ 为对流层湿延迟相位，即 PWV 造成的相位；$\varphi_{\mathrm{iono}}$ 为电离层相位；$\varphi_{\mathrm{orb}}$ 为轨道误差相位；$\varphi_{\mathrm{noise}}$ 为去相关导致的噪声相位。为了获取 PWV，则需要提取式（4.39）中除对流层湿延迟相位 $\varphi_{\mathrm{wet}}$ 外的各个分量。

地形相位 $\varphi_{\mathrm{topo}}$ 可以通过外部 DEM 进行模拟。对于形变相位 $\varphi_{\mathrm{def}}$，如果假设在 SAR 采集期间没有发生大的变形事件（如地震、火山），则可以忽略形变相位。电离层相位 $\varphi_{\mathrm{iono}}$ 主要影响长波长的雷达信号，对于 C-波段的干涉图影响较小，特别是在中高纬度研究区域。去相关导致的噪声相位 $\varphi_{\mathrm{noise}}$ 可以使用空间滤波来减轻，并且对于短时间基线的影响很小。

轨道误差相位 $\varphi_{\text{orb}}$ 和对流层干延迟相位 $\varphi_{\text{dry}}$ 由于与 PWV 有相似的空间性质，容易与 PWV 相关的对流层湿延迟相位 $\varphi_{\text{wet}}$ 混合。

一种可行的方法是使用线性模型直接拟合 InSAR 测量值，使用相位平面去除可能存在的轨道误差相位 $\varphi_{\text{orb}}$ 和对流层干延迟相位 $\varphi_{\text{dry}}$。该方法可以表示为（Alshawaf et al.，2015）

$$\varphi_{\text{wet}} = \text{ramp}(\varphi_{\text{obs}} - \varphi_{\text{topo}} - \varphi_{\text{def}} - \varphi_{\text{iono}} - \varphi_{\text{noise}}) \qquad (4.40)$$

式中：$\text{ramp}(\cdot)$ 表示拟合一个相位平面并去除。

另一种方法是利用函数模型来拟合可能存在的轨道误差相位 $\varphi_{\text{orb}}$，从而保留对流层湿延迟相位 $\varphi_{\text{wet}}$（Mateus et al.，2017）。通过这些方法，可以得到两景 SAR 影像获取时间间隔中的 PWV 差，并可以借助外部数据获取某一时刻的 PWV 绝对值，进而得到 SAR 影像获取时刻的 PWV 值。

## 2. 气溶胶

大气主要由气体组成，大约 78% 的大气是氮气（$N_2$），21% 是氧气（$O_2$），其余由其他气体组成。除了这些气体，大气还包含非常小的液滴和固体颗粒，称为颗粒物（particulate matter，PM），这些颗粒对人类健康和气候有着重要的作用。这些非常小的液滴和固体颗粒质量很轻，可以悬浮在空中，当颗粒物悬浮在气体中时，被称为气溶胶。

颗粒物最主要的天然来源是沙漠中的矿物粉尘和海洋中的海浪。在沙漠中，当空气变热，矿物粉尘的密度变小，其随着空气上升到大气中，在大气中颗粒物可以在很大范围内传播。而海水含有盐和其他有机化合物，它们是由海藻、细菌和其他生活在海洋中的生物释放出来的。当海浪破碎时，含有这些盐和有机物的海水水滴被带入大气，这些小水滴中的水被蒸发，留下由海盐和有机化合物组成的固体颗粒。气溶胶粒子的人为来源包括火灾、汽车尾气和工厂的烟雾。当碳氢燃料燃烧时，燃料与空气中的氧气反应，分解成更小的化合物，主要产物是二氧化碳（$CO_2$）和水（$H_2O$），这些燃料也可以通过不完全燃烧发生反应，形成一氧化碳（CO）而不是二氧化碳。

气溶胶光学厚度（aerosol optical depth，AOD）定义为介质的消光系数在垂直方向上的积分，它描述气溶胶对光的削减作用，是气溶胶最基本的光学特性。依据各个卫星传感器的不同特性开发出了各种基于单通道、多通道、多角度、对比度降低和极化等观测资料和技术的气溶胶反演方法。

影像反演大气气溶胶，主要是基于卫星传感器探测到的大气上界的表观反射率 $\rho^*$，可以表示为

$$\rho^* = \frac{\pi L(\tau_0; \mu_{\text{v}}, \phi_{\text{v}}; \mu_{\text{s}}, \phi_{\text{s}})}{\mu_{\text{s}} E_{\text{s}}} \qquad (4.41)$$

式中：$L$ 为卫星接收到的大气上界辐射亮度；$\mu_{\text{s}}$ 为太阳天顶角余弦值；$E_{\text{s}}$ 为大气上界太阳辐射通量；$\tau_0$ 为整层大气光学厚度；$(\mu_{\text{v}}, \phi_{\text{v}})$ 为卫星观测方向；$(\mu_{\text{s}}, \phi_{\text{s}})$ 为太阳光入射方向；$\mu_{\text{v}}$、$\phi_{\text{v}}$、$\mu_{\text{s}}$、$\phi_{\text{s}}$ 分别为卫星观测和太阳入射光方向天顶角的余弦和方位角。

假设卫星观测的目标表面为均匀朗伯表面，不考虑气体吸收，那么 $\rho^*$ 与地表二向反射率 $\rho(\theta_{\text{v}}, \theta_{\text{s}}, \phi)$ 之间的关系为

$$\rho^*(\theta_v, \theta_s, \phi) = \rho_a(\theta_v, \theta_s, \phi) + \frac{\rho}{1-\rho S}T(\theta_s)T(\theta_v)F_d(\theta_s) \qquad (4.42)$$

式中：$\theta_v$ 为传感器天顶角；$\theta_s$ 为太阳天顶角；$\phi$ 为相对方位角，其由太阳方位角 $\phi_s$ 和卫星方位角 $\phi_v$ 确定；$\rho_a(\theta_v, \theta_s, \phi)$ 为路径辐射，为大气中分子和气溶胶散射产生的反射率；$\rho$ 为地表反射率；$S$ 为大气的球面反照率；$T(\theta_s)$ 为从太阳到地面的大气透过率；$T(\theta_v)$ 为从地面到卫星的大气透过率；$F_d(\theta_s)$ 为在地表反射率归一化为零时总的向下辐射通量，等价于总的向下透过率，由于气溶胶和分子对太阳光的吸收和后向散射作用，它的值小于 1.0。

在单次散射近似中，路径辐射与气溶胶光学厚度 $\tau_a$、气溶胶散射相函数 $P_a(\theta_v, \theta_s, \phi)$ 和单次散射反射率 $\omega_0$ 之间的关系可以表示为

$$\rho_a(\theta_v, \theta_s, \phi) = \rho_m(\theta_v, \theta_s, \phi) + \frac{\omega_0 \tau_a P_a(\theta_v, \theta_s, \phi)}{4\mu_v\mu_s} \qquad (4.43)$$

式中：$\rho_m(\theta_v, \theta_s, \phi)$ 为由分子散射造成的路径辐射，将式（4.43）代入式（4.42）可得

$$\begin{aligned}\rho^*(\theta_v, \theta_s, \phi) = {} & \rho_m(\theta_v, \theta_s, \phi) + \frac{\omega_0 \tau_a P_a(\theta_v, \theta_s, \phi)}{4\mu_v\mu_s} \\ & + \frac{\rho(\theta_v, \theta_s, \phi)F_d(\theta_s, \omega_0, \tau_a, P_a)T(\theta_v, \omega_0, \tau_a, P)}{1-S(\omega_0, \tau_a, P_a)\rho}\end{aligned} \qquad (4.44)$$

由式（4.44）可知，传感器接收到的表观反射率 $\rho^*$ 是气溶胶光学厚度 $\tau_a$ 和地表反射率 $\rho(\theta_v, \theta_s, \phi)$ 的函数，而地表反射率及太阳和传感器的各项参数都可以通过资料得到。因此，当其他参数都固定后，只要知道地表反射率 $\rho$ 和固定的气溶胶模式和大气模式，便可反演得到其上空的气溶胶光学厚度 $\tau_a$。而这其中最重要的是，表观反射率中去除地表反射率和选择气溶胶模式。本节重点介绍暗目标算法，其是一种较为成熟的 AOD 反演算法。

暗目标算法有两个基本假设：一是假设 2.1 μm 通道不受气溶胶的影响，反映的是地面的特征；二是预先确定了每个季节和地区的精细化气溶胶模型。其主要思想是利用大多数地面在红光（0.60～0.68 μm）、蓝光（0.40～0.48 μm）波段反射率低的特性，利用归一化植被指数（normalized differential vegetation index，NDVI）或红外通道（2.1 μm）反射率将森林判别为暗目标，并通过经验关系得到红、蓝光通道的地表反射率，以反演 AOD。在 $\rho_{2.1} < 0.15$ 的情况下，2.1 μm 通道被认为受气溶胶的影响可以忽略不计，可以根据 2.1 μm 通道与可见光 0.66 μm 通道和 0.47 μm 通道反射率的关系：

$$\begin{cases}\rho_{0.66} = \dfrac{\rho_{2.1}}{2} \\ \rho_{0.47} = \dfrac{\rho_{2.1}}{4}\end{cases} \qquad (4.45)$$

得到 $\rho_{0.66}$ 和 $\rho_{0.47}$ 后，可进一步计算出红蓝通道组合之间的关系，通过辐射传输模型建立的查找表（LUT）进行分析，选择构建的气溶胶模式和卫星遥感平台接收到的表观反射率率，以反演 AOD。

LiDAR 技术也常被用于气溶胶的反演研究中。LiDAR 自身发射光源，通过分析光源与气溶胶的相互作用，进而获得气溶胶的光学物理特性参数，克服了被动遥感探测的不足，并且具有很高的时空分辨率和探测灵敏度。气溶胶的消光系数是其光学特性的重要研究内容，也是获取气溶胶其他光学特性的主要参数，AOD 可以通过消光系数进行数学运算得到。

LiDAR 发射的激光在大气中传输时，其光子会与大气中的分子、气溶胶粒子等物质发生散射、反射、吸收等作用，而在这些作用机制中，气溶胶粒子对激光束的散射作用最为明显，因此可以把 LiDAR 方程定义为

$$P(z) = \frac{1}{2}P_0 c A_r Y(z)\beta(z)(\text{AT})^2(z)T_{\text{sys}}r^{-2} \tag{4.46}$$

式中：$P(z)$ 为高度 $z$ 处接收到的回波信号能量；$P_0$ 为 LiDAR 发射出的信号能量；$c$ 为真空中的光速；$A_r$ 为接收望远镜的有效接收面积；$Y(z)$ 为该 LiDAR 系统的几何重叠因子；$\beta(z)$ 为高度 $z$ 处的大气后向散射系数；$T_{\text{sys}}$ 为系统的总透过率；$r$ 为目标与 LiDAR 之间的距离；AT 为大气透过率，代表激光束的衰减程度，可以表示为

$$\text{AT}(z) = \exp\left[-\int_0^z \alpha(z)\mathrm{d}z\right] \tag{4.47}$$

式中：$\alpha(z)$ 为在高度 $z$ 处的大气消光系数。

不同的 LiDAR 系统在进行消光系数反演时，反演方法也有所区别，主要分为基于米（Mie）散射 LiDAR 系统的反演方法、基于拉曼（Raman）散射 LiDAR 系统的反演方法和高光谱分辨率 LiDAR 系统的反演方法等。由于基于 Mie 散射 LiDAR 系统较为基础、较为成熟，也是各种观测站点的主流设备，本小节主要介绍基于 Mie 散射 LiDAR 系统的气溶胶消光系数反演方法。

在式（4.46）和式（4.47）中，仅有消光系数 $\alpha$ 和后向散射系数 $\beta$ 未知，仅用一个公式难以得出两个未知参数的解。美国学者 Fernald（1984）提出了经典的双组分气溶胶光学特性积分模型，将大气消光系数分为大气分子消光系数和气溶胶消光系数两部分，在 LiDAR 测量气溶胶领域得到了广泛应用。可将式（4.46）变为

$$P(z) = P_0 c z^{-2}[\beta_a(z) + \beta_m(z)]\exp\left\{-2\int_0^z[\alpha_a(z') + \alpha_m(z')]\mathrm{d}z'\right\} \tag{4.48}$$

式中：$\beta_a$ 为气溶胶后向散射系数；$\beta_m$ 为大气分子后向散射系数；$\alpha_a$ 和 $\alpha_m$ 分别为气溶胶和大气分子的消光系数；$z'$ 为 $z$ 的导数。由此，可以得到气溶胶的后向散射系数和消光系数：

$$\beta_a(z) = \frac{P(z)z^2 \cdot \exp\left[-2(S_a - S_m)\int_z^{z_m}\beta_m(z)\mathrm{d}z\right]}{\dfrac{P(z_m)z_m^2}{\beta_a(z_m) + \beta_m(z_m)} + 2S_a\int_z^{z_m}P(z)z^2 \cdot \exp\left[-2(S_a - S_m)\int_z^{z_m}\beta_m(z')\mathrm{d}z'\right]\mathrm{d}z} - \beta_m(z)$$

$$\alpha_a(z) = -\frac{S_a}{S_m}\alpha_m(z) + \frac{P(z)z^2 \cdot \exp\left[2\left(\dfrac{S_a}{S_m} - 1\right)\int_z^{z_m}\alpha_m(z)\mathrm{d}z\right]}{\dfrac{P(z_m)z_m^2}{\alpha_a(z_m) + \dfrac{S_a}{S_m}\alpha_m(z_m)} - 2\int_z^{z_m}P(z)z^2 \cdot \exp\left[2\left(\dfrac{S_a}{S_m} - 1\right)\int_z^{z_m}\alpha_m(z')\mathrm{d}z'\right]\mathrm{d}z} \tag{4.49}$$

式中：$z_m$ 为平流层或者比较洁净气溶胶含量较小的高度；$S_a$ 为气溶胶的消光后向散射比，定义为 $S_a = \dfrac{\alpha_a}{\beta_a}$，$S_a$ 值由气溶胶组成成分、尺度、折射率及谱分析等共同决定，在不同情况下 $S_a$ 值通常不同，在中纬度地区，$S_a$ 值通常为 20～100；$S_m$ 为大气分子的消光后向散射比，$S_m = \dfrac{\alpha_m}{\beta_m} = \dfrac{8\pi}{3}$；$\alpha_m(z)$ 可以通过标准大气模型或者各地区长期探空资料提供的大气

分子密度垂直廓线计算得到；$a_m(z_m)$ 可以根据 $1+\beta_a(z_m)/\beta_m(z_m)=n$ 得到，$n$ 可以取值 1.01、1.02 或 1.05。美国标准大气分子消光模式和气溶胶粒子消光模式为

$$\beta_m(z) = 1.54 \times 10^{-3} \exp\left(\frac{-z}{7}\right)$$

$$\alpha_m(z) = \beta_m(z) \times \frac{8\pi}{3}$$

（4.50）

而 AOD 可以根据气溶胶的消光系数得到

$$\tau_a = \int_{z_1}^{z_2} \alpha_a(z)\mathrm{d}z$$

（4.51）

式中：$z_1$ 和 $z_2$ 分别为大气层下层高度和上层高度。

## 4.2.3 温度

温度是重要的物理参数。在地学领域，温度在地球系统、大气循环、人类生存环境等方面发挥着重要的作用。影像大地测量主要关注陆地表面温度（land surface temperature，LST）和近地表气温这两个参数。陆地表面温度指地球陆地表面温度，其表征了地球表面的热状态。近地表气温是指离地表 1.5 m 或 2 m 高的近地面环境气温，代表了底层大气的热状态。卫星接收到的热红外信号是以地表信号为主、空气信号薄弱的混合信号，因此可以采用多种热红外通道的反演算法计算陆地表面温度，而相比之下，大气辐射便更为复杂，加之其信号的微弱，从热红外通道估算近地表气温要比估算陆地表面温度更为困难。本节将介绍使用影像大地测量方法反演陆地表面温度和近地表气温。

1. 陆地表面温度

陆地表面温度在区域和全球尺度中具有重要影响，是地表能量收支和水循环过程中的关键参数，是地表过程分析和模拟中的关键参数，能够提供地表能量平衡状态的时空变化信息。大多数的遥感模型都需要陆地表面温度作为输入量，其反演精度直接影响模型的整体精度。陆地表面温度也是农业生产中的关键指标，是反演地表作物分布及长势，建立干旱模型，判断农业旱情和灾情的动态变化重要因子。利用热红外影像数据反演陆地表面温度的算法可以分为单通道算法、劈窗算法和多波段算法三大类。单通道算法适合于只有一个热红外波段的数据，如 Landsat TM/ETM+ 数据；劈窗算法适合有两个及两个以上热红外波段的数据，如 NOAA-AVHRR 或者 MODIS 数据；多波段算法只适合有两个以上热红外波段的数据，如 MODIS 数据。单通道算法简单，只需要一个热红外通道数据，但其计算精度有限，尤其是在大气水汽含量较大的情况下。这里介绍 Qin 等（2001）提出的基于 Landsat 5 TM 第 6 波段数据的单通道方法，该方法通过引入大气平均作用温度，将大气和地表的影响直接包含在反演公式中，只需要大气平均作用温度和大气透过率两个大气参数，估算得到陆地表面温度：

$$T_s = \frac{1}{C}\{a(1-C-D)+[b(1-C-D)+C+D]T_{sen}-DT_m\}$$

（4.52）

式中：

$$C = \varepsilon\tau$$

（4.53）

$$D = (1-\tau)[1+(1-\varepsilon)\tau]$$

（4.54）

$a$ 和 $b$ 为与普朗克方程相关的系数；$T_{sen}$ 为星上亮度温度；$T_m$ 为大气平均作用温度；$\varepsilon$ 为地表比辐射率；$\tau$ 为大气透过率。由于 Landsat 8 热红外波段的光谱范围和响应函数与 Landsat 5 不同，针对 Landsat 8 第 10 波段对单通道算法输入参数 $a$ 和 $b$ 进行了重新拟合（Wang et al., 2015），表 4.2 为 Landsat 5 TM 第 6 波段系数 $a_6$ 和 $b_6$ 及 Landsat 8 TIRS 第 10 波段系数 $a_{10}$ 和 $b_{10}$ 的值。

表 4.2　单通道算法中系数 $a$ 和 $b$ 的值

| 温度范围/℃ | $a_6$ | $b_6$ | 温度范围/℃ | $a_{10}$ | $b_{10}$ |
|---|---|---|---|---|---|
| 0~30 | −60.3263 | 0.434 36 | 20~70 | −70.1775 | 0.4581 |
| 10~40 | −63.1885 | 0.444 11 | 0~50 | −62.7182 | 0.4339 |
| 20~50 | −67.9542 | 0.459 87 | −20~30 | −55.4276 | 0.4086 |
| 30~60 | −71.9992 | 0.472 71 | — | — | — |

4 种标准大气的大气平均作用温度 $T_m$ 的估算方程如表 4.3 所示，其中 $T_a$ 为近地表气温。

表 4.3　大气平均作用温度估算方程

| 大气模式 | 大气平均作用温度估算方程 |
|---|---|
| 热带大气 | $T_m = 17.9769 + 0.917\,15T_a$ |
| 中纬度夏季大气 | $T_m = 16.0110 + 0.926\,21T_a$ |
| 中纬度冬季大气 | $T_m = 19.2704 + 0.911\,18T_a$ |
| 美国 1976 年标准大气 | $T_m = 25.9369 + 0.880\,45T_a$ |

使用该方法反演陆地表面温度时，需首先根据研究区所处位置及数据获取的季节，估算出研究区的大概温度范围，然后通过查找表得到相应的系数和大气模式，进而获取研究区陆地表面温度。

使用劈窗算法进行陆地表面温度反演，由于获取的参数数量较少，因此都是根据一些模拟简化过程从波段方程中求解陆地表面温度变量。这里介绍由 Qin 等（2001）提出的两因素模型，该模型根据星上亮温的线性组合来反演陆地表面温度，需要的基本参数都可以从 MODIS 或者 Landsat 的波段数据中反演出来，不需要额外的信息。本小节主要介绍基于 Landsat 8 数据的劈窗算法，其公式如下：

$$T_s = A_0 + A_1 T_{10} + A_2 T_{11} \tag{4.55}$$

式中：$T_s$ 为陆地表面温度；$T_{10}$ 和 $T_{11}$ 为 Landsat 8 第 10、11 波段的亮温温度；$A_0$、$A_1$ 和 $A_2$ 为系数，这些系数的计算方法如下：

$$\begin{cases} A_0 = a_{10}E_1 - a_{11}E_2 \\ A_1 = 1 + A + b_{10}E_1 \\ A_2 = A + b_{11}E_2 \\ E_1 = D_{11}(1 - C_{10} - D_{10}) / E_0 \\ E_2 = D_{10}(1 - C_{11} - D_{11}) / E_0 \\ A = A_{10} / E_0 \\ E_0 = D_{11}C_{10} - D_{10}C_{11} \end{cases} \tag{4.56}$$

式中：$C_{10}$、$C_{11}$、$D_{10}$ 和 $D_{11}$ 的计算方法如式（4.53）和式（4.54）所示；$a_{10}$、$b_{10}$、$a_{11}$ 和 $b_{11}$ 可以通过查表 4.4 得到。

表 4.4　劈窗算法中系数值

| 温度范围/℃ | $a_{10}$ | $b_{10}$ | $a_{11}$ | $b_{11}$ |
|---|---|---|---|---|
| 0~30 | −59.139 | 0.421 | −63.392 | 0.457 |
| 0~40 | −60.919 | 0.428 | −65.224 | 0.463 |
| 10~40 | −62.806 | 0.343 | −67.173 | 0.470 |
| 10~50 | −64.608 | 0.440 | −69.022 | 0.476 |

在运用该方法反演陆地表面温度时，需要根据研究区所处地理位置及数据获取的季节，估算出大概的温度范围，选取合适的系数，以得到较准确的反演结果。

## 2. 近地表气温

近地表气温是一个重要的气候参数，是地表与大气的能量交换与水分循环过程中的关键因子，其参与蒸腾、光合作用等众多生物物理过程，是农业生态环境、城市热岛效应及气候变化等多个领域研究的关键指标。在农业领域，近地表气温对农作物生长发育、产量形成乃至病虫害都有重要影响，在估计作物产量、计算地表蒸散、估算农业生产潜力等研究中有着非常重要的意义。同时，近地表气温是全球变化中的一个重要研究对象，是对全球气候变化进行评价和分析的重要参量。

近地表气温的主要来源是地面的长波辐射。因为大气对太阳直接辐射的吸收能力较差，而对地面的长波辐射吸收能力强，所以可以依据近地表气温与陆地表面温度之间的关系，通过反演陆地表面温度得到近地表气温。本小节重点关注反演近地表气温，可以通过统计方法建立近地表气温与陆地表面温度之间的关系，这些统计方法大体可以分为简单统计法和高级统计法。

简单统计法就是建立近地表气温与陆地表面温度之间的一元线性回归模型，可以表示为

$$T_a = a_0 + a_1 X \tag{4.57}$$

式中：$T_a$ 为近地表气温；$X$ 为陆地表面温度或热红外亮度温度值；$a_0$ 和 $a_1$ 为回归系数。

高级统计法是随着对气温热交换原理不断深入研究所提出的，其主要有多元回归模型和神经网络模型两大类。多元回归模型可以表示为

$$T_a = a_0 + a_1 X_1 + a_2 X_2 + \cdots + a_n X_n + \varepsilon \tag{4.58}$$

式中：$T_a$ 可以代表瞬时、最高、最低或平均气温等多种气温形式；$a_0, a_1, a_2, \cdots, a_n$ 为回归系数；$X_1, X_2, \cdots, X_n$ 为影响 $T_a$ 的变量，如陆地表面温度、地理变量（经纬度、高程、距海岸距离）、下垫面类型、反照率、太阳天顶角、儒略日（Julian day）等；$\varepsilon$ 为误差项。高级统计法联合考虑影响近地表气温的多种因素，通过统计回归模型、地理加权回归等多种方法提高近地表气温反演的精度。

近地表气温还受到蒸腾作用的影响，蒸腾作用植被将更多的入射辐射能转为潜热从而降低近地表温度（Zhang et al., 2011）。针对这一原理，Nemani 等（1989）和 Prihodko 等

（1997）最初针对 AVHRR LST 数据提出了温度−植被指数（temperature-vegetation index，TVX）分析法。TVX 分析法是一种空间邻域运算方法，其利用陆地表面温度 $T_s$ 和 NDVI 之间的负相关关系，从影像大地测量数据中提取出近地表气温。假定浓密植被的冠层表面温度等于冠层内的近地表气温，通过某个像元邻域窗口的近地表气温-NDVI 空间计算出浓密植被冠层的温度，就可近似作为该邻域窗口的近地表气温。TVX 分析法只需要从影像中导出的陆地表面温度和 NDVI 就可以估算近地表气温，不需要地表观测资料，对输入参数要求很低。TVX 分析法可以表示为

$$T_a = \mathrm{NDVI}_{sat} \times S + I \qquad (4.59)$$

式中：$T_a$ 为近地表气温；$\mathrm{NDVI}_{sat}$ 为浓密冠层的 NDVI（饱和 NDVI）值；$S$ 和 $I$ 为利用邻域窗口的陆地表面温度和 NDVI 通过最小二乘拟合得到的线性回归的斜率和截距。

Prihodko 等（1997）利用高空间分辨率的气象站点对近地表气温进行分析的结果表明，气温在水平距离 6 km 的范围内变化较小，而超出这个距离则变化剧烈。而对于 MODIS 数据，其空间分辨率为 1 km，TVX 分析法选用的 6 km 半径范围的空间窗口则需要 13 个像素。首先要确定 NDVI 饱和值，根据 Riddering 等（2006）的研究，NDVI 饱和值取 0.86。然后在影像中循环使用 TVX 分析法。

（1）读取陆地表面温度和 NDVI 数据。

（2）对陆地表面温度和 NDVI 数据进行掩膜，去除水体和云遮盖的像素值。

（3）循环读取 13 像素×13 像素窗口。

（4）统计像素个数，若少于 30 个像素则不再计算当前窗口的近地表气温值，跳出循环。

（5）计算陆地表面温度和 NDVI 之间的线性关系，若斜率小于 0 则取 NDVI 等于 0.86 处的陆地表面温度作为当前像素的近地表气温，若斜率大于 0 则跳出循环。

由上述计算过程可知，TVX 分析法并不适用于所有情况。由于水体和云遮盖的像素的掩膜并非准确，所以当 TVX 空间窗口内水体或者云较多时 TVX 负相关关系可能不成立，这时便无法计算气温值。同时，当窗口中植被信息比较微弱时 TVX 斜率也可能不为负值，也无法计算近地表气温。如果空间窗口内 NDVI 变化范围很窄，那么基于这些像元建立的 TVX 斜率有可能出现不合理的情况，气温反演误差会比较高。使用分地类的 NDVI、在窗口内进行反距离内插、空间外推等方法均可提高原始 TVX 分析法的精度。

## 4.2.4　大气成分

人类的生活和生产活动使区域和全球尺度的各种大气成分的浓度和空间分布均发生了显著变化，给地球环境、全球气候和生态系统带来了重大影响，因此监测大气成分具有重要意义。大气成分的监测对象主要可以分为温室气体、痕量气体、气溶胶颗粒物等。温室气体是指大气中促成温室效应的气体成分，利用影像大地测量手段监测的温室气体主要有二氧化碳（$CO_2$）和甲烷（$CH_4$），大气中的二氧化碳主要来自化石燃料的燃烧、毁林及生物的呼吸作用，甲烷则主要来自畜牧业和水稻生长。痕量气体是在大气环境中少量存在的气体，如臭氧（$O_3$）、一氧化碳（CO）、二氧化硫（$SO_2$）、二氧化氮（$NO_2$）等，其丰度通常从万亿分之几体积到百万分之几百体积，但这些痕量气体具有寿命短、化学性质活泼

等特点，可以通过化学过程形成酸雨、光化学烟雾等。气溶胶颗粒物已 4.2.2 小节介绍。

基于卫星影像方法监测大气成分，可以提供全球范围内稳定的、长时间序列的持续观测数据，已经成为监测全球大气成分及其变化的主要方式。卫星影像方法主要是采用光谱技术，相比于传统的点式化学测量，其具有以下优点：①较高的灵敏度，通过选择合适的光谱波段，可测出低于 $10^{-9}$ 的污染物体积混合比浓度；②较广的应用范围，利用同一波段可实现对多种大气成分的监测；③较宽的观测范围，测量范围可从数百米到数千米，无须多点采样即可获得区域大气成分的平均浓度，且光谱技术是唯一能够在星载平台观测全球大气成分的技术（刘文清 等，2018）。基于光学原理的大气成分监测技术以光学中的吸收光谱、发射光谱、光的散射及大气辐射传输等为研究基础，其中近红外波段大气气体成分反演方法主要有差分光学吸收光谱（differential optical absorption spectroscopy，DOAS）方法、最优估计（optical estimation）方法等。

DOAS 方法主要是利用吸收分子在紫外到可见光波段的特征吸收，来确定被测气体浓度。不同的气体分子有着自己的"指纹"，光线在穿过大气时，会被大气中的分子选择性地吸收，使光线在强度和结构上发生变化，通过与原先未经过大气的光谱进行比较，就可得出大气分子的吸收光谱，分析吸收光谱可以定性地确定某些成分的存在，而且还可以定量地分析这些物质的含量。DOAS 方法正是基于气体的特征吸收"指纹"，分析鉴别不同的气体，并测定其浓度。光源发出光强为 $I_0$ 的光，光线穿过大气时，会受到大气中气体分子和粒子的吸收和散射，强度衰减为 $I(\lambda)$，其定量关系可以用朗伯-比尔（Lambert-Beer）定律表示为

$$I(\lambda) = I_0(\lambda) \exp\left\{-L\left[\sum(\sigma_i(\lambda)C_i) + \varepsilon_R(\lambda) + \varepsilon_M(\lambda)\right]\right\} A(\lambda) \qquad (4.60)$$

式中：$\sigma_i(\lambda)$ 为第 $i$ 种气体在波长 $\lambda$ 的吸收截面；$C_i$ 为第 $i$ 种气体在波长 $\lambda$ 的浓度；$\varepsilon_R(\lambda)$ 为瑞利散射在波长 $\lambda$ 的散射系数；$\varepsilon_M(\lambda)$ 为米散射在波长 $\lambda$ 的散射系数；$L$ 为光程长度；$A(\lambda)$ 为传感器的光学系统透过率。DOAS 方法的核心思想是将吸收截面 $\sigma_i(\lambda)$ 分为快变部分和慢变部分：

$$\sigma_i(\lambda) = \sigma_i'(\lambda) + \sigma_{i0}(\lambda) \qquad (4.61)$$

式中：快变部分 $\sigma_i'(\lambda)$ 随波长快速变化，也称差分吸收截面；慢变部分 $\sigma_{i0}(\lambda)$ 随波长缓慢变化。同时，瑞利散射 $\varepsilon_R(\lambda)$、米散射 $\varepsilon_M(\lambda)$ 和 $A(\lambda)$ 也随波长缓慢变化，因此式（4.60）可以改写为

$$\begin{aligned} I(\lambda) &= I_0(\lambda) \exp\left[-L\sum(\sigma_i'(\lambda)C_i)\right] \exp\left\{-L\left[\sum(\sigma_{i0}(\lambda)C_i) + \varepsilon_R(\lambda) + \varepsilon_M(\lambda)\right]\right\} A(\lambda) \\ &= I_0'(\lambda) \exp\left[-L\sum(\sigma_i'(\lambda)C_i)\right] \end{aligned} \qquad (4.62)$$

式中：$I_0'(\lambda)$ 可表示为

$$I_0'(\lambda) = I_0(\lambda) \exp\left\{-L\left[\sum(\sigma_{i0}(\lambda)C_i) + \varepsilon_R(\lambda) + \varepsilon_M(\lambda)\right]\right\} A(\lambda) \qquad (4.63)$$

因此，测量谱 $I(\lambda)$ 中既包含差分吸收的快变部分，也包含慢变部分 $I_0'(\lambda)$。在实际的光谱处理中，测量谱 $I(\lambda)$ 首先除以原先未经过大气的光谱，以过滤光源强度变化对测量的影响，然后通过低阶多项式方法将吸收截面的慢变部分和快变部分分离（通常为 5 次的多项式 $P(\lambda) = \sum a_n\lambda^n$），除去光谱中的慢变部分 $I_0'(\lambda)$，再取对数得到差分光密度（差分光学厚度）为

$$D' = \lg\frac{I(\lambda)}{I_0'(\lambda)} = -L\sum[\sigma_i(\lambda)C_i] \qquad (4.64)$$

最后根据实验精确测定的差分吸收截面 $\sigma_i'(\lambda)$，对差分光密度谱进行最小二乘拟合，以确定各种气体成分的浓度 $C_i$。

DOAS 方法的思想是利用低阶多项式拟合去除气溶胶等的散射作用，在实际应用中这种拟合并不完全符合大气辐射传输过程，会造成反演方法本身的误差，最终导致反演精度较低。

最优估计方法也是目前使用最多的一种大气成分反演方法，其通过模拟谱和观测谱之间的迭代拟合，获得反演结果。主要反演步骤如下：①基于大气辐射传输模型进行光谱模拟，即前向模型；②利用迭代法求解代价函数，即反演模型。

前向模型即正演过程，是描述大气参量到观测值之间的物理过程。在给定目标参数的情况下，结合辐射传输，模拟出传感器接收到的辐射亮度。假定待反演大气状态参数 $x$ 与卫星测量值 $y$ 之间的关系为

$$y = F(x,b) + \varepsilon \tag{4.65}$$

式中：$F$ 为前向辐射传输模型；$b$ 为除大气状态参数外的其他参数；$\varepsilon$ 为前向模型误差和实测数据的误差。

大气辐射传输方程属于病态不适定方程，为第一类非线性弗雷德霍姆（Fredholm）方程，并不能得到唯一解。通常使用迭代方法求解式（4.65），换句话说，大气辐射传输模型的物理反演方法，在最优化理论下，可以建立代价函数，以迭代的形式逐步逼近真值，其基本过程如下。从状态向量的第一个猜测值 $x_0$ 开始，将其得到的前向模型 $y_0 = F(x_0,b) + \varepsilon$ 的输出值与测量值 $y$ 进行比较，在得到 $y$ 与 $y_0$ 之间及 $x$ 与 $x_0$ 之间的差异后，更新状态向量 $x_1$，并重复该过程直到前向模型的输出值与测量值之间的差异低于某一阈值后，迭代过程被认为收敛。最后更新的状态向量是反演的最终状态向量，即式（4.65）的可能解。

Rogders（1976）提出用模拟辐射和观测辐射之间的差异与先验廓线值来定义代价函数，利用迭代方式来逐步逼近真解。定义代价函数为

$$J(X) = [y - F(x)]^T S_\varepsilon^{-1} [y - F(x)] + (x - x_a)^T S_a^{-1} (x - x_a) \tag{4.66}$$

式中：$S_\varepsilon$ 为观测值的误差协方差矩阵；$x_a$ 为未知目标向量的初始值；$S_a$ 为先验误差协方差矩阵。使此代价函数最小的解即式（4.65）的最大似然解，因此该反演问题的本质是寻求代价函数的最小值。

使用高斯-牛顿（Gauss-Newton）迭代法求解代价函数的最小值，可得

$$x_{k+1} = x_k + (S_a^{-1} + K_k^T S_\varepsilon^{-1} K_k)^{-1} \{K_k^T S_\varepsilon^{-1}[y - F(x_k)] - S_a^{-1}(x_k - x_a)\} \tag{4.67}$$

式中：$x_k$ 和 $x_{k+1}$ 分别为第 $k$ 次和第 $k+1$ 次的迭代结果，$k$ 为迭代次数；$K_k$ 为第 $k$ 次迭代的雅可比矩阵。

采用利文贝格-马夸特（Levenberg-Marquardt，L-M）迭代法，求解代价函数的最小值，可得

$$x_{k+1} = x_k + [(1+\gamma)S_a^{-1} + K_k^T S_\varepsilon^{-1} K_k]^{-1} \{K_k^T S_\varepsilon^{-1}[y - F(x_k)] - S_a^{-1}(x_k - x_a)\} \tag{4.68}$$

式中：$\gamma$ 为 L-M 系数。

使用该方法进行反演的过程中，由于协方差矩阵 $S_a$ 和接近真值的初始廓线难以获得，为了减少先验误差协方差矩阵中可能存在的误差，通常忽略 $\gamma S_a^{-1}$ 项，将 $K_k^T S_\varepsilon^{-1} K_k$ 继续奇异

值分解，对特征值重新赋值，尽可能减少对先验误差协方差矩阵的依赖。

在大气 $CO_2$ 和 $CH_4$ 的反演过程中，反演的状态向量 $x$ 为各层的 $CO_2$ 和 $CH_4$ 含量，在迭代收敛后，将各层的 $CO_2$ 和 $CH_4$ 含量按压力权重分配后获得 $CO_2$ 和 $CH_4$ 的柱含量 $xCO_2$ 和 $xCH_4$。

最优估计方法的局限在于，代价函数受观测值影响的同时还受先验知识精确性的制约，先验知识的偏差会导致最后反演结果随之发生变化，因此在先验知识的选取上可能会出现季节性和地域性的影响。

# 4.3 地表物质迁移观测理论与技术

地表物质迁移反映了包括地球表面圈层的陆地水存储量变化、地表形变、冰川消融、海平面上升、地球内部的物质迁移等地球物理过程（Tapley et al.，2004）。开展地表物质监测研究，充分了解全球及典型区域地表物质迁移的时空分布规律，对监测地球环境变化和防灾减灾等科学问题，以及人类社会活动和经济发展都具有重要意义。影像大地测量技术为地球表层物质迁移研究提供了可靠的观测数据，其中光学和 SAR 卫星的成功发射实现了地表物质迁移的长期监测，在大尺度上定量揭示了地表物质迁移规律。另外，地表物质迁移也会引起地表产生垂直形变，LiDAR 技术作为一种主动遥感技术，为连续监测地表垂直形变提供了有效技术手段，在监测地表垂直结构信息方面具有独特优势。

## 4.3.1 DEM

DEM 作为空间数据基础设施的重要组成部分，在国家信息化建设与发展中起到了关键支撑作用。DEM 研究的是除森林、建筑等一切自然或人工构造物之外的地球表面构造，即纯粹的地形形态，具体包括平面位置和高程两种信息。经过半个多世纪的研究，DEM 相关技术得到了突飞猛进的发展，DEM 的应用（如城市数字化、城市规划、地籍调查和土地管理等）已经遍及整个地学领域。21 世纪以来，随着"数字地球"（digital earth）和"智慧地球"（smart planet）的建立与发展，DEM 相关技术除在传统专业领域（如测绘工程和遥感数字图像等）提供重要的基础支撑外，也为现今灾害应急响应的决策提供重要的辅助数据和可信的技术保障（汤国安，2014）。

传统的 DEM 数据获取（如野外架设全站仪、GNSS 或激光测距仪等技术）需要耗费大量的人力物力、工作量大、周期长、更新十分困难。随着航空航天、遥感和计算机等技术的逐渐兴起，遥感影像获取呈现平台、传感器、角度的多样性特点，遥感影像也具备高空间分辨率、高光谱分辨率、高时相分辨率的优势。DEM 的数据获取方法、数据存储和数据处理速度等方面取得了突破性进展，基于遥感技术获取 DEM 的方式兼具高效率和劳动强度低的优点。在此背景下，以摄影测量技术、InSAR 技术、LiDAR 技术为代表的新兴影像大地测量技术为实现全球性高精度高分辨率 DEM 的快速获取提供了可靠的技术保障（Tong et al.，2015）。表 4.5（李志林 等，2017）为几种重要的全球性和全国性 DEM 数据产品参数。

表 4.5　几种重要的全球性和全国性 DEM 数据产品参数

| DEM 类型 | 分辨率 | 数据范围 | 数据源 |
| --- | --- | --- | --- |
| SRTM | 1″/3″ | 60°N~60°S | 航天飞机雷达影像 |
| ASTER GDEM | 1″ | 83°N~83°S | 卫星立体影像 |
| WorldDEM | 12 m | 全球 | SAR 卫星 |
| 1:5 万 DEM | 5~25 m | 全国 | 已有地图、航空影像与机载雷达影像等 |
| 1:1 万 DEM | 5~12.5 m | 全国大部分地区 | 已有地图、航空影像与机载雷达影像等 |
| GLSDEM | 3″ | 全球大部分区域 | SRTM、NED 和 CDED |
| GTOPO30 | 30″ | 全球 | 世界各地的多种 DEM |

注：1″约等于 30 m；3″约等于 90 m；30″约等于 1 km。NED: national elevation dataset，国家高程数据集；CDED: Canadian digital elevation data，加拿大数字高程数据

## 1. 摄影测量技术

基于航空和航天平台的摄影测量技术是 DEM 数据获取与更新的重要方法之一，该技术利用不同传感器多角度地获取完整的地面信息，利用该数据源，可生成亚米级甚至厘米级分辨率的高保真 DEM，进而对大面积的地形地貌定期地进行更新迭代。此外，无人机航测技术的快速发展，凭借其灵活、便携的优点，使得基于无人机的摄影测量技术在灾害应急测绘中发挥着独特的作用。表 4.5 中，NASA 与日本产经省于 2009 年共同推出基于立体影像匹配结果的全球数字高程模型（global digital elevation model，GDEM）数据，该数据覆盖整个地球陆地表面 99% 的区域，空间分辨率也整体提高到 30 m。我国第一颗民用三线阵立体测图卫星资源三号测绘卫星可获得高程精度优于 3 m，平面精度优于 4 m 的影像，完全满足 1:5 万比例尺测图精度需要（李德仁，2012）。

摄影测量技术的基本原理可以表述为：借助计算机技术，通过模拟人类的立体感知功能进行立体监测，进而利用立体像对来恢复三维物体的实际表面形状，然后在立体模型上获取物体的三维空间坐标。在搭载平台上的传感器拍摄同一目标点时会呈现一个角度，在传感器位置固定的前提下，该角度越小地物越低，由此形成立体像对，将地面所有目标点的高程解算获得 DEM。如图 4.5 所示，假设传感器 $S_1$ 和 $S_2$ 同时拍摄目标区域获得两幅影像。地物点 $A$、$B$、$C$、$D$ 分别通过两个投影中心 $S_1$ 和 $S_2$，在左右像片生成像点 $A_1$、$B_1$、$C_1$、$D_1$ 和 $A_2$、$B_2$、$C_2$、$D_2$，称 $S_1$ 和 $S_2$ 的连线为摄影基线。通过图 4.5 可以看到 $A$-$S_1$ 和 $A$-$S_2$ 两条光线和基线共面，同样其他地物点同两个投影中心的投影光束和基线也共面，即两张像片任意对应像点形成的投影光线对对相交。获取两幅影像同一像点反向投影光线，并对其进行前方交会实现摄影过程几何反转，可以确定实际地物点物方坐标。通过立体像对构建地面立体模型的过程实际上就是传感器摄影过程的几何反转，获得测区空间坐标，构建 DEM。

立体像对生成 DEM 的主要步骤如图 4.6 所示。首先读入两幅相互重叠的影像构成立体模型；接着通过传感器参数设置，恢复摄影瞬间立体像对中左右影像之间的相对空间位置，使同名射线对对相交，建立地面立体模型，通过该过程确定两幅影像的相对坐标；然后进行控制点选取，通过 7 个绝对定向元素对模型进行缩放、旋转和平移，将像空间辅助坐标系地物点坐标转换到地面摄影测量坐标系中，即确定立体模型相对于地面的关系，将立体

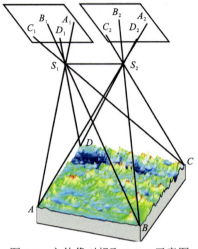

图 4.5 立体像对提取 DEM 示意图

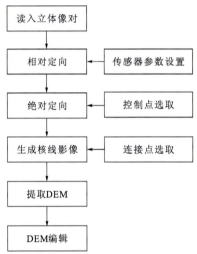

图 4.6 基于摄影测量技术 DEM 生成的流程图

模型定位到大地坐标系中；定位工作完成后进行连接点选取进而确定同名核线，生成核线影像；再利用影像相关算法进行同名点之间的匹配，经过整体平差后解算出目标点的位置信息，生成 DEM；最后对生成的 DEM 进行内插、滤波或平滑等后处理，减弱或消除传感器本身的物理特性等因素产生的噪声影响（马素颜，2009）。

## 2. InSAR 技术

InSAR 因其全天时、全天候、高分辨率及覆盖范围广等诸多优势已快速发展为成熟的空间对地观测技术，具有米级精度绘制全球地形的能力（Zebker et al.，1986）。它的工作原理如同杨氏双缝干涉实验，对 InSAR 技术获取地表高程而言，需要得到覆盖同一地区的两幅或多幅 SAR 影像，进而利用 SAR 影像同名点的相位信息进行解算（Massonnet et al.，1998）。其中，代表性成果见表 4.5，美国国家影像与制图局（The National Imagery and Mapping Agency，NIMA）和 NASA 联合利用奋进号航天飞机携带的 C/X 波段雷达获取覆盖全球陆地 80% 地区的 SRTM DEM，该系统采用单平台双天线体制（Rabus et al.，2003；

Werner，2001）；德国航空航天中心利用 TerraSAR-X/TanDEM-X 雷达卫星系统，推出覆盖整个地球陆地表面且包括极地地区在内的 GDEM（Bräutigam et al.，2014）。天绘二号卫星于 2019 年 4 月 30 日发射，采用双星异轨道面绕飞编队，满足 1∶5 万比例尺测图精度要求，至此我国拥有了实时获取全球 InSAR 影像的自主手段（楼良盛 等，2020）。陆地探测一号的两颗卫星分别于 2022 年 1 月和 2 月成功发射，是我国首个具备提供全域中国连续地形影像能力的 SAR 卫星星座。

目前，交轨干涉测量、顺轨干涉测量及单天线重复轨道干涉测量三种成像模式可提供 InSAR 所需的干涉数据（廖明生 等，2003）。其中，单天线重复轨道干涉测量模式主要应用于星载 SAR 系统，用于获取地表高程或形变信息，但是该方法使用的主从影像不是来自同一时刻，其监测精度和可靠性比较低。TerraSAR-X/TanDEM-X 雷达双星系统的出现，使基于 InSAR 技术的高精度时序 DEM 获取成为可能。TerraSAR-X/TanDEM-X 雷达双星系统属于双平台单天线编队卫星测量模式，即其中一颗卫星发射信号，双星同时接收回波信号，通过构建两颗卫星接收到的波程相位差与卫星几何参数之间的几何关系获取高精度的 DEM。该双星系统实现的零时间基线特点使其获取 DEM 期间不受地表形变、大气等误差的影响。TerraSAR-X/TanDEM-X 雷达双星系统观测几何示意图如图 4.7 所示。图中：$\varphi_{\text{TSX}}$ 和 $\varphi_{\text{TDX}}$ 分别为两次 SAR 卫星成像时刻所在的空间位置；$R_1$ 和 $R_2$ 为成像时 $\varphi_{\text{TSX}}$ 和 $\varphi_{\text{TDX}}$ 分别到地面观测点 $P$ 的距离；$H$ 为成像时卫星距离地表的高度；$\theta$ 为第一次成像时卫星的入射角；$B$ 为卫星成像时两个传感器之间的空间距离（也称空间基线）；$B_{\parallel}$ 为平行基线；$B_{\perp}$ 为垂直基线，可由空间基线 $B$ 分解得到（Chen et al.，2000）：

$$\begin{cases} B_{\parallel} = B\sin(\theta - \alpha) \\ B_{\perp} = B\cos(\theta - \alpha) \end{cases} \tag{4.69}$$

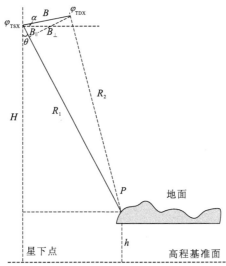

图 4.7　TerraSAR-X/TanDEM-X 雷达双星系统观测几何示意图

根据如图 4.7 所示的几何关系，点 $P$ 的高程 $h$ 为

$$h = H - R_1\cos\theta \tag{4.70}$$

在 $\Delta P\varphi_{\text{TSX/TDX}}$ 中，由余弦定理可得

$$R_2^2 = R_1^2 + B^2 - 2R_1B\sin(\theta - \alpha) \tag{4.71}$$

令 $\Delta R = R_2 - R_1$，则有

$$R_1 = \frac{\Delta R^2 - B^2}{2[B\sin(\theta - \alpha) - \Delta R]} \tag{4.72}$$

考虑获取的雷达信号实际记录的是双程信号及多普勒方向的定义，两颗卫星的回波相位差可表示为

$$\varphi_{TSX} = -\frac{2\pi}{\lambda}(R_1 + R_2) \tag{4.73}$$

$$\varphi_{TDX} = -\frac{2\pi}{\lambda}(R_1 + R_2) \tag{4.74}$$

$$\delta\varphi_{TDX/TSX} = \varphi_{TSX} - \varphi_{TDX} = -\frac{4\pi\Delta R}{\lambda} \tag{4.75}$$

即

$$\Delta R = -\frac{\lambda}{4\pi}\delta\varphi_{TDX/TSX} \tag{4.76}$$

将式（4.72）和式（4.76）代入式（4.70），可得

$$h = H - \frac{\left(-\dfrac{\lambda\delta\varphi_{TDX/TSX}}{4\pi}\right)^2 - B^2}{2B\sin(\theta - \alpha) - \left(-\dfrac{\lambda\delta\varphi_{TDX/TSX}}{2\pi}\right)}\cos\theta \tag{4.77}$$

式（4.77）即利用 InSAR 干涉相位获取地面点高程的计算公式。式中：$H$、$B$ 和 $\alpha$ 可利用卫星的轨道姿态数据计算得到；干涉相位 $\delta\varphi_{TDX/TSX}$ 通过对两幅 SAR 单视复数影像共轭相乘获得，其取值范围仅为 $(-\pi, \pi]$，存在相位整周模糊度，需要先通过相位解缠恢复出真实的相位值，再估计目标点的高程。若对式（4.77）中的相位 $\varphi$ 求导，可得

$$\frac{\partial h}{\partial \varphi} = -\frac{\lambda}{4\pi} \cdot \frac{R_1\sin\theta}{B_\perp} \tag{4.78}$$

由式（4.78）可知，当干涉相位变化 $2\pi$ 时，对应的高程变化为

$$|h_{2\pi}| = \frac{\lambda}{2} \cdot \frac{R_1\sin\theta}{B_\perp} \tag{4.79}$$

式中：$h_{2\pi}$ 为 InSAR 高程测量中的一个重要参数，即高程模糊度。由式（4.79）可知，垂直基线 $B_\perp$ 越大，$h_{2\pi}$ 越小，传感器对高度变化越敏感，得到的 DEM 高程精度也越高（杨成生，2011）。

基于 InSAR 技术的 DEM 生成流程图如图 4.8 所示。

### 3. LiDAR 技术

LiDAR 是一种集激光测距、GPS 和 INS 于一体的系统，采用直接、主动测距的方式，另外 LiDAR 技术具有植被穿透力强、直接获得三维空间坐标、外业工作量小、自动化程度高、快速成图等独特优点，在如应急响应、植被覆盖等特殊场合，LiDAR 技术比摄影测量技术更具优势（Wehr et al.，1999）。LiDAR 系统采集地面信息的原理属于几何定位，目前的激光测距方式以相位式测距和脉冲式测距较为普遍。相位式测距的工作原理是利用无线电波段的频率，对激光束进行幅度调制并测定调制光往返目标一次所产生的相位差，利用调制光的波长，计算该相位差对应目标点的空间距离。脉冲式测距由激光发射器产生并发

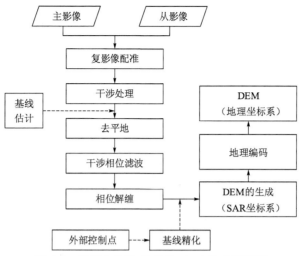

图 4.8　基于 InSAR 技术的 DEM 生成流程图

射一束具有一定强度的光脉冲，同时记录该束激光的发射时间；当该束激光遇到目标物体后进行反射，同时被接收器接收并记录反射时间；获取每个脉冲信号发射与反射的时间差，同时鉴于光速已知，以此计算激光发射器与目标点间的距离。根据惯性测量装置测定的飞行器空间姿态参数，结合 GNSS 高精度动态差分定位技术计算得到目标点的三维空间直角坐标，以及后处理时用规则格网内插生成 DEM。

　　基于 LiDAR 点云的高精度 DEM 构建，首先需对 LiDAR 点云进行粗差滤波处理，滤除粗差数据并保留真实的地面点云；然后通过不同的 DEM 构建算法由地面真实点云生成 DEM，其中包括不规则三角网（triangulated irregular network，TIN）和规则格网（Grid）；最后采用等值线回放法和检查点法分别从定性和定量出发评估 DEM 精度（Huising et al.，1998）。基于 LiDAR 技术的 DEM 生成流程图如图 4.9 所示。

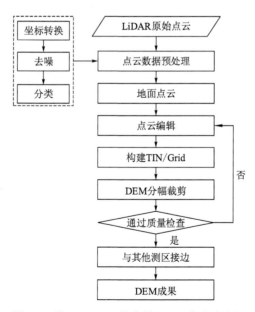

图 4.9　基于 LiDAR 技术的 DEM 生成流程图

## 4.3.2 地表形变观测

我国是一个灾害多发且严重的国家，既包括地震、火山等自然灾害，也包括人类活动与自然因素共同作用引起的灾害，如地面沉降、地裂缝、滑坡、崩塌、塌陷、泥石流等地质灾害。形变监测是灾害监测的一种主要类型，其中包括宏观灾害调查、地表位移监测和深部位移监测等。传统形变测量技术主要采用水准仪、全站仪、GPS 等手段，但这些技术需要大量的外业劳动、强度大、作业周期长、费用高，另外覆盖范围和空间密度均受到很大的限制，对大范围的地表形变的调查和监测难以实施。新兴的影像大地测量技术（光学遥感、SAR/InSAR 技术）以其高精度、高分辨率、高重复频率、覆盖范围广、全天时、全天候等突出优势在地表形变监测中得到了广泛的应用（Scherler et al.，2008）。

### 1. 光学影像偏移量追踪技术

光学遥感影像包含地表纹理信息，不同时期的光学遥感影像中地物发生变化后其反射信息也发生变化。光学影像偏移量追踪技术可实现亚像素级的匹配精度，获取监测期间目标区域东西向和南北向的二维水平偏移量。其技术原理为以主影像为参考依据设置不同大小的搜索窗口和滑动窗口，通过相关性匹配算法对多期光学影像进行互相关匹配，计算同名点之间的偏移量，最终获取同名像点水平方向的偏移量。随着匹配算法的更新迭代及卫星等硬件的不断升级，该技术实现的时空分辨率在不断提高，在地质灾害研究等领域已经成为重要的技术手段（Leprince et al.，2008；Scherler et al.，2008）。Bindschadler 等（1991）通过多时相 Landsat 5 TM 数据获取南极冰川流速场，最早实现了该技术的应用。光学影像偏移量追踪技术可分为两种研究策略：第一种是光学影像单影像对偏移量估计，该算法获取两景光学影像特定时间间隔内的影像二维水平偏移量（东西向和南北向），而没考虑多影像对的地表形变时序监测；第二种是光学影像单平台时序偏移量估计，该算法基于奇异值分解或最小二乘的原则解算单平台多时相影像对下的时序偏移量，可以获取偏移量的时间序列。光学偏移量估计处理流程如图 4.10 所示，具体步骤如下。

（1）参数选择（包括窗口大小、步长大小、掩膜阈值和迭代次数）。窗口是指初始相关搜索和最终相关搜索窗口。前者主要用于估计像素级的偏移量，可以最大化两景影像相关性并平滑一定的结果。后者则主要用于估计亚像素级的偏移量，捕捉更多形变信息。一般来说，前者参数不小于后者，且都为 2 的幂数。步长大小决定偏移量计算后的地面空间分辨率大小，步长越大，偏移量结果的像素空间分辨率越低。掩膜阈值主要用于筛选偏移量估计信噪比（singal-to-noise ratio，SNR）质量不好的形变值，范围为 0～1。迭代次数一般 2～4 次可有效降低噪声，该值越大偏移量估计耗时越久，结果相对较好。

（2）亚像素相关性匹配。该步骤是光学影像偏移量估计的关键。常用方法有归一化互相关系数（normalized correlation，NCC）、相位相关法（phase correlation method，PCM）和平方差的和（sum of squared difference，SSD），在具体执行过程中通过一定的滑动步长，然后遍历整景影像进行逐一匹配。结果输出包括二维的水平形变图和信噪比图。

（3）误差后处理。不同光学数据的偏移量估计误差不同，如 Landsat 8 通常存在异常值、轨道误差和条带误差，而 Sentinel-2 卫星除了以上误差还存在卫星姿态角误差。因此，此过程需要根据不同类型光学数据的误差做相应的去除。

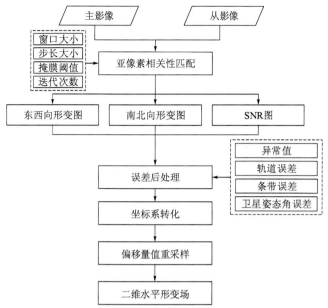

图 4.10 光学偏移量估计处理流程

（4）坐标系转化、偏移量值重采样和二维水平形变场获取。误差后处理的偏移量结果仍然需要进一步滤波以降低噪声误差，然后进行坐标系转化和偏移量值重采样，最后获取二维水平形变。

## 2. 差分合成孔径雷达干涉测量技术

差分合成孔径雷达干涉测量（D-InSAR）本质上是 InSAR 测高技术在应用上的一种延伸与拓展，其基本原理是利用覆盖研究区的两幅或多幅 SAR 影像进行差分干涉处理，从而获取高精度的地表形变信息。目前，D-InSAR 技术已成功地应用于地面沉降、滑坡、煤矿塌陷、地震等不同类型地质灾害的形变监测。根据去除地形相位方式的不同，D-InSAR 技术可以分为两轨法（Massonnet et al.，1993）、三轨法和四轨法三种模式。当前以 SRTM 为代表的全球 DEM 数据获取方便快捷，为两轨法的广泛应用提供了数据保障。两轨法差分的基本原理是利用同一区域、同一轨道两次或多次 SAR 卫星过境所获取的 SAR 影像，精密配准后进行共轭相乘得到干涉图，然后从中减去由外部 DEM 模拟的地形相位部分，从而获取地面目标形变信息（韩炳权，2020；Gabriel et al.，1989）。干涉相位可表示为（李振洪 等，2022）

$$\varphi_{\text{int}} = \varphi_{\text{topo}} + \varphi_{\text{def}} + \varphi_{\text{atm}} + \varphi_{\text{orb}} + \varphi_{\text{noise}} \qquad (4.80)$$

式中：$\varphi_{\text{int}}$ 为 InSAR 总干涉相位；$\varphi_{\text{topo}}$ 为地形相位；$\varphi_{\text{def}}$ 为地表形变相位；$\varphi_{\text{atm}}$ 为大气延迟相位；$\varphi_{\text{orb}}$ 为轨道相位；$\varphi_{\text{noise}}$ 为噪声相位，即包含热噪声、失相干等的误差项。大气延迟相位、轨道相位及噪声相位可采用一定的方法削弱，因此式（4.80）中主要考虑地形相位和地表形变相位。地面目标区域的地形相位可以表示为

$$\varphi_{\text{topo}} = -\frac{4\pi B_{\perp}}{\lambda R \sin\theta} \qquad (4.81)$$

式中：$B_{\perp}$ 为干涉对垂直基线；$\lambda$ 为雷达波长；$R$ 为卫星到地面目标的斜距；$\theta$ 为雷达入射

角。式（4.80）中去除 $\varphi_{\text{topo}}$ 便可以得到地表形变相位。

根据式（4.75），在忽略测量噪声的影响下，形变相位可表示为

$$\varphi_{\text{def}} = -\frac{4\pi}{\lambda}\delta\rho \tag{4.82}$$

由式（4.82）可知：若形变相位变化 $|2\pi|$，则对应视线向地表位移为 $\lambda/2$（$\delta\rho_{2\pi}$ 为形变模糊度），即 D-InSAR 技术对形变的敏感程度只与 SAR 影像数据源的自身波长有关。相比地表高程测量，InSAR 技术对地表形变敏感性更高，测量精度可达毫米级，这也是该技术能够用于高精度形变监测的原因。

图 4.11 所示为两轨法差分 InSAR 处理框架图（李振洪 等，2022）。通过主影像、从影像精确配准、干涉成像、外部 DEM 数据模拟地形和平地相位、差分干涉、干涉图自适应滤波、相位解缠、相位转换成形变值（形变量计算）、地理编码等一系列操作就能通过 D-InSAR 技术获取地表形变信息。其中，部分步骤（如基线精化、自适应滤波）可能需要进行迭代处理，进而获取高精度的地表形变监测结果。我国分别于 2022 年 1 月和 2 月成功发射陆地探测一号两颗 SAR 卫星，目前该星座已经实现在轨成像，是全球首个用于地表形变干涉测量的 L 波段双星星座，形变测量精度可达毫米级（武俊杰 等，2023）。

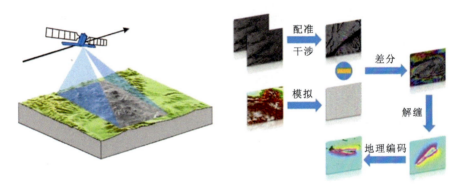

图 4.11　两轨法差分 InSAR 处理框架图

### 3. LiDAR 技术

LiDAR 技术可快速地获取监测表面的三维坐标数据及物体表面的纹理信息，该点云数据的空间采样间隔通常为毫米级（Abellan et al.，2009）。利用三维点云数据可建立高精度、高密度的三维数据模型，利用纹理信息则可以构建仿真模型。LiDAR 技术具有点位测量精度高、高密度性，受环境影响较小、激光的强穿透性，全天候作业、主动性，适用于危险地域或人员很难到达的地方进行作业等特点，已经逐渐应用于各种形变监测中。三维激光扫描可得到目标体的三维点云数据，运用这些点云数据可以构建地形模型，通过不同时期同一区域的两个地表模型的对比求取形变量。基于多期激光点云的地表形变信息提取，一种方法是将其中一期地面点云构建 DEM，以 DEM 为基准，通过点与面的比较，计算点到面的距离，为每个点赋予不同的颜色，根据颜色比色尺对应的数值查找该点的形变值，该方法的优点是形象直观，根据颜色就能判断形变大小，缺点是无法输出形变信息，不利于根据形变信息进行进一步的分析利用。另一种方法是对地面点云进行相同栅格尺寸的重采样，使用一个点代替一个栅格，对不同时期数据集的同名点进行相减，该算法计算效率高，

可直接得到最终的形变数据，缺点是在重采样时丢失了许多点云信息，若栅格尺寸过大，同一平面位置的栅格相减可能会出现极大值或极小值的情况（赵煦，2010）。

利用 LiDAR 技术提取地表形变处理流程图如图 4.12 所示，首先布设用于测站和定向的控制点，使得多个测站扫描到的点云数据转换到同一坐标系下，同时也为多期点云数据扫描提供相同坐标系统。接着进行数据采集，其过程主要有设站、定向、粗扫、精扫。当数据采集完成之后，需要进行一系列内业处理，其过程主要有点云的拼接、噪声处理、点云滤波、数据的输出、曲面建模等。拼接是将多个不同测站的点云数据拼合在一起，将不同坐标系下的点云数据转换到同一坐标系中。当拼接的精度达到要求时，需要对数据进行去噪、滤波处理。然后将数据输出，在相应的软件中进行进一步的处理。最后进行地表曲面的重建，通过多期数据获取目标区域的形变数据，进而对其加以应用。LiDAR 技术形变监测研究的重点就是多期海量点云的处理。

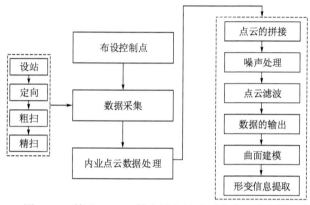

图 4.12　利用 LiDAR 技术提取地表形变处理流程图

## 4.3.3　土壤湿度监测

土壤湿度是衡量水资源循环状况的重要标准，其准确和长期监测是环境科学研究的基础，同时对水文、气象和生态等领域有非常重要的意义（Bai et al.，2015）。土壤湿度参数的获取可以分为地面设备测量和遥感技术观测。地面设备测量的费用高，且只能在小范围农业地区进行。遥感技术具有大规模土壤湿度制图、长期连续观测的优势，但光学遥感对地表介电常数的敏感性较弱，且易受光照、云雾和地表覆盖的影响（Peng et al.，2017；Petropoulos et al.，2015）。微波遥感对地表介电常数敏感，可全天时、全天候监测，且信号具有一定的地表穿透力，能获取地下表层的土壤湿度信息（Santi et al.，2018）。现如今，利用遥感监测土壤湿度出现了多平台（地面、航空、航天）、多种手段（可见光、近红外、热红外、微波）相结合的局面，基于影像大地测量技术的监测手段已成为该领域的研究焦点（Hatanaka et al.，1995；Price，1985）。

1. 光学遥感

光学遥感主要是根据土壤颜色和表层温度受土壤水分的影响，建立土壤表面光谱反射特性、土壤表面发射率和土壤表面温度之间的关系来间接反演土壤湿度（Galvão et al.，

2008)。光学遥感在反演土壤湿度时，根据分析方法的不同可分为光谱反射率法和植被指数法（马春芽 等，2018）。光谱反射率法根据土壤光谱特征与土壤含水量之间的关系，即在土壤中水分含量降低时土壤的反射率会随之增加，直接建立土壤波段信息与土壤水分信息间的关系，进而利用光谱反射率反演土壤湿度（Weidong et al.，2002），该建模方法简单，但会受到光学遥感反演难以穿透云层的影响（刘万侠 等，2007）。

在植被覆盖的地区，植被冠层的光谱特征与植被生长情况密切相关，而植被的生长与水分密不可分。因此，土壤水分也会一定程度地影响植被冠层光谱，可以利用植被指数法进行土壤湿度估算（Holzman et al.，2014），其中包括表观热惯量（apparent thermal inertia，ATI）（Mario et al.，2009）、NDVI、温度植被干旱指数（temperature vegetation dryness index，TVDI）（Tucker et al.，2001）、距平植被指数（anomaly vegetation index，AVI）、作物缺水指数（crop water stress index，CWSI）、植被供水指数（vegetation supply water index，VSWI）等，表 4.6 列举了几种土壤湿度遥感反演方法的比较（陈少丹，2019），其中 TVDI 被广泛应用，其表达式如下（Sandholt et al.，2002）：

$$
\begin{cases}
\text{TVDI} = \dfrac{\text{Ts} - \text{Ts}_{\min}}{\text{Ts}_{\max} - \text{Ts}_{\min}} \\
\text{Ts}_{\min} = a_1 + b_1 \cdot \text{NDVI} \\
\text{Ts}_{\max} = a_2 + b_2 \cdot \text{NDVI}
\end{cases}
\tag{4.83}
$$

式中：TVDI 的取值为 0～1；Ts 为地表温度；$\text{Ts}_{\min}$ 为最低地表温度，对应的是地表温度与 NDVI 特征空间中的湿边；$\text{Ts}_{\max}$ 为相同 NDVI 值条件下的最高地表温度，对应的是干边；$a_1$、$b_1$ 和 $a_2$、$b_2$ 分别为湿边和干边的拟合方程系数。地表温度离湿边越接近，TVDI 值越小，干旱程度越轻；相反，地表温度越接近干边，TVDI 值越大，干旱越严重（范辽生 等，2009）。

表 4.6 土壤湿度遥感反演方法的比较

| 模型名称 | 方法特点 |
|---|---|
| ATI | 方法相对简单，针对裸土和低植被覆盖区域的土壤含水量的遥感反演精度较高，但对高植被覆盖区域的反演精度相对较低 |
| NDVI | 可以间接地反映土壤的水分状况，但在时间上具有一定的滞后性 |
| TVDI | 该模型在高植被覆盖度时相对准确，但是在作物生长的初期，反演精度较低 |
| CWSI | 有植被覆盖时，其精度要高于 ATI，但其计算量较大，而且需要大量的地面实测资料，也不能保证实时性 |
| AVI | 该方法所需要的数据存储资料时间范围较长，与存档的卫星遥感资料在时间多上不匹配，另外受种植结构与耕作制度的影响较大 |
| VSWI | 适合高植被覆盖度区域，在低植被覆盖度时，通常会夸大植被的影响作用 |

## 2. 微波遥感

微波遥感法由于不受天气影响，对地表植被具有一定的穿透性，是目前利用遥感手段反演土壤湿度精度最高的监测技术。土壤水分的变化直接决定着介电常数的变化，水的介电常数约为 80 dB，干土仅为 3～5 dB，这意味着干土和湿土的介电特性存在很大反差。因此，利用土壤介电常数可以实现对土壤湿度的反演。鉴于 SAR 信号的穿透性和对地表介电常数的敏感性，一般通过构建雷达回波信号（后向散射系数）的函数模型来解算介电常数，再根据介电混合模型计算土壤表层含水率（Peng et al.，2017；Petropoulos et al.，2015）。基于微波遥感监测土壤湿度可分为微波辐射计的被动微波遥感（passive microwave remote sensing）和成像雷达技术的主动微波遥感（active microwave remote sensing）。其中，被动微波遥感技术所依据的物理基础是土壤的介电常数随其含水量变化而变化，由微波辐射计观测到的亮度温度也随之变化。主动微波遥感主要通过建立雷达后向散射系数和土壤水分等地表参数之间的关系反演土壤水分（Ulaby et al.，1986）。为绘制植被覆盖情况下的土壤湿度，大多数研究使用的是 Attema 等（1978）提出的半经验水云模型（water cloud model，WCM）：

$$\begin{cases} \sigma_{can}^0 = \sigma_{veg}^0 + \gamma^2 \sigma_{soil}^0 \\ \sigma_{veg}^0 = A \cdot m_{veg} \cdot \cos(\theta) \cdot [1-\gamma^2] \\ \gamma^2 = \exp[-2B \cdot m_{veg} / \cos(\theta)] \end{cases} \tag{4.84}$$

式中：$\sigma_{can}^0$ 为雷达反向散射信号；$\sigma_{veg}^0$ 为植被层对雷达波的后向散射贡献；$\sigma_{soil}^0$ 为裸土地表对雷达波的后向散射贡献；$\gamma^2$ 为雷达波穿透植被层的双程衰减因子；$m_{veg}$ 为植被含水量；$\theta$ 为雷达波入射角；$A$、$B$ 两个参数的值取决于植被类型和入射电磁波的频率。土壤作用取决于土壤湿度和地表粗糙度，可以用物理雷达反向散射模型，如积分方程模型（integral equation model，IEM）、半经验反向散射模型（Baghdadi 模型、Dubois 模型）进行模拟（Fung，1994）。

## 4.3.4　地表覆盖及动态变化

地表覆盖（land cover）是自然营造物和人工建筑物所覆盖的地表诸要素的综合体，具有特定的时间和空间属性（陈军 等，2017）。人类的活动总体上加速了地表覆盖的变化，然而地表变化类型和变化速率因时间和空间的不同而有所差异，不同地表覆盖类型通常遵循不同的转化规律，有的区域相对稳定，如森林覆盖区域，而有的区域变化很快，如城市扩张区域。因此，科学准确地测定特定区域地表覆盖变化类型和变化速率有助于人们更好地理解潜在的变化过程和原因，可以对人类的行为提供科学依据和指示作用。影像大地测量技术具有客观、快速、大面积、周期性和低成本等特点，是快速测定大范围地表覆盖类型及动态变化监测的主要手段（李德仁，2002）。地表覆盖研究的目的是根据地表覆盖近年来所发生的变化，通过这些变化趋势有效地调整人类活动，使资源更加合理应用，对自然资源的可持续发展也起到重要的作用，同时对全面了解和掌握地球的基本特征和过程，包括土地的生产力、地表变化、数据库更新也是十分重要的。自 1972 年 Landsat 计划开展以来，人们就努力利用卫星遥感技术制作大范围地表覆盖类型图。至此，国内外研制了一系列全球、区域和局部尺度的多时期地表覆盖产品（Loveland et al.，2000）。

1. 光学遥感

航空航天技术的发展，实现了覆盖全球的卫星对地观测，人们可以使用遥感卫星数据来获取大面积甚至全球的地表覆盖信息，及时准确地掌握地表覆盖类型的分布及其变化情况。光学遥感卫星影像地表覆盖分类是根据对光学遥感卫星的判读得到的结果，即"所见即所得"。自 1999 年发射对地观测系统之来，研究人员利用 MODIS 数据，获取了每年全球土地覆盖 500 m 分辨率的数据产品。2011 年，运用 2010 年前后获取的 Landsat 数据完成了首个 30 m 分辨率的全球地表覆盖数据集，大大提高了地表制图的精度。地表覆盖增量更新指的是通过检测多期卫星影像的变化，提取出变化图斑，再将分类后的变化图斑叠加在原始地表覆盖产品上，完成了不同年间地表覆盖产品的更新工作。其基本过程是：首先，利用协同分割算法从影像中提取初始变化图斑；其次，利用全球生态地理分区知识库进一步识别虚假的变化斑块，提高增量更新的准确性和可靠性；最后进行误差纠正。

基于遥感影像的变化检测方法主要包括基于像素方法和基于对象方法。基于像素方法以像元作为基本单位，利用像元光谱特征判断变化的发生，并不考虑空间特征的变化。基于像素的变化检测技术有图像差值（image differencing）法、图像比值（image ratioing）法、植被指数差值（vegetation index differencing）法、回归分析（regression analysis）法、主成分分析（principal component analysis）法和变化矢量分析（change vector analysis）法等。使用基于像素方法会不可避免地产生"椒盐"噪声，于是基于对象方法受到了越来越多的关注。基于对象的变化检测是以影像分割为基础，将同质性像元集合作为一个对象，确定最佳分割尺度来进行变化检测，这种形式相对于基于像素方法来说，有效避免了"椒盐"噪声（Bontemps et al.，2008）。基于像素方法和基于对象方法均需要依赖某一指数或某一特征值的阈值作为变化区域与非变化区域的评判标准，阈值的选取会直接影响结果的精度。

### 2. 极化 SAR

土地覆盖分类研究对土地利用、生态系统退化、环境保护等工作的开展具有重要意义，SAR 可为其研究提供大范围地表数据支持。

极化合成孔径雷达（polarimetric SAR，PolSAR）是 20 世纪 80 年代末出现并迅速发展起来的一种新型主动成像雷达技术（Lee et al.，2009）。它同时发射和接收 H、V 两种线形极化雷达脉冲，以斯托克斯（Stokes）矩阵或散射矩阵为基本记录单元，相干记录了地物HH、HV、VH、VV 4 种极化状态的散射振幅和相位。与单极化 SAR 数据相比，双极化或四极化 SAR 数据提供了更多关于地面目标后向散射机制的信息，包括地表物体的物理性质和电磁散射过程，能够充分揭示目标的散射机理（朱建军 等，2022；Nasirzadehdizaji et al.，2019）。因此，使用极化 SAR 数据可以使土地覆盖分类更加详细（Papathanassiou et al.，2001）。极化信息的提取已经成为近几年 SAR 遥感主要研究方向之一（Qi et al.，2012；Yonezawa et al.，2012）。SAR 影像是通过两期影像的变化来检测地表覆盖情况，主要有两种检测方法：一种是利用 SAR 影像的强度信号的相关性进行监测；另一种是利用 SAR 影像的干涉相干性来进行监测。根据 SAR 数据源的极化方式，地表覆盖制图的方法可以分为基于单极化 SAR 的地表覆盖监测研究和基于全极化 SAR 的地表覆盖监测研究。图 4.13 所示为极化 SAR 提取地表覆盖处理基本流程图。

### 3. LiDAR 技术

LiDAR 能够快速精确地获取地表垂直结构信息，在地表覆盖反演方面具有独特优势。另外，该技术自动化程度较高，且受天气的影响小，生产周期短，在地形制图、城区建模、

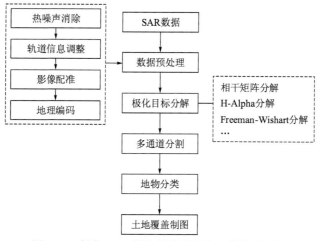

图 4.13　极化 SAR 提取地表覆盖处理基本流程图

林业调查、灾害评估等领域有着广泛的应用（Shan et al.，2018）。随着 LiDAR 技术的不断发展，高精度、高密度的点云不断被获取，使更精细、更复杂的建筑物模型重建成为可能。LiDAR 技术地表覆盖信息提取的主要思路有以下两个方面。第一，结合解译标志完成一级分类。按照地理国情监测地表覆盖信息提取的分类要求与监测对象特点，建立和完善的地类联合解译标志，利用高精度数字正射影像图（digital orthophoto map，DOM）和 LiDAR 点云相结合，通过信息互助进行易混分地类的一级类划分，完成实验区的初步地表覆盖信息采集。第二，逐级细化分类。整个细化分类指标严格按照地理国情分类相关技术要求执行。在保证先前开展一级类划分的基础上完成二级类、三级类的细化分类，基于影像色调纹理叠加点云图层，利用线型要素勾画边界。对于疑问图斑，在信息提取过程中可参考地理国情监测成果数据的分类，分析改进成果的边界定位、类别差距等，经过多种分析对地类认定仍有疑问的需要进行疑问标记，由外业人员进行核查确认，进而形成最终的地表覆盖成果数据（Kim，2016）。图 4.14 为利用 LiDAR 技术提取地表覆盖处理基本流程图。

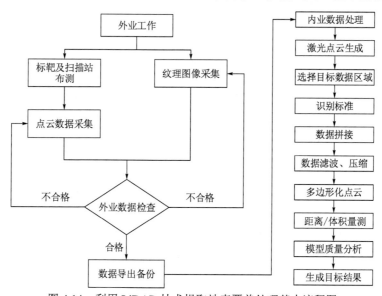

图 4.14　利用 LiDAR 技术提取地表覆盖处理基本流程图

# 4.4　地球内部物理结构与动力学反演

地球内部物理结构及其动力学机制是地球科学的前沿研究课题（高锐 等，2022；滕吉文，2021）。影像大地测量学技术具有高空间分辨率或全球覆盖等突出优势，非常适合监测广域尺度软流圈流变、地下水储量变化和板块运动等地球内部演化过程表现出的地表形变和地貌演化等（孙和平 等，2021；陈立泽 等，2016）。影像大地测量学在地球内部物理结构与动力学反演方面的研究内容包括：①地震周期研究。利用多源影像观测资料可获取地震周期各阶段（包括同震、震后和震间）的高精度地表形变场，基于一定的地球物理模型，可反演地下断层的活动特性，进而研究广域尺度软流圈流变，为认识地下结构和评估地震危险提供依据（Elliott et al.，2016）；②火山研究。利用多源影像观测资料可获取火山区域的精确地表形变，进而进行火山活动的探测、监测和预警。

## 4.4.1　地震观测及动力学反演

### 1. 动力学反演理论

对于地震的探索，地震引起地表形变场监测只是第一步直观的工作，而关键任务是基于形变场反演获取地震的震源机制解，理解地震的发震机理和动力学演化过程。由于采用的地球物理模型与地震引起的地表形变之间是高度非线性关系，通常采用两步反演法对发震断层的几何参数及滑动分布进行建模（李振洪 等，2022；张国宏，2011；冯万鹏 等，2010）。首先，采用基于少量限制条件直接搜索的非线性算法，假设地震是由均一断层面发生剪切位错引起的，拟合出断层几何的最佳参数；然后，再通过线性反演算法估计发震断层面上精细滑动分布，线性算法通常借用发震模型与地面形变之间的格林（Green）函数，进而构造出断层参数与地表形变之间的函数。Lawson 等（1910）提出弹性回跳理论，该理论直观地表述了断层在地震周期中不同阶段的形变状态，此后地震学家通过全球不同的震例建立了地震的孕育和爆发与断层运动之间的关系。Steketee（1958）在研究过程中首次使用位错理论，为断层运动研究提供了理论基础，建立了地表形变和断层运动之间的数学模型，其建模过程简单可行，运算效率高。位错理论假设发震断层的两侧块体为各向同性的均一介质，根据各向同性介质中的位错，断层面 $\Sigma$ 上的位错 $\Delta u_j(\xi_1,\xi_2,\xi_3)$ 与其造成的地表位移场 $\Delta u_i(x_1,x_2,x_3)$ 之间的函数关系可表示为（许才军 等，2016）

$$u_i = \frac{1}{F} \iint_{\Sigma} \Delta u_j \left[ \lambda \delta_{jk} \frac{\partial u_i^n}{\partial \xi_n} + \mu \left( \frac{\partial u_i^j}{\partial \xi_k} + \frac{\partial u_i^k}{\partial \xi_j} \right) \right] v_k d\Sigma \tag{4.85}$$

式中：$\delta_{jk}$ 为内罗内克（Kronecker）符号；$\lambda$ 和 $\mu$ 为拉梅（Lame）常数；$v_k$ 为断层面法矢量分量；$\delta$ 为断层倾角；$d$ 为震源深度。

之后，众多地震学者利用不同的地震事件对该模型进行了研究和补充，其中日本地震学家 Okada 在 1985 年归纳总结了前人的工作，整理出了点源、有限矩形面源的位移、应变通用计算方法，定量地计算断层运动引起的地表形变量，此方法构建的模型简单易懂、运算效率高，极大地促进了地震正反演工作的发展，目前仍被广泛应用（李闰，2019；温扬茂等，2014；Okada，1985）。图 4.15 所示为 Okada 模型中所采用的坐标系（笛卡儿右手直角坐标系）。

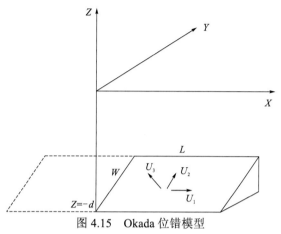

图 4.15　Okada 位错模型

图 4.15 中，假设 $L$ 和 $W$ 分别为发震断层面的长度和宽度，$Z \leqslant 0$ 的区域充满了均匀弹性介质，$X$ 代表断层面的走向，$U_1$、$U_2$ 和 $U_3$ 分别代表发震断层的走滑、倾滑和滑移量。$u_i^j$ 表示在振幅为 $F$ 断层微元 $(\xi_1, \xi_2, \xi_3)$ $j$ 方向上分量在地表点 $(x_1, x_2, x_3)$ 造成的 $i$ 方向位移，其公式为

$$
\begin{cases}
u_1^1 = \dfrac{F}{4\pi\mu}\left\{\dfrac{1}{R} + \dfrac{(x_1-\xi_1)^2}{R^3} + \dfrac{\mu}{\lambda+\mu}\left[\dfrac{1}{R-\xi_3} - \dfrac{(x_1-\xi_1)^2}{R(R-\xi_3)^2}\right]\right\} \\[2mm]
u_2^1 = \dfrac{F}{4\pi\mu}(x_1-\xi_1)(x_2-\xi_2)\left[\dfrac{1}{R^3} - \dfrac{\mu}{\lambda+\mu}\dfrac{1}{R(R-\xi_3)^2}\right] \\[2mm]
u_3^1 = \dfrac{F}{4\pi\mu}(x_1-\xi_1)\left[-\dfrac{\xi^3}{R^3} - \dfrac{\mu}{\lambda+\mu}\dfrac{1}{R(R-\xi_3)}\right]
\end{cases}
\tag{4.86}
$$

$$
\begin{cases}
u_1^2 = \dfrac{F}{4\pi\mu}(x_1-\xi_1)(x_2-\xi_2)\left[\dfrac{1}{R^3} - \dfrac{\mu}{\lambda+\mu}\dfrac{1}{R(R-\xi_3)^2}\right] \\[2mm]
u_2^2 = \dfrac{F}{4\pi\mu}\left\{\dfrac{1}{R} + \dfrac{(x_2-\xi_2)^2}{R^3} + \dfrac{\mu}{\lambda+\mu}\left[\dfrac{1}{R-\xi_3} - \dfrac{(x_2-\xi_2)^2}{R(R-\xi_3)^2}\right]\right\} \\[2mm]
u_3^2 = \dfrac{F}{4\pi\mu}(x_2-\xi_2)\left[-\dfrac{\xi^3}{R^3} - \dfrac{\mu}{\lambda+\mu}\dfrac{1}{R(R-\xi_3)}\right]
\end{cases}
\tag{4.87}
$$

$$
\begin{cases}
u_1^3 = \dfrac{F}{4\pi\mu}(x_1-\xi_1)\left[-\dfrac{\xi^3}{R^3} + \dfrac{\mu}{\lambda+\mu}\dfrac{1}{R(R-\xi_3)}\right] \\[2mm]
u_2^3 = \dfrac{F}{4\pi\mu}(x_2-\xi_2)\left[-\dfrac{\xi^3}{R^3} + \dfrac{\mu}{\lambda+\mu}\dfrac{1}{R(R-\xi_3)}\right] \\[2mm]
u_3^3 = \dfrac{F}{4\pi\mu}\left(\dfrac{1}{R^3} + \dfrac{\xi_3^2}{R^3} + \dfrac{\mu}{\lambda+\mu}\dfrac{1}{R}\right)
\end{cases}
\tag{4.88}
$$

将式（4.86）～式（4.88）中的 $R^2 = (x_1-\xi_1)^2 + (x_2-\xi_2)^2 + \xi_3^2$ 代入式（4.85）。由点源位

错公式可得

走滑：

$$\frac{1}{F}\mu U_1 \Delta\Sigma\left[-\left(\frac{\partial\mu_i^1}{\partial\xi_2}+\frac{\partial\mu_i^2}{\partial\xi_1}\right)\sin\delta+\left(\frac{\partial\mu_i^1}{\partial\xi_3}+\frac{\partial\mu_i^2}{\partial\xi_1}\right)\cos\delta\right] \tag{4.89}$$

倾滑：

$$\frac{1}{F}\mu U_2 \Delta\Sigma\left[-\left(\frac{\partial\mu_i^2}{\partial\xi_3}+\frac{\partial\mu_i^3}{\partial\xi_2}\right)\cos 2\delta+\left(\frac{\partial\mu_i^3}{\partial\xi_3}+\frac{\partial\mu_i^2}{\partial\xi_2}\right)\cos 2\delta\right] \tag{4.90}$$

张裂：

$$\frac{1}{F}\mu U_3 \Delta\Sigma\left[\lambda\frac{\partial u_i^n}{\partial\xi_n}+2\mu\left(\frac{\partial u_i^2}{\partial\xi_2}\sin^2\delta+\frac{\partial u_i^3}{\partial\xi_3}\cos^2\delta\right)-\mu\left(\frac{\partial u_i^2}{\partial\xi_3}+\frac{\partial u_i^3}{\partial\xi_2}\right)\sin 2\delta\right] \tag{4.91}$$

将式（4.86）～式（4.88）代入式（4.89）～式（4.91），并假设 $\xi_1=\xi_2=0$，$\xi_3=-d$，即可得到点源位错在 $(0, 0, -d)$ 处的地面 $(x, y, z)$ 形变公式如下。令 $p=y\cos\delta+d\cos\delta$，$q=y\sin\delta-d\sin\delta$，$\Delta\Sigma=\Delta L\Delta W$。

走滑：

$$\begin{cases} u_x^0=-\dfrac{U_1}{2\pi}\left(\dfrac{3x^2 q}{R^5}+I_1^0\sin\delta\right)\Delta\Sigma \\[2mm] u_y^0=-\dfrac{U_1}{2\pi}\left(\dfrac{3xyq}{R^5}+I_2^0\sin\delta\right)\Delta\Sigma \\[2mm] u_z^0=-\dfrac{U_1}{2\pi}\left(\dfrac{3xdq}{R^5}+I_4^0\sin\delta\right)\Delta\Sigma \end{cases} \tag{4.92}$$

倾滑：

$$\begin{cases} u_x^0=-\dfrac{U_2}{2\pi}\left(\dfrac{3xpq}{R^5}-I_3^0\sin\delta\cos\delta\right)\Delta\Sigma \\[2mm] u_y^0=-\dfrac{U_2}{2\pi}\left(\dfrac{3ypq}{R^5}-I_1^0\sin\delta\cos\delta\right)\Delta\Sigma \\[2mm] u_z^0=-\dfrac{U_2}{2\pi}\left(\dfrac{3dpq}{R^5}-I_5^0\sin\delta\cos\delta\right)\Delta\Sigma \end{cases} \tag{4.93}$$

张裂：

$$\begin{cases} u_x^0=\dfrac{U_3}{2\pi}\left(\dfrac{3xq^2}{R^5}-I_3^0\sin\delta^2\right)\Delta\Sigma \\[2mm] u_y^0=\dfrac{U_3}{2\pi}\left(\dfrac{3yq^2}{R^5}-I_1^0\sin\delta^2\right)\Delta\Sigma \\[2mm] u_z^0=\dfrac{U_3}{2\pi}\left(\dfrac{3dq^2}{R^5}-I_5^0\sin\delta^2\right)\Delta\Sigma \end{cases} \tag{4.94}$$

假设发震断层面上任意一点坐标为 $(\zeta', \eta')$，该点三维坐标值用 $x-\zeta'$、$y-\eta'\cos\delta$ 和 $d-\eta'\sin\delta$ 替代之后积分：

$$\int_0^L d\xi'\int_0^W d\eta' \tag{4.95}$$

采用 Sato 等（2003）提出的公式进行变换：

$$\begin{cases} x - \xi' = \xi \\ p - \eta' = \eta \end{cases} \tag{4.96}$$

则矩形积分公式可以替换为

$$\int_x^{x-L} \mathrm{d}\xi \int_p^{p-W} \mathrm{d}\eta \tag{4.97}$$

最终得到公式：

$$f(\xi,\eta) \| = f(x,p) - f(x-L,p) + f(x-L,p-W) \tag{4.98}$$

发震断层面走滑分量导致的地面形变为

$$\begin{cases} u_x = -\dfrac{U_1}{2\pi}\left[\dfrac{\xi q}{R(R+\eta)} + \tan^{-1}\dfrac{\xi\eta}{qR} + I_1\sin\delta\right]\| \\[3mm] u_y = -\dfrac{U_1}{2\pi}\left[\dfrac{\tilde{y}q}{R(R+\eta)} + \dfrac{q\cos\delta}{R+\eta} + I_2\sin\delta\right]\| \\[3mm] u_z = -\dfrac{U_1}{2\pi}\left[\dfrac{\tilde{d}q}{R(R+\eta)} + \dfrac{q\sin\delta}{R+\eta} + I_4\sin\delta\right]\| \end{cases} \tag{4.99}$$

发震断层面倾滑分量导致的地表位移量为

$$\begin{cases} u_x = -\dfrac{U_2}{2\pi}\left(\dfrac{q}{R} - I_3\sin\delta\cos\delta\right)\| \\[3mm] u_y = -\dfrac{U_2}{2\pi}\left[\dfrac{\tilde{y}q}{R(R+\xi)} + \cos\delta\tan^{-1}\dfrac{\xi\eta}{qR} - I_3\sin\delta\cos\delta\right]\| \\[3mm] u_z = -\dfrac{U_2}{2\pi}\left[\dfrac{\tilde{d}q}{R(R+\xi)} + \sin\delta\tan^{-1}\dfrac{\xi\eta}{qR} - I_5\sin\delta\cos\delta\right]\| \end{cases} \tag{4.100}$$

发震断层面张裂分量导致的地表位移量为

$$\begin{cases} u_x = \dfrac{U_3}{2\pi}\left[\dfrac{q^2}{R(R+\eta)} - I_3\sin^2\delta\right]\| \\[3mm] u_y = \dfrac{U_3}{2\pi}\left\{\dfrac{-\tilde{d}q}{R(R+\xi)} - \sin\delta\left[\dfrac{\xi q}{R(R+\eta)} - \tan^{-1}\dfrac{\xi\eta}{qR}\right] + I_1\sin^2\delta\right\}\| \\[3mm] u_z = \dfrac{U_3}{2\pi}\left\{\dfrac{\tilde{y}q}{R(R+\xi)} + \cos\delta\left[\dfrac{\xi q}{R(R+\eta)} - \tan^{-1}\dfrac{\xi\eta}{qR}\right] - I_5\sin^2\delta\right\}\| \end{cases} \tag{4.101}$$

同时，给出 $I_1 \sim I_5$ 的计算公式为

$$\begin{cases} I_1 = \dfrac{\mu}{\lambda+\mu}\left(\dfrac{-1}{\cos\delta}\dfrac{\xi}{R+\tilde{d}}\right) - \dfrac{\sin\delta}{\cos\delta}I_5 \\[3mm] I_2 = \dfrac{\mu}{\lambda+\mu}[-\ln(R+\eta)] - I_3 \\[3mm] I_3 = \dfrac{\mu}{\lambda+\mu}\left[\dfrac{-1}{\cos\delta}\dfrac{\tilde{y}}{R+\tilde{d}} - \ln(R+\eta)\right] + \dfrac{\sin\delta}{\cos\delta}I_4 \\[3mm] I_4 = \dfrac{\mu}{\lambda+\mu}\dfrac{1}{\cos\delta}[\ln(R+\tilde{d}) - \sin\delta\ln(R+\eta)] \\[3mm] I_5 = \dfrac{\mu}{\lambda+\mu}\dfrac{2}{\cos\delta}\tan^{-1}\dfrac{\eta(X+q\cos\delta) + X(R+X)\sin\delta}{\xi(R+X)\cos\delta} \end{cases} \tag{4.102}$$

式（4.98）～式（4.101）中的"||"为 Chinnery 运算符（Chinnery，1961），本质上它是对断层面 $(\xi,\eta)$ 的二重积分。式（4.101）主要描述发震断层面的张裂分量，引起地表观测点产生的位移。位于地下深处断面发生位移，在地表任一点引起的位移通过假定介质为均匀弹性半空间而求得。

基于地表观测，研究人员利用式（4.99）～式（4.101）确定地震震源参数及其滑动分布。由于反演问题解的非唯一性和稳健性，如果没有适当约束，很难直接利用非线性方法反演断层几何参数，因此需要额外的约束或简化来提高非线性估计的稳健性（Fukahata et al.，2008）。目前，常用的非线性断层参数反演方法主要有最速下降方法（Wang et al.，2003）、蒙特卡洛贝叶斯法（Fukuda et al.，2010）、网格搜索法等；而对于线性反演，主要采用最小二乘法、约束最小二乘法（Minson et al.，2013）。

经典的弹性位错理论很好地描述了大地测量资料与震源参数之间的函数关系，对均一有限断层而言可以表示为

$$\begin{cases} GX = D \\ G = [G_s G_d] \end{cases} \tag{4.103}$$

式中：走向 $G_s[N\times1]$ 和倾向 $G_d[N\times1]$ 为单位滑动量扰动下的地表位移矢量，即格林（Green）函数矩阵；$X$ 为 $1\times2$ 的滑动矩阵，分别存储沿走向 $(s_s)$ 和倾向 $(s_d)$ 方向的滑动量；$D$ 为 $N\times1$ 的观测向量，对应 $N$ 个地表形变观测量。为了求解 $X$，首先需要确定 $G$。该系数矩阵由断层的几何参数，如位置 $(x_0,y_0)$、埋深（depth）、走向（strike）、倾角（dip）、长（length）、宽（width）及与 $D$ 相对应的表观测位置 $(x,y)$ 共同确定：

$$\begin{cases} G_s = f(x,y,x_0,y_0,\text{depth},\text{strike},\text{dip},\text{length},\text{width},s_s,0) \\ G_d = f(x,y,x_0,y_0,\text{depth},\text{strike},\text{dip},\text{length},\text{width},0,s_d) \end{cases} \tag{4.104}$$

## 2. 地震应力触发理论

地震应力触发是指地震发生后周边断层破裂所造成的区域应力场变化，最终导致发震断层、邻近断裂的受力状态受到扰动而发生的后续演化过程。实例研究发现，库仑应力增加（阈值通常为 0.1 bar，1 bar $= 10^5$ Pa）将会增强该区域后续地震的活动性，促进后期大地震的提前发生，相反库仑应力减少（应力影区）则会延缓或者抑制该地区后续地震的发生（刘方斌 等，2013）。利用库仑应力触发理论对周边断层进行分析可以针对性地判断断层的发震风险，对地震中长期预报研究和减灾防灾都具有重要的意义。

库仑应力可以阐述为地震所产生的应力矢量在发震断层面上剪切力（断层面滑动方向）和正应力（断层面法向）的线性组合。地震应力触发的理论模型基于库仑失稳准则，即发震断层面所受剪切力与摩擦力之和若为正，则断层面容易发生滑动（许才军 等，2018）。基于这种准则，破裂面上的库仑应力失稳函数（Coulomb failure function，CFF）定义如下（King et al.，1994）：

$$\Delta\text{CFF} = \Delta\tau + \mu(\Delta\sigma_n + \Delta P) \tag{4.105}$$

式中：$\Delta\text{CFF}$ 为接收断层面库仑应力的大小；$\Delta\tau$ 为沿断层滑动方向的剪切力大小；$\mu$ 为摩擦系数；$\Delta\sigma_n$ 为接收断层面上的正应力大小；$\Delta P$ 为断层周边孔隙水压大小。利用式（4.105）计算地震库仑应力变化时，需要已知接收断层、源断层和位错理论。接收断层是指地震应力张量的投影面，其由断层面的走向、倾角和滑动角参数确定。源断层是指发震断层，其

由断层几何模型和滑动位错分布确定。位错理论是指用于计算地震所激发的二阶应力张量的一整套公式，包括弹性半空间位错理论和球体分层位错理论（Pollitz，1992）。地震应力触发可分为静态应力触发、动态应力触发和黏弹性应力触发。静态应力触发是指由地震断层的同震错动造成地壳应力场的永久改变（地壳同震形变量不依赖于时间而发生变化）后的地震活动性变化（Jia et al.，2018；McClosky et al.，2005；Freed et al.，2001；Stein et al.，1997）。动态应力触发是指地震波传播过程中造成地壳介质的瞬时快速振荡，改变断层面的物理、化学性质及其应力状态，导致地震活动性增加（Zhang et al.，2016；Brodsky et al.，2014）。黏弹性应力触发是指震后下地壳和上地幔黏弹性介质在震后松弛过程中造成地壳应力场随时间而不断调整，改变接收断层所处的应力环境，影响地震断层受力状态（Segou et al.，2018；Wang et al.，2014）。

当前研究地震库仑应力触发主要从以下 4 个方面进行：①主震引起的库仑应力变化与后续余震的触发关系（汪建军 等，2012；Scholz，1981）；②主震引起的库仑应力变化与发震区域周边断层的相互作用（单斌 等，2013；Bouchon et al.，1998）；③主震引起的库仑应力变化对发震区域内地震活动速率的影响（Sarkarinejad et al.，2014）；④强震序列之间的应力触发关系（万永革 等，2007）。

## 4.4.2　火山探测及动力学反演

火山探测是指利用多种手段探测具有活动迹象的火山，进而对其进行长时间序列的形变监测。虽然全球范围内分布着大量火山，但很大一部分没有得到监测，而 InSAR 作为一种雷达卫星遥感技术，可以测量大范围内地表亚厘米级形变，因此被广泛应用于火山探测及监测（Fournier et al.，2010；Peltier et al.，2010；Hooper et al.，2004）。Anantrasirichai 等（2018）使用 Sentinel-1 和 Envisat 生成的 InSAR 数据集，基于机器学习的方法对全球900 多座火山的 30 000 多幅小基线干涉图进行地表形变监测，这项研究首次将机器学习应用于大型火山形变数据集的分类，为基于 InSAR 技术的火山探测提供了新思路。

构建岩浆诱发地表形变的物理模型，既能客观解释较大的地表形变，也能预测未来该地区的火山活动情况（Dzurisin，2006），而火山观测结果为相关动力学机制研究奠定了基础。对于火山岩浆活动的研究，常采用点源 Mogi 模型（Mogi，1958）和 Yang 长椭球（Yang et al.，1988）及其拓展模型模拟岩浆房的活动情况。Mogi 模型依据 Yamakawa 理论公式建立岩浆压力源与火山地形变形间的联系，是迄今为止火山地区地表形变模拟最常用、最简单的模型。Mogi 模型的基本思想是用"埋置"于均匀弹性半空间的点状静水压力源来模拟火山膨胀和收缩期的地表形变，但需假设压力源的尺寸远小于源的深度，其坐标系建立如图 4.16（a）所示，表达式为

$$
\begin{pmatrix} U_x \\ U_y \\ U_z \end{pmatrix} = r^3 \cdot \Delta P_\mathrm{V} \cdot \frac{1-\nu}{G} \cdot \begin{pmatrix} \dfrac{x}{D^3} \\ \dfrac{y}{D^3} \\ \dfrac{h}{D^3} \end{pmatrix}
\tag{4.106}
$$

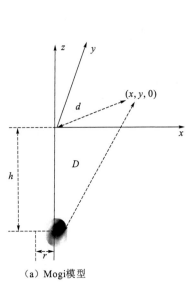

（a）Mogi模型

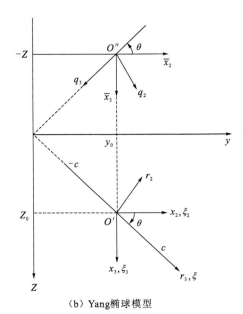

（b）Yang椭球模型

图 4.16　Mogi 模型与 Yang 椭球模型坐标系统

式中：$U_x$、$U_y$、$U_z$ 分别为在位置$(x, y, 0)$处的地表三维形变；$G$ 为剪切模量值；$\nu$ 为泊松比；$\Delta P_V$ 为岩浆源内部压力变化值；$r$ 为球形岩浆源半径；$h$ 为岩浆源深度；$D$ 为岩浆源球心距地表某点的空间距离。此外，岩浆源的体积变化为

$$\Delta V = \frac{\Delta P_V}{G} \cdot \pi \cdot r^3 \tag{4.107}$$

基于 Davis 等对 Mogi 模型的拓展，Yang 等针对原有模型对岩浆腔室表面边界条件并不适用的情况，提出了 Yang 椭球模型，又称长椭球模型（Davis，1986；Davis et al.，1974）[图 4.16（b）]。该椭球体表达式近似计算了在弹性半空间内椭球形岩浆房引起的地表位移，其岩浆房变化与地表形变之间的关系式为

$$U_i = \int_{-c}^{c} \left\{ P_c \lambda \frac{\partial U_{ij}}{\partial \xi_j} + P_d 2\mu \left[ \frac{\partial U_{i2}}{\partial \xi_2} \cos^2 \theta + \frac{\partial U_{i3}}{\partial \xi_3} \sin^2 \theta + \sin \theta \cos \theta \left( \frac{\partial U_{i2}}{\partial \xi_3} + \frac{\partial U_{i3}}{\partial \xi_2} \right) \right] \right\} \mathrm{d}\xi \tag{4.108}$$

式中：$U_{ij}$ 为在 $j$ 方向 $(\xi_1, \xi_2, \xi_3)$ 上，第 $i$ 个分量椭球单元点在 $(x, y, z)$ 处引起的位移；$\theta$ 为椭球倾角；$c$ 为球体中心和焦点之间的距离；$P_c$ 和 $P_d$ 为焦点处和中心的压力。

此外，当岩浆囊发生 $\Delta P_V$ 时，Yang 椭球体体积变化为

$$\Delta V = \frac{\Delta P_V ab^2 \pi}{\nu} \tag{4.109}$$

式中：$\Delta V$ 为岩浆囊体积变化；$a$ 为椭球体长半轴长；$b$ 为椭球体短半轴长；$\nu$ 为泊松比。

# 参 考 文 献

陈军，廖安平，陈晋，等，2017. 全球 30 m 地表覆盖遥感数据产品-Globe Land30. 地理信息世界，24(1): 1-8.

陈立泽，申旭辉，王辉，等，2016. 我国高分辨率遥感技术在地震研究中的应用. 地震学报，38(3): 333-344, 508.

陈少丹, 2019. 基于多源遥感数据反演的土壤湿度空间降尺度方法及应用研究. 武汉: 武汉大学.

范辽生, 姜纪红, 盛晖, 等, 2009. 利用温度植被干旱指数(TVDI)方法反演杭州伏旱期土壤水分. 中国农业气象, 30(2): 230-234.

冯万鹏, 李振洪. 2010. InSAR 资料约束下震源参数的 PSO 混合算法反演策略. 地球物理学进展, 25(4): 1189-1196.

高锐, 周卉, 卢占武, 等, 2022. 深地震反射剖面揭露青藏高原陆–陆碰撞与地壳生长的深部过程. 地学前缘, 29(2): 14-27.

韩炳权, 2020. 基于 InSAR 技术的同震、震后形变机制与地震触发关系研究. 西安: 长安大学.

李德仁, 2002. 浅论 21 世纪遥感与 GIS 的发展. 东北测绘(4): 3-5.

李德仁, 2012. 我国第一颗民用三线阵立体测图卫星: 资源三号测绘卫星. 测绘学报, 41(3): 317-322.

李闰, 2019. 地震断层同震滑动分布的反演. 西安: 西安科技大学.

李振洪, 韩炳权, 刘振江, 等. 2022. InSAR 数据约束下 2016 年和 2022 年青海门源地震震源参数及其滑动分布. 武汉大学学报(信息科学版), 47(6): 887-897.

李振洪, 朱武, 余琛, 等, 2022. 雷达影像地表形变干涉测量的机遇、挑战与展望. 测绘学报, 51(7): 1485-1519.

李志林, 朱庆, 谢潇, 2017. 数字高程模型. 3 版. 北京: 科学出版社.

廖明生, 林晖. 2003. 雷达干涉测量: 原理与信号处理基础. 北京: 测绘出版社.

刘方斌, 王爱国, 冀战波, 2013. 库仑应力变化及其在地震学中的应用研究进展. 地震工程学, 35(3): 647-655.

刘万侠, 王娟, 刘凯, 等, 2007. 植被覆盖地表主动微波遥感反演土壤水分算法研究. 热带地理(5): 411-415, 450.

刘文清, 陈臻懿, 刘建国, 等, 2018. 大气污染光学遥感技术及发展趋势. 中国环境监测, 34(2): 1-9.

楼良盛, 刘志铭, 张昊, 等, 2020. 天绘二号卫星工程设计与实现. 测绘学报, 49(10): 1252-1264.

马春芽, 王景雷, 黄修桥, 2018. 遥感监测土壤水分研究进展. 节水灌溉(5): 70-74, 78.

马素颜, 2009. 基于高分辨率卫星遥感数据提取 DEM 方法研究. 上海: 华东师范大学.

单斌, 熊熊, 郑勇, 等, 2013. 2013 年芦山地震导致的周边断层应力变化及其与 2008 年汶川地震的关系. 中国科学: 地球科学, 43(6): 1002-1009.

孙和平, 孙文科, 申文斌, 等, 2021. 地球重力场及其地学应用研究进展: 2020 中国地球科学联合学术年会专题综述. 地球科学进展, 36(5): 445-460.

汤国安, 2014. 我国数字高程模型与数字地形分析研究进展. 地理学报, 69(9): 1305-1325.

滕吉文, 2021. 高精度地球物理学是创新未来的必然发展轨迹. 地球物理学报, 64(4): 1131-1144.

万永革, 沈正康, 曾跃华, 等. 2007. 青藏高原东北部的库仑应力积累演化对大地震发生的影响. 地震学报, 29(2): 115-129.

汪建军, 许才军, 申文斌. 2012. 2010 年 $M_W$6.9 级玉树地震同震库仑应力变化研究. 武汉大学学报(信息科学版), 37(10): 1207-1211.

王静, 唐义, 张止戈, 等, 2013. 远紫外光谱遥感反演电离层 EDP 技术. 地球物理学报, 56(4): 1077-1083.

王永前, 施建成, 刘志红, 等, 2015. 利用微波辐射计 AMSR-E 的京津冀地区大气水汽反演. 武汉大学学报(信息科学版), 40(4): 479-486.

温扬茂, 许才军, 李振洪, 等, 2014. InSAR 约束下的 2008 年汶川地震同震和震后形变分析. 地球物理学报,

57(6): 1814-1824.

武俊杰, 孙稚超, 吕争, 等, 2023. 星源照射双/多基地 SAR 成像. 雷达学报, 12(1): 13-35.

许才军, 邓长勇, 周力璇, 2016. 利用方差分量估计的地震同震滑动分布反演. 武汉大学学报(信息科学版), 41(1): 37-44.

许才军, 汪建军, 熊维, 2018. 地震应力触发回顾与展望. 武汉大学学报(信息科学版), 43(12): 2085-2092.

杨成生, 2011. 差分干涉雷达测量技术中水汽延迟改正方法研究. 西安: 长安大学.

张国宏, 2011. 断层滑动分布与震源破裂过程联合反演研究. 北京: 中国地震局地质研究所.

赵煦, 2010. 基于地面激光扫描点云数据的三维重建方法研究. 武汉: 武汉大学.

朱建军, 付海强, 汪长城, 2022. 极化干涉 SAR 地表覆盖层"穿透测绘"技术进展. 测绘学报, 51(6): 983-995.

Abellan A, Jaboyedoff M, Oppikofer T, et al., 2009. Detection of millimetric deformation using a terrestrial laser scanner: Experiment and application to a rockfall event. Natural Hazards and Earth System Sciences, 9: 365-372.

Alshawaf F, Hinz S, Mayer M, et al., 2015. Constructing accurate maps of atmospheric water vapor by combining interferometric synthetic aperture radar and GNSS observations. Journal of Geophysical Research: Atmospheres, 120(4): 1391-1403.

Anantrasirichai N, Biggs J, Albino F, et al., 2018. Application of machine learning to classification of volcanic deformation in routinely generated InSAR data. Journal of Geophysical Research: Solid Earth, 123(8): 6592-6606.

Attema E, Ulaby F T, 1978. Vegetation modeled as a water cloud. Radio Science, 13(2): 357-364.

Bai X J, He B B, Xing M F, et al., 2015. Method for soil moisture retrieval in arid prairie using TerraSAR-X data. Journal of Applied Remote Sensing, 9(1): 096062.

Bindschadler R A, Scambos T A, 1991. Satellite-image-derived velocity field of an Antarctic ice stream. Science, 252(5003): 242-246.

Bontemps S, Bogaert P, Titeux N, et al., 2008. An object-based change detection method accounting for temporal dependences in time series with medium to coarse spatial resolution. Remote Sensing of Environment, 112(6): 3181-3191.

Bouchon M, Campillo M, Cotton F, 1998. Stress field associated with the rupture of the 1992 Landers, California, earthquake and its implications concerning the fault strength at the onset of the earthquake. Journal of Geophysical Research: Solid Earth, 103(B9): 21091-21097.

Bräutigam B, Rizzoli P, Tridon D B, et al., 2014, TanDEM-X global DEM quality status and acquisition completion. 2014 International Geoscience and Remote Sensing Symposium (IGARSS), 3390-3393.

Brodsky E E, van der Elst N J, 2014. The uses of dynamic earthquake triggering. Annual Review of Earth and Planetary Sciences, 42: 317-339.

Bust G S, Mitchell C N, 2008. History, current state, and future directions of ionospheric imaging. Reviews of Geophysics, 46(1): RG1003-1-23.

Chen Y, Zhang G, Ding X, et al., 2000. Monitoring earth surface deformations with InSAR technology: Principles and some critical issues. Journal of Geospatial Engineering, 2(1): 3-22.

Chinnery M, 1961. The deformation of the ground around surface faults. Bulletin of the Seismological Society of

America, 51(3): 355-372.

Davis P M, 1986. Surface deformation due to inflation of an arbitrarily oriented triaxial ellipsoidal cavity in an elastic half-space, with reference to Kilauea volcano, Hawaii. Journal of Geophysical Research, 91(B7): 7429-7438.

Davis P M, Hastie L M, Stacey F D, 1974. Stresses within an active volcano-with particular reference to Kilauea. Tectonophysics, 22: 355-362.

Dubois P C, van Zyl J, Engman T, 1995. Measuring soil moisture with imaging radars. IEEE Transactions on Geoscience and Remote Sensing, 33(4): 915-926.

Dzurisin D, 2006. Volcano Deformation: Geodetic Monitoring Techniques. Berlin: Springer.

Elliott J, Walters R, Wright T, 2016. The role of space-based observation in understanding and responding to active tectonics and earthquakes. Nature Communications, 7(1): 1-16.

Fattahi H, Simons M, Agram P, 2017. InSAR time-series estimation of the ionospheric phase delay: An extension of the split range-spectrum technique. IEEE Transactions on Geoscience and Remote Sensing, 55(10): 5984-5996.

Fernald F G, 1984. Analysis of atmospheric lidar observations: Some comments. Applied Optics, 23(5): 652-653.

Fournier T, Pritchard M, Riddick S, 2010. Duration, magnitude, and frequency of subaerial volcano deformation events: New results from Latin America using InSAR and a global synthesis. Geochemistry Geophysics Geosystems, 11: Q01003.

Freed A M, Lin J, 2001. Delayed triggering of the 1999 Hector Mine earthquake by viscoelastic stress transfer. Nature, 411(6834): 180-183.

Fukahata Y, Wright T J, 2008. A non-linear geodetic data inversion using ABIC for slip distribution on a fault with an unknown dip angle. Geophysical Journal International, 173(2): 353-364.

Fukuda J I, Johnson K M, 2010. Mixed linear-non-linear inversion of crustal deformation data: Bayesian inference of model, weighting and regularization parameters. Geophysical Journal International, 181(3): 1441-1458.

Fung A K, 1994. Microwave Scattering and Emission Models and their Applications. Norwood: Artech House.

Gabriel A K, Goldstein R M, Zebker H A, 1989. Mapping small elevation changes over large areas: Differential radar interferometry. Journal of Geophysical Research, 94(B7): 9183-9191.

Galvão L S, Formaggio A R, Couto E G, et al., 2008. Relationships between the mineralogical and chemical composition of tropical soils and topography from hyperspectral remote sensing data. ISPRS Journal of Photogrammetry and Remote Sensing, 63(2): 259-271.

Gomba G, González F R, de Zan F, 2016. Ionospheric phase screen compensation for the Sentinel-1 TOPS and ALOS-2 ScanSAR modes. IEEE Transactions on Geoscience and Remote Sensing, 55(1): 223-235.

Gomba G, Parizzi A, de Zan F, et al., 2015. Toward operational compensation of ionospheric effects in SAR interferograms: The split-spectrum method. IEEE Transactions on Geoscience and Remote Sensing, 54(3): 1446-1461.

Hanssen R F, 2001, Radar interferometry: Data interpretation and error analysis. Dordrecht: Pringer Science and Business Media.

Hatanaka T, Nishimune A, Nira R, et al., 1995. Estimation of available moisture holding capacity of upland soils using Landsat TM data. Soil Science and Plant Nutrition, 41(3): 577-586.

Holzman M E, Rivas R, Piccolo M C, 2014. Estimating soil moisture and the relationship with crop yield using surface temperature and vegetation index. International Journal of Applied Earth Observation and Geoinformation, 28: 181-192.

Hooper A J, Zebker H A, Segall P, et al., 2004. A new method for measuring deformation on volcanoes and other natural terrains using InSAR persistent scatterers. Geophysical Research Letters, 31: L23611.

Huising E J, Gomes Pereira L M, 1998. Errors and accuracy estimates of laser data acquired by various laser scanning systems for topographic applications. ISPRS Journal of Photogrammetry and Remote Sensing, 53(5): 245-261.

Jakowski N, Béniguel Y, de Franceschi G, et al., 2012. Monitoring, tracking and forecasting ionospheric perturbations using GNSS techniques. Journal of Space Weather and Space Climate, 2: A22.

Jakowski N, Mayer C, Hoque M, et al., 2011. Total electron content models and their use in ionosphere monitoring. Radio Science, 46(6): 1-11.

Jia K, Zhou S, Zhuang J, et al., 2018. Did the 2008 $M_W7.9$ Wenchuan earthquake trigger the occurrence of the 2017 $M_W6.5$ Jiuzhaigou earthquake in Sichuan, China?. Journal of Geophysical Research: Solid Earth, 123(4): 2965-2983.

Kaufman Y J, Gao B C, 1992. Remote sensing of water vapor in the near IR from EOS/MODIS. IEEE Transactions on Geoscience and Remote Sensing, 30(5): 871-884.

Kim Y, 2016. Generation of land cover maps through the fusion of aerial images and airborne LiDAR data in Urban Areas. Remote Sensing, 8: 521.

King G C, Stein R S, Lin J, 1994. Static stress changes and the triggering of earthquakes. Bulletin of the Seismological Society of America, 84(3): 935-953.

Kiyoo M, 1958. Relations between the eruptions of various volcanoes and the deformations of the ground surfaces around them. Earthquake Research Institute, 36: 99-134.

Lawson A C, Reid H F, 1910. The California Earthquake of April 18, 1906: Report of the State Earthquake Investigation Commission. Washington: Carnegie institution of Washington.

Lee J S, Pottier E, 2009. Polarimetric Radar Imaging: From Basics to Applications. Boca Raton: CRC Press.

Leprince S, Musé P, Avouac J P, 2008. In-flight CCD distortion calibration for pushbroom satellites based on subpixel correlation. IEEE Transactions on Geoscience and Remote Sensing, 46: 2675-2683.

Liang C, Agram P, Simons M, et al., 2019. Ionospheric correction of InSAR time series analysis of C-band Sentinel-1 TOPS data. IEEE Transactions on Geoscience and Remote Sensing, 57(9): 6755-6773.

Loveland T, Reed B, Brown J, et al., 2000. Development of a global land cover characteristics database and IGBP DISCover from 1km AVHRR data. International Journal of Remote Sensing, 21(6/7): 1303-1330.

Mario M, Iovino M, Blanda F, 2009. High resolution remote estimation of soil surface water content by a thermal inertia approach. Journal of Hydrology, 379: 229-238.

Massonnet D, Feigl K L, 1998. Radar interferometry and its application to changes in the Earth's surface. Reviews of Geophysics, 36(4): 441-500.

Massonnet D, Rossi M, Carmona C, et al., 1993. The displacement field of the Landers earthquake mapped by radar interferometry. Nature, 364(6433): 138-142.

Mateus P, Catalão J, Nico G, 2017. Sentinel-1 interferometric SAR mapping of precipitable water vapor over a country-spanning area. IEEE Transactions on Geoscience and Remote Sensing, 55(5): 2993-2999.

McClosky J, Nalbant S, Steacy S, 2005. Indonesian earthquake: Earthquake risk from co-seismic stress. Nature, 434: 291.

Mendillo M, 2006. Storms in the ionosphere: Patterns and processes for total electron content. Reviews of Geophysics, 44(4): 1-47.

Minson S, Simons M, Beck J, 2013. Bayesian inversion for finite fault earthquake source models I: eory and algorithm. Geophysical Journal International, 194: 1701-1726.

Mogi K, 1958. Relations between the Eruptions of various volcanoes and the deformations of the ground surfaces around them. Bulletin of the Earthquake Research Institute, 36: 99-134.

Nasirzadehdizaji R, Sanli F B, Abdikan S, et al., 2019. Sensitivity analysis of multi-temporal Sentinel-1 SAR parameters to crop height and canopy coverage. Applied Sciences, 9(4): 655.

Nemani R R, Running S W, 1989. Estimation of regional surface resistance to evapotranspiration from NDVI and thermal-IR AVHRR data. Journal of Applied Meteorology and Climatology, 28(4): 276-284.

Nie Z, Liu F, Gao Y, 2020. Real-time precise point positioning with a low-cost dual-frequency GNSS device. GPS Solutions, 24(1): 1-11.

Nina A, Nico G, Odalović O, et al., 2019. GNSS and SAR signal delay in perturbed ionospheric D-region during Solar X-ray flares. IEEE Geoscience and Remote Sensing Letters, 17(7): 1198-1202.

Okada Y, 1985. Surface deformation due to shear and tensile faults in a half-space. Bulletin of the Seismological Society of America, 75: 1135-1154.

Papathanassiou K, Cloude S, 2001. Single-baseline polarimetric SAR interferometry. IEEE Transactions on Geoscience and Remote Sensing, 39: 2352-2363.

Paxton L J, Christensen A B, Morrison D, et al., 2004. GUVI: A hyperspectral imager for geospace, paper presented at instruments, science, and methods for geospace and planetary remote sensing. SPIE, 5660: 228-240.

Peltier A, Bianchi M, Kaminski E, et al., 2010. PSInSAR as a new tool to monitor pre-eruptive volcano ground deformation: Validation using GPS measurements on Piton de La Fournaise. Geophysical Research Letters, 37(12): 1-5.

Peng J, Loew A, Merlin O, et al., 2017. A review of spatial downscaling of satellite remotely sensed soil moisture. Reviews of Geophysics, 55(2): 341-366.

Petropoulos G P, Ireland G, Barrett B, 2015. Surface soil moisture retrievals from remote sensing: Current status, products & future trends. Physics and Chemistry of the Earth, 83-84: 36-56.

Pollitz F F, 1992. Postseismic relaxation theory on the spherical earth. Bulletin of the Seismological Society of America, 82: 422-453.

Price J C, 1985. On the analysis of thermal infrared imagery: The limited utility of apparent thermal inertia. Remote sensing of Environment, 18(1): 59-73.

Prihodko L, Goward S N, 1997. Estimation of air temperature from remotely sensed surface observations. Remote Sensing of Environment, 60(3): 335-346.

Pulinets S, Boyarchuk K, 2004. Ionospheric Precursors of Earthquakes. Berlin: Springer Science & Business Media.

Qi Z, Yeh A G O, Li X, et al., 2012. A novel algorithm for land use and land cover classification using RADARSAT-2 polarimetric SAR data. Remote Sensing of Environment, 118: 21-39.

Qin J, 2020. Far ultraviolet remote sensing of the nighttime ionosphere using the OI 130.4-nm emission. Journal of Geophysical Research: Space Physics, 125(6): e2020JA028049.

Qin Z, Karnieli A, Berliner P, 2001. A mono-window algorithm for retrieving land surface temperature from Landsat TM data and its application to the Israel-Egypt border region. International Journal of Remote Sensing, 22(18): 3719-3746.

Rabus B, Eineder M, Roth A, et al., 2003. The shuttle radar topography mission: A new class of digital elevation models acquired by spaceborne radar. ISPRS Journal of Photogrammetry and Remote Sensing, 57: 241-262.

Riddering J P, Queen L P, 2006. Estimating near-surface air temperature with NOAA AVHRR. Canadian Journal of Remote Sensing, 32(1): 33-43.

Rodgers C D, 1976. Retrieval of atmospheric temperature and composition from remote measurements of thermal radiation. Reviews of Geophysics, 14(4): 609-624.

Sandholt I, Rasmussen K, Andersen J, 2002. A simple interpretation of the surface temperature/vegetation index space for assessment of surface moisture status. Remote Sensing of Environment, 79(2/3): 213-224.

Santi E, Paloscia S, Pettinato S, et al., 2018. On the synergy of SMAP, AMSR2 and Sentinel-1 for retrieving soil moisture. International Journal of Applied Earth Observation and Geoinformation, 65: 114-123.

Sarkarinejad K, Ansari S, 2014. The coulomb stress changes and seismicity rate due to the 1990 $M_W$7.3 Rudbar earthquake. Bulletin of the Seismological Society of America, 104: 2943-2952.

Sato H P, Abe K, Ootaki O, 2003. GPS-measured land subsidence in Ojiya City, Niigata Prefecture, Japan. Engineering Geology, 67: 379-390.

Scherler D, Leprince S, Strecker M R, 2008. Glacier-surface velocities in alpine terrain from optical satellite imagery: Accuracy improvement and quality assessment. Remote Sensing of Environment, 112(10): 3806-3819.

Scholz C, 1981. Off-fault aftershock clusters caused by shear stress increase?. Bulletin of the Seismological Society of America, 71: 1669-1675.

Segou M, Parsons T, 2018. Testing earthquake links in Mexico from 1978 to the 2017 $M$= 8.1 Chiapas and $M$= 7.1 Puebla shocks. Geophysical Research Letters, 45: 708-714.

Shan J, Toth C K, 2018. Topographic Laser Ranging and Scanning: Principles and Processing. Boca Raton: CRC Press.

Stein R S, Barka A A, Dieterich J H, 1997. Progressive failure on the North Anatolian fault since 1939 by earthquake stress triggering. Geophysical Journal International, 128: 594-604.

Steketee J, 1958. On Volterra's dislocations in a semi-infinite elastic medium. Canadian Journal of Physics, 36: 192-205.

Tapley B D, Bettadpur S, Ries J C, et al., 2004. GRACE measurements of mass variability in the earth system. Science, 305(5683): 503-505.

Tian Y, Hu C, Dong X, et al., 2014. Theoretical analysis and verification of time variation of background ionosphere on geosynchronous SAR imaging. IEEE Geoscience and Remote Sensing Letters, 12(4): 721-725.

Tong X, Hong Z, Liu S, et al., 2015. Detection of geometric change in railway curves caused by earthquakes, using high-resolution stereo satellite images. Natural Hazards, 79(1): 409-436.

Tucker C J, Slayback D A, Pinzon J E, et al., 2001. Higher northern latitude normalized difference vegetation index and growing season trends from 1982 to 1999. International Journal of Biometeorology, 45(4): 184-190.

Ulaby F T, Moore R K, Fung A K, 1986. Microwave remote sensing: Active and passive. Volume 3-From theory to applications. Artech House Inc., 22(5): 1223-1227.

Wang F, Qin Z, Song C, et al., 2015. An improved mono-window algorithm for land surface temperature retrieval from Landsat 8 thermal infrared sensor data. Remote Sensing, 7(4): 4268-4289.

Wang R, Martín F L, Roth F, 2003. Computation of deformation induced by earthquakes in a multi-layered elastic crust: FORTRAN programs EDGRN/EDCMP. Computers & Geosciences, 29: 195-207.

Wang Y, Wang F, Wang M, et al., 2014. Coulomb stress change and evolution induced by the 2008 Wenchuan earthquake and its delayed triggering of the 2013 $M_W6.6$ Lushan earthquake. Seismological Research Letters, 85: 52-59.

Wegmuller U, Werner C, Strozzi T, et al., 2006. Ionospheric electron concentration effects on SAR and InSAR. 2006 IEEE International Symposium on Geoscience and Remote Sensing.

Wehr A, Lohr U, 1999. Airborne laser scanning: An introduction and overview. ISPRS Journal of Photogrammetry and Remote Sensing, 54(2): 68-82.

Weidong L, Baret F, Xingfa G, et al., 2002. Relating soil surface moisture to reflectance. Remote Sensing of Environment, 81(2/3): 238-246.

Werner M, 2001. Shuttle radar topography mission (SRTM) mission overview. Journal of Telecommunications, 55: 75-79.

Wright P A, Quegan, Wheadon N S, et al., 2003. Faraday rotation effects on L-band spaceborne SAR data. IEEE Transactions on Geoscience and Remote Sensing, 41(12): 2735-2744.

Yang X M, Davis P M, Dieterich J H, 1988. Deformation from inflation of a dipping finite prolate spheroid in an elastic half-space as a model for volcanic stressing. Journal of Geophysical Research: Solid Earth, 93: 4249-4257.

Yeh K, Liu C, 1982. Radio wave scintillations in the ionosphere. Proceedings of the IEEE, 70(4): 324-360.

Yonezawa C, Watanabe M, Saito G, 2012. Polarimetric decomposition analysis of ALOS PALSAR observation data before and after a landslide event. Remote Sensing, 4(8): 2314-2328.

Zebker H A, Goldstein R M, 1986. Topographic mapping from interferometric synthetic aperture radar observations. Journal of Geophysical Research, 91(B5): 4993-4999.

Zhang M, Yin Y, Mcsaveney M, 2016. Dynamics of the 2008 earthquake-triggered Wenjiagou creek rock avalanche, Qingping, Sichuan, China. Engineering Geology, 200: 75-87.

Zhang W, Huang Y, Yu Y, et al., 2011. Empirical models for estimating daily maximum, minimum and mean air temperatures with MODIS land surface temperatures. International Journal of Remote Sensing, 32(24): 9415-9440.

Zhao Q, Wang Y, Gu S, et al., 2019. Refining ionospheric delay modeling for undifferenced and uncombined GNSS data processing. Journal of Geodesy, 93(4): 545-560.

Zhu W, Jung H, Chen J, 2019. Synthetic aperture radar interferometry (InSAR) ionospheric correction based on Faraday rotation: Two case studies. Applied Sciences, 9(18): 3871.

# 第5章

# 影像大地测量与灾害动力学综合应用

## 5.1 概　述

　　海平面上升、冰川消融、陆地水储量变化等地球环境变化与地表物质迁移和质量重新分布过程有着密切的联系。自然或人为因素导致地球表面的物质迁移现象包含瞬时性的突发变化和持续性的缓慢变化。瞬时性的突发变化表现为地震、火山喷发、滑坡等现象，持续性的缓慢变化则表现为地面沉降、地裂缝、构造运动、板块蠕动、冰川运动、极地冰盖冻融等过程。充分了解全球及典型区域地表物质迁移的时空演化规律，对生态环境保护、气候变化研究、防灾减灾都具有重要意义。影像大地测量因其大范围、高精度的技术优势，为研究地球表面环境监测与演化特征提供了强有力的解决途径。本章主要介绍影像大地测量与灾害动力学在地震观测、火山观测、滑坡观测、地面沉降观测和地裂缝观测方面的应用。

## 5.2 地震观测及应用

　　地震是地球岩石圈层演化过程中必然出现的自然现象。活动断层之间的应力始终周而复始地积累和释放，一个完整的地震周期通常包括震间（地震孕育）、同震（地震爆发）和震后（应力调整）三个阶段（Scholz，1998）。地震全周期形变监测是 InSAR 技术应用最广泛和最成功的范例（Elliott et al.，2016；Salvi et al.，2012）。地震同震阶段往往造成较大的地表形变，利用 InSAR 技术能获取高精度的地表形变场，一方面为应急救援和灾情评估提供观测资料，另一方面可以利用 InSAR 数据约束，基于弹性半空间的 Okada 位错模型反演发震断层几何参数和滑动分布，基于所得到的断层参数计算静态库仑应力变化（Coulomb failure stress change，ΔCFS），研究地震触发关系和评估发震区域未来地震危险性。震后和震间阶段的地表形变通常比较缓慢，尤其是震间阶段的地表形变通常为 mm/a 的数量级。考虑卫星轨道和大气效应所引起的相位误差及时间失相干现象，往往需要利用时序 InSAR 技术来获取高精度的震后、震间地表形变场。利用震后形变时间序列，可以进行震后形变机制的模拟与分析，进一步理解地震成因机制。利用震间形变速率，基于相应的物理模型，可以反演断层的闭锁深度和滑移速率，为评估断层地震危险性提供资料。

## 5.2.1　地震地表破裂带获取

近年来，随着国内外 SAR 卫星的不断发射，SAR 遥感影像越来越多地被应用于地震和地质灾害的研究。Lin 等（2001）利用野外勘察与测量对 1999 年台湾集集（Chi-Chi）地震的近 100 km 破裂带进行研究，详细分析了地表破裂带的几何地貌、同震断层倾角及同震位移。Zhang 等（2010）基于 ALOS/PALSAR 影像利用 InSAR 技术和野外调查对 2010 年玉树地震破裂带进行识别分析。Barnhart 等（2011）基于 0.5 m 的 WorldView-1 和 GeoEye-1 影像，利用光学像素偏移量技术获取 2010 年达菲尔德（Darfield）地震和 2011 年克赖斯特彻奇（Christchurch）地震所造成地表破裂带的形变特征。Qu 等（2012）基于 ALOS/PALSAR 影像利用 SAR 像素偏移量技术对 2008 年汶川地震整个地表破裂带进行分析，得到破裂带的空间分布和形变特征。Ren 等（2021）基于野外调查和无人机影像目视解译对 2021 年 5 月青海玛多地震地表破裂带进行分析，确定了破裂带的空间分布特征及断层构造。

目前，较多的学者利用 SAR 或光学遥感影像，再结合野外调查对地表破裂带进行研究。不同的方法具有各自的优缺点，通过高分光学遥感影像目视解译可以比较直观地得到地表破裂的空间分布特征，但其效率较低；自动化识别可以弥补这一缺点，但以上方法均无法获取地表破裂带的形变特征。此外，InSAR 技术、SAR 和光学像素偏移量技术可以获取地表破裂带的形变信息。InSAR 技术可以精密地确定卫星视线向同震形变信息，但是当地表破裂带位于植被覆盖密集区或者其形变梯度过大时，可能导致失相干现象。基于 SAR 和高分光学遥感的像素偏移量技术可以较好地解决地表破裂带形变梯度较大的问题，获取较精密的二维形变信息。需要指出的是：对像素偏移量技术而言，地表特征点（如山脊、湖岸线、公路等）的分布是关键，其存在可以确保即使在失相干的区域亦可提取像素偏移量；另外，影像的空间分辨率很重要，空间分辨率越高，可探测到的形变量越精密，形变信号越小。综上所述，以多源遥感数据为基础，集成多技术的优点，是获取震后地表破裂带的有效手段。表 5.1 所示为基于不同遥感影像地表破裂带识别方法的比较。

表 5.1　基于不同遥感影像地表破裂带识别方法的比较

| 遥感影像 | 技术 | 优点 | 缺点 |
|---|---|---|---|
| 高分光学遥感影像 | 目视解译 | 快速识别 | 漏判 |
| | 自动化识别 | | |
| | 像素偏移量 | 识别较大形变量区域 | 无法识别较小形变量区域 |
| SAR 遥感影像 | InSAR | 识别较小形变量区域 | 无法识别失相干区域 |
| | 像素偏移量 | 识别较大形变量区域 | 无法识别较小形变量区域 |

图 5.1（张成龙 等，2022）所示为利用多源卫星遥感影像快速解译地震地表破裂带的技术框架图。第一步是快速收集多源卫星遥感影像，包括高分光学、WordView 系列、Landsat 系列、Sentinel-2 等卫星高分光学遥感影像和高分三号、Sentinel-1A/B、ALOS-1/2、TerraSAR-X 等卫星 SAR 影像。第二步是基于高分光学遥感影像的地表破裂带探测技术，主要包括光学遥感目视解译和自动化识别、光学像素偏移量技术。利用光学遥感目视解译和自动化识别可以获取地表破裂带的空间分布特征，缺点是只适用于纹理和色度明显区域，

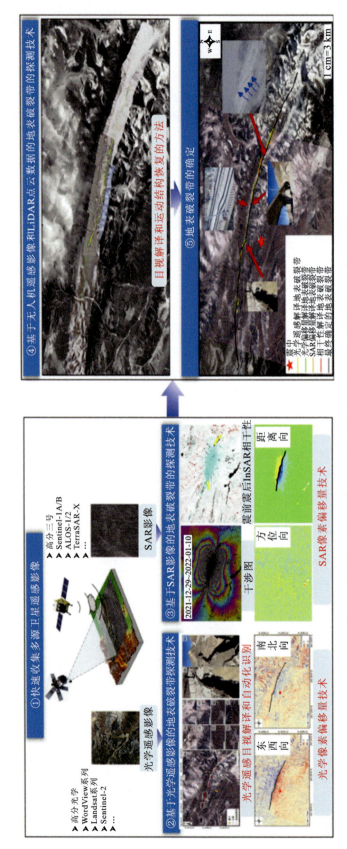

图 5.1　利用多源卫星遥感影像快速解译地震地表破裂带的技术框架图

对于纹理和色度不明显区域容易发生漏判现象。光学像素偏移量技术可以获取地表破裂带形变梯度较大区域的二维形变量（东方向和北方向），但无法准确获取破裂形变梯度较小区域的位置和形变信息。第三步是基于 SAR 影像的地表破裂带探测技术，主要包括 InSAR 和 SAR 像素偏移量技术。InSAR 可以确定同震形变，但在植被过密或者形变梯度过大的区域，容易造成失相干（Liu et al.，2022；Jin et al.，2021；Song et al.，2019；Li et al.，2011）。SAR 像素偏移量技术可以弥补传统 InSAR 的缺点，获取形变梯度较大区域的形变信息，进而精密确定地表破裂带的位置。SAR 与光学像素偏移量技术相似，亦可获取二维形变量，不同的是其获取的是卫星视线方向和飞行方向形变量。第四步是基于无人机影像和 LiDAR 点云数据的地表破裂带探测技术，主要利用目视解译和运动恢复结构（structure from motion，SfM）的方法探测地貌的变化（Alexiou et al.，2021），进一步验证和确定地表破裂带的位置。第五步是地表破裂带的确定。

## 1. 基于高分光学遥感影像解译地表破裂带

首先对高分光学遥感影像的全色影像和多光谱影像进行正射校正，随后利用 GS 全色锐化（Gram-Schmidt pan sharpening）方法对全色和多光谱影像进行融合，获取卫星遥感影像进行光学遥感解译（Aiazzi et al.，2006）。在利用高分光学遥感影像对地表破裂带进行识别时，以断裂带的空间信息分析为主，通过前期预处理和影像增强之后，地物的噪声得到有效抑制，辨识度较高。地表破裂带具有较高的辨识度，与其周围的结构特征和岩石成分等差异较大，根据这些明显的判别标志，在高分光学遥感影像上显示出不同的纹理和色调，从而可提取研究区域地表破裂带的初始概况及周围损毁情况。

利用 ENVI 软件中的光学遥感影像配准与关联功能模块对高分光学遥感影像进行处理。首先将地震前后的光学遥感影像进行裁剪配准，然后对影像进行亚像素相关性匹配（sub-pixel correlation）计算。建议设置参数如下：搜索窗口大小为 32 像素×32 像素，移动步长为 8 像素×8 像素，通过设置掩膜阈值为 0.9 来降低失相关噪声，迭代次数为 2 次。初步得到的二维形变场中存在轨道和条带等误差，利用一次多项式曲面拟合模型去除轨道误差（Feng et al.，2012），采用传统的均值相减法去除条带误差（Michel et al.，2006），从而最终获得研究区域的东西向和南北向形变场（Leprince et al.，2008）。

## 2. 基于 SAR 影像解译地表破裂带

采用 InSAR 技术对 SAR 影像进行处理，将震前获取的 SAR 影像作为主影像，将震后获取的 SAR 影像作为辅影像。利用 GAMMA 软件对 SAR 影像进行干涉处理，完成主辅影像的粗配准和精配准；结合 30 m 分辨率的 SRTM DEM 数据去除干涉图的地形和平地效应（Werner et al.，2000），并采用自适应滤波算法对干涉影像进行空间滤波（Goldstein et al.，1998）。然后利用最小费用流（minimum coat flow，MCF）方法对干涉图进行相位解缠（Pepe et al.，2006），利用 GACOS 的天顶对流层延迟（zenith tropospheric delay，ZTD）产品削弱大气对流层延迟影响（Yu et al.，2018a，2018b；Yu et al.，2017）。最后将相位值转换成雷达视线向（line of sight，LOS）的位移，通过地理编码将形变结果从雷达坐标系转换到地理坐标系（WGS84），从而得到该次地震降轨影像视线向的同震形变场。

地震引发地表破裂，在断层附近区域（即近场）形变梯度过大时，无法利用 InSAR 技术提取相位信息。为了精密获取地表破裂带的位置和形变信息，可考虑采用基于 SAR 影像强度信息即后向散射强度的像素偏移量技术。首先搜索高精度配准之后的 SAR 单视复数影像（single look complex，SLC）主辅影像窗口之间最大的互相关系数，计算相应像素之间的偏移量。基于 GAMMA 软件的偏移跟踪模块（Wegnuller et al.，2016），偏移搜索窗口建议设置为 300 像素×60 像素，互相关函数窗口设置为 32 像素×32 像素，相干阈值设置为 0.1，计算得到包括轨道差异、地形起伏引起的偏移分量、形变引起的偏移分量和其他噪声在内的像素偏移量。联合 SRTM DEM 数据，采用最小二乘准则构建的系统偏移模型来去除地形和轨道引起的偏移分量，使用中值滤波器（9 像素×9 像素）过滤掉空间不相关的噪声，最后提取出距离向和方位向的形变场（Huang et al.，2011）。SAR 像素偏移量技术的精度在很大程度上取决于 SAR 影像的空间分辨率，同时均匀的搜索窗口及地形误差等也会给形变场的精度带来影响（Wang et al.，2015；Pathier et al.，2006）。结合 SAR 像素偏移量方位向和距离向形变场可最终确定地表破裂带的形变与位置信息。

### 3. 基于无人机影像和机载 LiDAR 点云数据解译地表破裂带

首先，根据测区地形资料布设航带式仿地三维航线，在区域内采集影像时，利用无人机内置的 GNSS/IMU 系统获取像片拍摄时相机的位置和姿态信息。然后，利用 Agisoft Metashape Professional 软件生成三维地形模型和正射影像。该软件主要基于 SfM-MVS（structure from motion and multi view stereo）算法，利用不同视角的重叠影像重建三维模型和像片位姿。SfM 算法首先以影像集作为输入，提取特征点并基于像片的位姿信息进行特征匹配，然后通过对极约束构建立体像对并进行特征匹配几何验证，最后使用光束法平差最小化重投影误差，得到稀疏点云和像片位姿。MVS 算法基于解算得到的像片位姿信息执行密集匹配，得到密集点云。密集点云通过栅格插值算法得到高分辨率的 DSM；影像集基于像片位姿参数进行正射校正和图像镶嵌，得到高分辨率的 DOM。最后，基于研究区域的高分辨率 DSM 和 DOM 解译地震的地表破裂带（Fonstad et al.，2013；James et al.，2012；Westoby et al.，2012）。

当地震引发的地表破裂带位于森林覆盖区域时，上述技术往往无法较好地解译地表破裂带，机载 LiDAR 技术的发展给该问题的解决提供了可能。机载 LiDAR 技术可以对地表破裂带进行地貌的全方位、高精度、三维直接测量，近实时地提供整个破裂带的高精度 DEM 数据。机载 LiDAR 技术是将激光探测和测距系统搭载在飞机上，集激光扫描仪、GPS 和 IMU 于一体，能够快速准确地获取目标对象的三维坐标、回波强度、回波次数等信息的主动式全新空间测量技术。首先，利用机载 LiDAR 飞行平台对研究区域进行点云数据的采集，通过移动测量操控软件来纠正系统姿态和处理 GNSS 数据进行点云数据的解算，进一步生成包含地物、地面点三维坐标信息 las 格式的高精度点云数据。通常 LiDAR 点云数据的预处理由厂商自带的软件进行处理；然后，采用商用处理软件如 TerraSolid，对原始点云数据采用三角网渐进加密滤波算法进行滤波（Lague et al.，2013），对滤波后地面点采用手动分类的方式进行点云去噪，生成最终的地面点云数据，基于 ArcGIS 平台，导入点云数据并采用平均值及自然邻域插值法生成相对应的 DEM（惠振阳 等，2018）；最后，利用近实时的高分辨率 DEM 解译地震的地表破裂带。

## 5.2.2 地震灾害应用

**1. 同震：InSAR 数据约束下 2016 年和 2022 年青海门源地震震源参数及其滑动分布**

**1）区域概况**

青海省是我国主要地震分布地区之一，1900 年以来共发生 $M_W6.0$ 级以上地震 8 次。门源回族自治县位于我国青海省中北部地区，受亚欧板块和印度板块的相互挤压影响，周围地形崎岖，多分布走滑断层和逆冲带组合，构造活动频繁。2016 年和 2022 年门源地震的区域构造背景如图 5.2（李振洪 等，2022）所示。1956 年 2 月 11 日张掖市山丹县（38°51′N，101°22′E）发生 $M_W7.0$ 级地震（郑文俊 等，2013）；1986 年 8 月 26 日，该区域（37°37′N，101°38′E）发生 $M_W6.0$ 级地震，震源深度约为 13 km（徐纪人 等，1986）。2016 年 1 月 21 日，门源回族自治县附近（37°65′N，101°62′E）发生 $M_W5.9$ 级地震，震源深度约为 10 km，这几次地震给当地经济带来不同程度的损失（Li et al.，2016a）。2022 年 1 月 8 日 1 时 45 分，经中国地震台网测定，门源回族自治县（37°46′12″N，101°15′36″E）发生 $M_W6.7$ 级地震。此次地震位于青藏高原东北缘的昌马堡-古浪-海原构造带，震源机制解显示本次地震为左旋走滑型地震型（李振洪 等，2022；潘家伟 等，2022；孙安辉 等，2022）。本着快速响应与精确解算的原则，且考虑发震区域地处高原山区，常规的大地测量手段难以获取灾后的实际情况，以多源遥感卫星影像为数据基础，对震中及附近区域的地表破裂、交通要道影响区域和诱发的次生灾害进行快速确定，并采用 InSAR 技术分别获取两次门源地震的同震地表形变场，利用弹性半空间的位错模型确定了两次事件的断层几何参数，并基于分布式滑动模型反演确定了两次地震断层面上的滑动分布。解算了区域库仑应力场，由此分析 2016 年门源地震对 2022 年门源地震的触发关系。

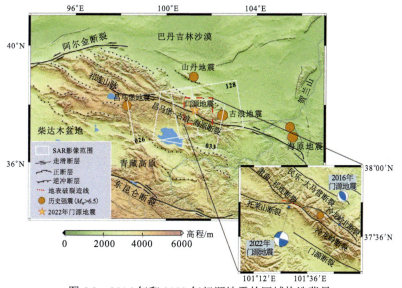

图 5.2 2016 年和 2022 年门源地震的区域构造背景

**2）数据源**

本小节主要采用高分光学遥感影像和 SAR 影像（表 5.2）进行相关研究。在震后发生第二天便获取到由中国资源卫星应用中心提供的 GF-1 和 GF-7 光学遥感数据，在震后第三天获取到由欧洲空间局免费提供的 Sentinel-1A SAR 影像，在震后第四天获取到由欧洲空间局免费提供的 Sentinel-2 光学遥感影像。本次实验使用 3 景空间分辨率为 0.8 m、宽幅为 20 km 的 GF-7 影像和 2 景空间分辨率为 2.0 m、宽幅为 60 km 的 GF-1 影像。

表 5.2　本研究所用数据集

| 序号 | 数据类型 | 采集日期 | 空间分辨率/m | 幅宽/km | 备注 |
|---|---|---|---|---|---|
| 1 | GF-7 | 2021-11-30 | 0.8 | 20 | 震前 |
| 2 | GF-1 | 2021-12-21 | 2.0 | 60 | 震前 |
| 3 | GF-7 | 2022-01-08 | 0.8 | 20 | 震后 |
| 4 | GF-7 | 2022-01-08 | 0.8 | 20 | 震后 |
| 5 | GF-1 | 2022-01-09 | 2.0 | 60 | 震后 |
| 6 | Sentinel-2 | 2022-01-02 | 10 | 290 | 震前 |
| 7 | Sentinel-2 | 2022-01-05 | 10 | 290 | 震前 |
| 8 | Sentinel-2 | 2022-01-10 | 10 | 290 | 震后 |
| 9 | Sentinel-2 | 2022-01-12 | 10 | 290 | 震后 |
| 10 | Sentinel-1A | 2016-01-13 | 5×20 | 250 | 震前 |
| 11 | Sentinel-1A | 2016-02-06 | 5×20 | 250 | 震前 |
| 12 | Sentinel-1A | 2016-01-18 | 5×20 | 250 | 震前 |
| 13 | Sentinel-1A | 2016-02-11 | 5×20 | 250 | 震前 |
| 14 | Sentinel-1A | 2021-12-29 | 5×20 | 250 | 震前 |
| 15 | Sentinel-1A | 2022-01-10 | 5×20 | 250 | 震后 |

**3）门源地震地表破裂带快速解译**

（1）联合 GF-1 和 GF-7 光学遥感影像解译地表破裂。

采用高分光学遥感目视解译方法对 GF-1 和 GF-7 光学遥感影像进行快速解译[图 5.3（a）]。解译结果发现地震导致的地表破裂明显（图 5.4），破裂带自东向西延伸达 12.76 km，可分为 8 段[图 5.3（b）~（i）]。在图 5.3 中，8 段地表破裂带被放大展示，白色标志代表其实际位置，图中可以清楚地看到西段地表出现明显破裂，最大宽度约为 2 m（37°48′14″N，101°15′04″E），虽然东段雪山覆盖但同样可以看到断断续续的地表破裂现象，图 5.3（j）和（k）为破裂带现场照片。图 5.4（a）中红色方框内道路发生不同程度的损坏，如图 5.4（b）和（c）所示，破裂带经过的县道和兰新高铁破坏较为严重。图 5.5（a）和（b）为兰新高铁受灾后和受灾前的对比影像，在图 5.5（a）中，可以看出此路段共发生 4 处桥梁错位（红色方框），并产生弯曲倒影（黄色实线）。通过现场野外调查，兰新高铁路段发生明显的桥梁断裂[图 5.5（c）]，隧道洞口的铁路也产生明显弯曲[图 5.5（d）和（e）]。

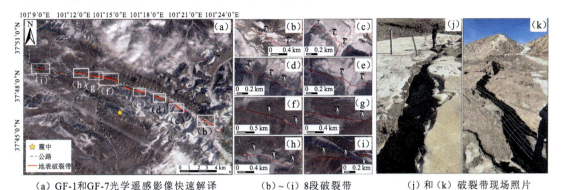

（a）GF-1和GF-7光学遥感影像快速解译　　（b）~（i）8段破裂带　　（j）和（k）破裂带现场照片

图 5.3　2022 年 1 月 8 日拍摄的高分辨率 GF-7 光学影像显示的地表破裂

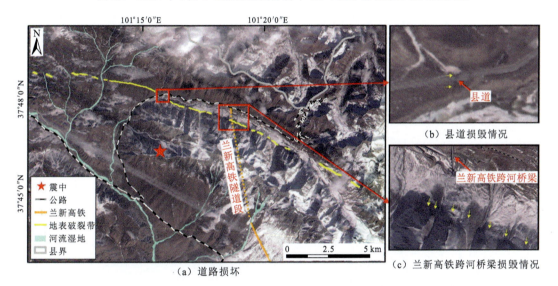

（a）道路损坏　　　　　　　　　　　　　　　　　（c）兰新高铁跨河桥梁损毁情况

图 5.4　地表破裂对主干道路和兰新高铁的影响

（2）基于 Sentinel-1A、Sentinel-2 和无人机影像解译地表破裂形变特征。

采用 InSAR 同震形变场和地震前后相干性信息和光学/SAR 像素偏移量技术进一步精密确定地表破裂带。图 5.6（a）~（e）中蓝色代表靠近卫星方向移动，红色代表远离卫星方向移动，图 5.6（a）和（b）分别为光学像素偏移量东西向和南北向地表形变场，此次地震东西向最大形变约为 2.0 m；图 5.6（e）和（f）分别为 InSAR 同震形变场和地震前后相干性。由图 5.6（e）和（f）可知，在震中及附近区域形变量过大，产生失相干现象，相邻两个像素形变值超过 1/4 卫星波长，导致视线向形变场震中及附近区域为空值。SAR 像素偏移量技术可以较好地得到该区域距离向和方位向形变场，此次地震距离向最大形变约为 -1.0 m 和 1.5 m。图 5.6（i）~（k）分别为光学像素偏移量的东西向、SAR 像素偏移量距离向和 InSAR 视线向剖线 AA′（绿色）、BB′（蓝色）和 CC′（红色）的形变量，剖线图中横坐标为两点之间的距离，纵坐标为地震前后的形变量，可以发现三种方法的结果在距离 A 点约 7200 m 处，距离 B 点约 6600 m 处和距离 C 点约 7000 m 处均产生断裂，进一步互相验证确定破裂带位置信息的准确性。最后根据 SAR 像素偏移量的形变场和无人机影像

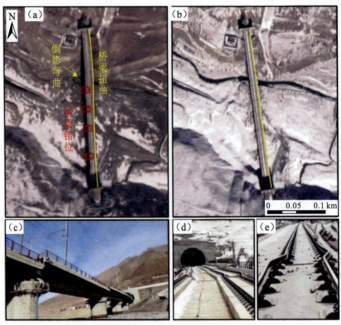

图 5.5　兰新高铁损毁情况

（a）地震后兰新高铁的光学影像；（b）地震前兰新高铁的光学影像；

（c）明显的桥梁断裂现场照片；（d）和（e）兰新高铁桥梁铁轨扭曲照片

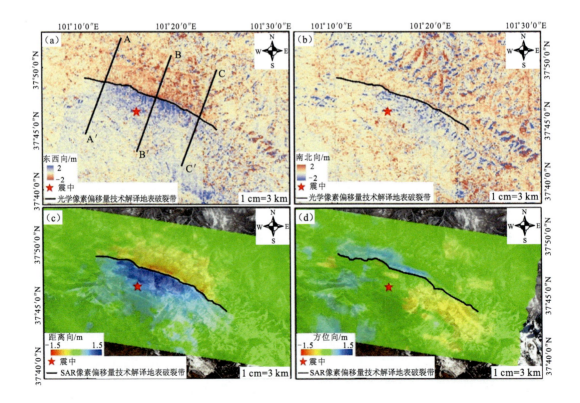

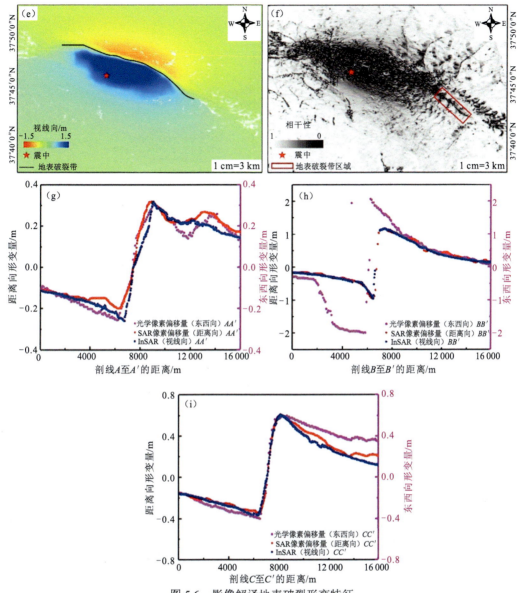

图 5.6 影像解译地表破裂形变特征

（a）光学像素偏移量（东西向）；（b）光学像素偏移量（南北向）；（c）SAR 像素偏移量（距离向）；（d）SAR 像素偏移量（方位向）；（e）InSAR 地表形变场（卫星视线向，即距离向）；（f）地震前后 InSAR 相干性；（g）光学像素偏移量（东西向）、SAR 像素偏移量（距离向）、InSAR 地表形变（视线向）剖线 AA′形变量；（h）光学像素偏移量（东西向）、SAR 像素偏移量（距离向）、InSAR 地表形变（视线向）剖线 BB′形变量；（i）光学像素偏移量（东西向）、SAR 像素偏移量（距离向）、InSAR 地表形变（视线向）剖线 CC′形变量

[图 5.6（a）]，确定地表破裂带的位置，从而将光学遥感解译中间断的地表破裂带串联起来，得到最终连续的地表破裂带形变与位置信息[图 5.6（b）黑色实线]，最终确定的地表破裂带长度约为 36.22 km。

图 5.7（c）～（k）是此次地表破裂带的野外调查照片。图 5.7（c）和（d）分别位于拖莱山断裂的上大圈沟（37.81°N, 101.17°E）和道沟附近（37.80°N, 101.22°E），该区域存在大量地表裂隙，主破裂带为 NE 分布，走向约为 270°，在主破裂带附近存在次生裂

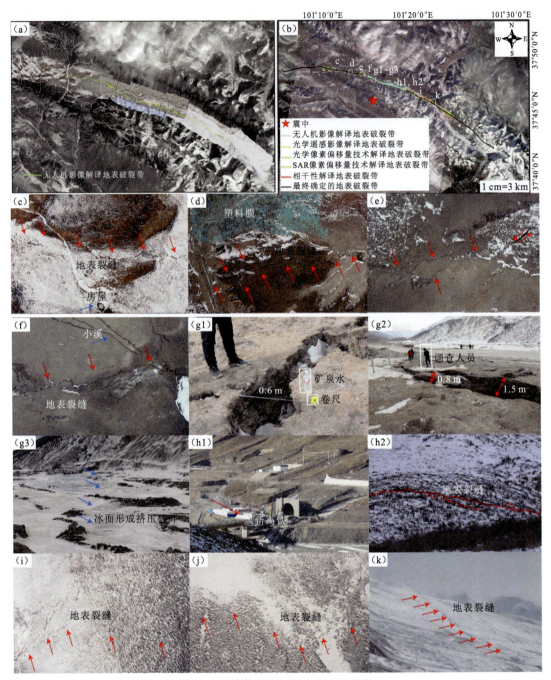

图 5.7　无人机影像解译的地表破裂带

（a）无人机影像的地表破裂带解译；（b）上述多种技术提取的地表破裂的叠加图；

（c）~（k）地表破裂带野外调查照片

缝，裂缝宽度约为 10 cm；图 5.7（e）和（f）为道沟东（37.80°N, 101.23°E）和石门峡附近（37.80°N, 101.24°E），随着距离震中越近，破裂越来越明显而且在主破裂带附近广泛分布伴生羽裂状的裂缝，分支破裂走向多为 NWW 和 NE。在图 5.7（e）右侧存在明显的 NE 向左旋走滑断层（20 cm）；图 5.7（g）~（k）为硫磺沟区域的野外调查照片。

图 5.7（g）区域（37.79°N，101.25°E）分布着桥梁、山坡和河流阶地等，该区域地表破裂最为明显，最大宽度为 1.5 m[图 5.7（g2）]，桥梁发生位错断裂，山坡错断抬升约 1 m，冰面产生挤压破碎，破裂带沿着 NW 走向向深山蔓延；图 5.7（h）为兰新高铁附近区域（37.78°N，101.31°E），大梁隧道和硫磺沟大桥受灾害影响严重，大梁隧道里面的铁路需要重新修建，硫磺沟大桥断裂明显，桥面向东倾斜。该区域的破裂带走向为 260°～320°，在隧道背面山坡上的地表破裂带距离大梁隧道约 500 m，走向约为 300°，裂缝宽约40 cm[图 5.7（h2）]；图 5.7（i）（37.77°N，101.33°E）、（j）（37.76°N，101.35°E）和（k）（37.75°N，101.36°E）区域地表破裂带特征相似，均位于冷龙岭断裂附近，走向为 290°～310°，裂缝宽 10～20 cm。虽然被积雪覆盖，但延伸的地表裂缝可以明显看到，地表断裂带呈 NE 向穿过硫磺沟河流向冷龙岭北侧断裂延伸[图 5.7（k）]。

**4）地表破裂带对交通要道的影响评估**

门源回族自治县道路总里程约 601.51 km，其中高速公路 24.43 km、国道 75.98 km、省道 133.98 km、县道 220.56 km、乡道 146.56 km。本次地震涉及高影响区路网里程约159.17 km，占总里程的 26.46%；中影响区路网里程 188.03 km，占总里程的 31.26%；低害影响区路网里程 172.83 km，占总里程的 28.73%。本小节结合门源地区的路网信息进行分析，图 5.8（a）中蓝色实线由粗到细分别代表高速公路、国道、省道、县道和乡道，深红色点代表门源地区的历史地质灾害点，红色至绿色代表地质灾害点和地表破裂带对交通网的影响程度（由高到低）。图 5.8（a）显示历史灾害点发生的路段包括 Y502、Y511、Y513、

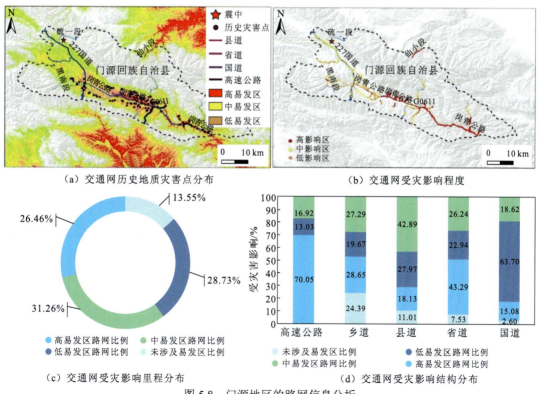

（a）交通网历史地质灾害点分布　　　　　　（b）交通网受灾影响程度

（c）交通网受灾影响里程分布　　　　　　（d）交通网受灾影响结构分布

图 5.8　门源地区的路网信息分析

Y514、Y515、Y524、Y538、Y544 和 G338。同时，对灾害等级分布路段进行分析[图 5.8（b）]，低影响区路段集中分布在门源回族自治县西北部；中影响区路段集中分布在门源回族自治县中部，以乡道分布居多；高影响区路段集中分布在门源回族自治县以 G0611、G338 为主的东南地区道路段，主要包括 Y511（石门段）、Y512（后沟段）、Y514（克甘段）、Y524（瓜红段）、Y528（旱砖段）、Y545（崖下段）、Y548（麻包段）、Y550（积旺线）、X503（丁边公路）、G0611（张汶高速）和 G338（海兴-天峻公路下段东南方向）等。

各等级道路受灾害影响程度如图 5.8（c）所示，高、中和低影响区路网比例分别为 26.46%、31.26%、28.73%，未影响区路网比例为 13.55%。对不同等级公路的受灾害影响里程进一步分析表明[图 5.8（d）]，高速公路受到的危害最大，不存在未影响里程，高、中、低影响区路网比例分别为 70.05%、16.92%和 13.03%；省道和乡道的高影响区路网占比最大，省道的高、中、低影响区路网比例分别为 43.29%、26.24%和 22.94%，未影响区路网比例为 7.53%；乡道的高、中、低影响区路网比例分别为 28.65%、27.29%和 19.67%，与其他等级的道路相比，乡道未影响区路网比例最大为 24.39%；国道低影响区路网比例最大为 63.70%，高影响区路网比例最小为 2.60%，中影响区路网比例和未影响区路网比例分别为 18.62%和 15.08%；与其他等级的道路相比，县道中影响区路网比例最大为 42.89%，高、低影响区路网比例和未影响区路网比例分别为 18.13%、27.97%和 11.01%。通过以上分析，可以得出此次地震对高速公路带来的影响最大，对乡道带来的影响最小，主要原因是高速公路附近区域的历史地质灾害点分布较多。

**5）InSAR 数据处理与同震形变场**

（1）InSAR 数据处理。

获取覆盖 2016 年和 2022 年两次门源地震区域的 Sentinel-1A（波长为 5.6 cm）升降轨影像数据。Sentinel-1 SAR 影像处理采用 GAMMA 软件，利用两轨法的 InSAR 技术获取地震同震地表形变场（Wright et al.，2004a；Massonnet et al.，1998）。干涉处理过程中采用 NASA 发布的 30 m 空间分辨率的 SRTM 消除地形相位和进行地理编码。为了提升信噪比，采用 10：2（距离向：方位向）的多视比及滤波处理，然后采用最小费用流算法进行相位解缠（Eineder et al.，1998），进而获取视线向的地表形变量。利用 GACOS 来降低大气噪声对形变场精度的影响（Yu et al.，2020，2018a，2018b），最终分别获取 2016 年和 2022 年两次门源地震的同震地表形变场（图 5.9）。

（2）同震形变场。

图 5.9 为获取的 2016 年和 2022 年门源地震同震地表形变场。针对 2016 年门源地震，众多学者曾利用 InSAR 技术进行了研究（Wang et al.，2017；Li et al.，2016a）。图 5.9（a）和（b）分别为 2016 年门源地震同震升、降轨视线向地表形变场。升、降轨同震地表形变场的形变信息连续，基本完整，表明 2016 年门源地震的活动断层并未破裂到地表，升、降轨影像同震地表形变场视线向最大隆升值为 6.7 cm 和 7.0 cm。此外，两个轨道的同震地表形变场结构较为单一均匀，方向较为一致，均显示地表靠近 SAR 卫星，符合逆断层型地震的运动特征。图 5.9（c）和（d）为 2022 年门源地震同震升、降轨视线向地表形变场，由于 T26 升轨 SAR 影像的覆盖限制，图 5.9(c)只覆盖了本次地震西部区域，其最大形变为 67 cm。

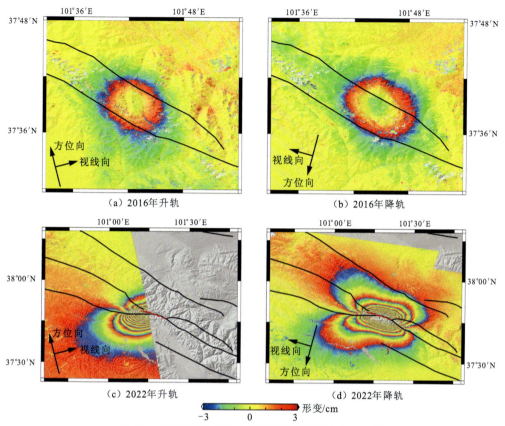

图 5.9　2016 年和 2022 年门源地震同震地表形变场

完整的降轨视线向地表同震形变场显示，本次地震造成的地表形变范围达 30 km×20 km，其最大形变为 78 cm。形变场中间分割区大致呈 NWW-SEE 方向，这与 USGS、全球质心矩张量（Global Centroid Moment Tensor，GCMT）等发布的震源参数的走向基本一致，且该方向与冷龙岭断裂基本平行。

2022 年地震升、降轨同震形变场的上下两盘表现出相反的形变态势，同时同一轨道的形变场上下两盘也表现出相反的运动状态，这种现象表明本次地震引起的地表形变以水平移动为主，符合走滑断层型地震的运动特征。同震视线向形变场的断层附近出现了较为严重的失相干现象，主要原因为发震断层破裂到地表，形变梯度较大，且引起了形变相位的不连续，这一现象与光学地表解译结果相吻合。而发震区域的东部因穿过高山，且受山上冰雪覆盖等因素影响，地表破裂呈现零散分布（图 5.7）。另外，通过光学影像解译获得的地表破裂为后续 2022 年地震反演，特别是其走向参数提供了重要参考。

**6）断层几何参数及滑动分布反演**

利用 Okada 弹性半空间位错理论（Okada，1992），联合升、降轨同震形变场数据，分别反演 2016 年和 2022 年两次门源地震的断层信息。为了抑制噪声和提高反演效率，反演前对同震形变场进行了四叉树降采样（Jónsson et al.，2002）。反演借助 PSOKINV 软件包进行两步法反演策略：第一步，假设矩形断层面上为均匀滑动，采用非线性搜索算法获取断层的几何参数（如发震断层的位置，断层走向、断层倾角等）；第二步，将发震断层面离散为一定尺寸的子断层进行分布式滑动反演，获取子断层各自的运动参数（李永生 等，2015；冯万鹏 等，2010）。

（1）2016年门源地震反演。

2016年门源地震在进行第一步均匀滑动反演时，根据整理的资料信息将断层的长度变化设置为 3～10 km，宽度变化设置为 3～10 km，滑动角变化设置为 50°～90°，倾角变化设置为 30°～60°。

为了获取断层面上的精细滑动分布，将发震断层沿走向扩展为 16 km，沿倾向扩展为 16 km，并将延长后的发震断层面离散为 1 km×1 km 的子断层进行分布式滑动反演。最终获得 2016 年门源地震的滑动分布结果如图 5.10（a）所示，其中发震断层的最大滑动量为 0.53 m，位于地下 9 km 深度处，滑动分布主要集中在地下 4～12 km 区域，表明地震活动并未破裂到地表。子断层的滑移方向表明发震断层是一个具有少量左旋走滑分量的逆断层。设置本地区的剪切模量为 30 GPa，则反演得出的矩震级为 $M_W$5.9。图 5.11 中间列为均匀反演和分布式滑动分布反演结果模拟的同震形变场，最右列为拟合残差，由于 2016 年地震的地表形变较小，故成图时采用了解缠后的结果。可以发现，InSAR 观测的升、降轨形变场与相应的拟合结果基本一致，验证了本次地震断层反演的可靠性。

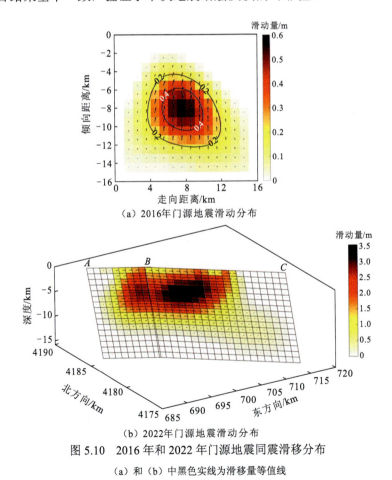

（a）2016年门源地震滑动分布

（b）2022年门源地震滑动分布

图 5.10　2016 年和 2022 年门源地震同震滑移分布

（a）和（b）中黑色实线为滑移量等值线

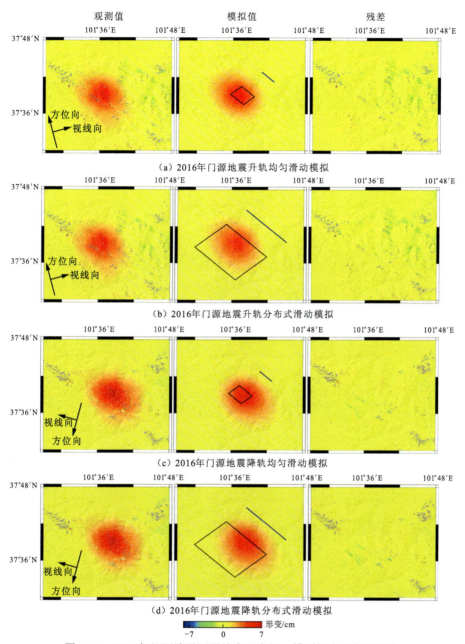

图 5.11　2016 年门源地震同震地表形变场、模型拟合形变及残差

（2）2022 年门源地震反演。

虽然 T26A 升轨影像只提供了部分 2022 年门源地震地表形变场，但是升、降轨 SAR 影像对走滑断层破裂的地表形变成像具有互补的特点，因此本小节联合升、降轨地表形变场进行反演。在反演时，由于 InSAR 解译的形变场已经破裂到地表，将断层的上边界设置为 0 m。光学解译的地表破裂结果描绘出一条 NWW-SEE 向的断层迹线，结合此迹线走向和 InSAR 同震形变场的分布将反演模型设置为 AB 和 BC 两个断层，其中 AB 段的走向固定为 104°，BC 段的走向固定为 109°。长度变化设置为 8～40 km，宽度变化设置为 6～20 km，滑动角变化设置为 0°～50°。

在获得发震断层的几何参数后，将 AB 段发震断层沿走向延长至 10 km，沿倾向延伸至 16 km，将 BC 段发震断层沿走向延长至 20 km，沿倾向延伸至 16 km，并将延长后的发震断层离散成 1 km×1 km 的子断层进行分布式滑动反演。图 5.12（b）和（d）为分布式滑动反演得到的断层滑动分布，子断层的运动方向表明该断层主要受左旋滑动控制，属于高倾角走滑型地震。子断层最大滑动量为 3.5 m，出现在地下约 4 km 处，滑动主要集中在地下 2~7 km 的区域。反演获得矩震级为 $M_W6.7$，与 USGS、GCMT 等机构公布的发震断层数据吻合较好。图 5.12 中间列为均匀反演和分布式滑动反演结果模拟的同震形变场，可以发现 InSAR 观测的升、降轨形变场与相应的拟合结果基本一致。值得指出的是，最右列残差在断层的近场两侧较为明显，主要原因有三：①近场大梯度形变引起的低相干乃至失相干；②低相干引起的解缠误差；③活动断层几何结构的简化。

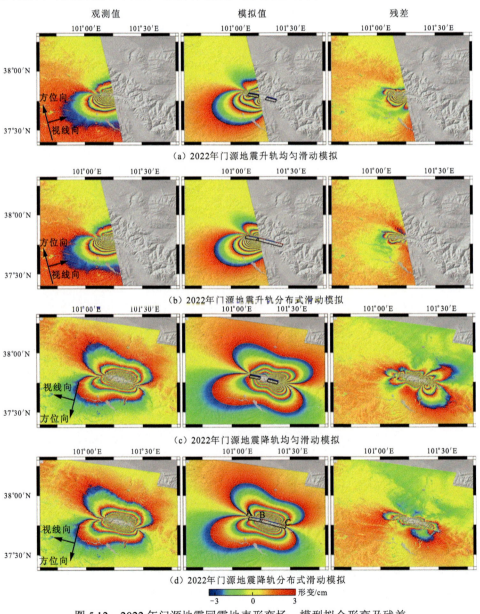

图 5.12 2022 年门源地震同震地表形变场、模型拟合形变及残差

综合研究结果，可以初步判定 2022 年门源地震的发震断层主体为冷龙岭西段西北端，且本次地震活动极有可能破裂到其西侧的托莱山断裂。理由如下：①基于 InSAR 同震地表形变场反演确定的震源机制与冷龙岭断裂的运动性质比较吻合；②光学解译结果显示，本次地震引起的地表破裂为冷龙岭断裂向西北方向延伸，而且 AB 段表现为左旋走滑类型，与托莱山断裂的性质吻合。

### 7）区域库仑应力变化对 2022 年门源地震诱发关系探讨

强震发生后，发震区域的应力状态将会发生改变，进而延缓或者促进邻近区域活动断层上地震的发生，大量的地震触发关系研究表明地震之间存在相互作用（季灵运 等，2017；Shan et al.，2017；Stein，1999）。运用 Coulomb 3.3 软件包进行库仑应力分析，在处理过程中泊松比设置为 0.25，摩擦系数设置为 0.4（季灵运 等，2017；徐晶 等，2017；Toda et al.，2005）。以 2016 年门源地震断层滑动分布作为源断层，以反演得到的 2022 年门源地震的断层几何作为接收断层，分别采用 5 km 和 10 km 的深度计算 2016 年门源地震引起的库仑应力变化对 2022 年门源地震的影响。

本次地震发生在 2016 年门源地震震后的第 6 年，且两次地震震中距离不足 40 km。从图 5.13 中的同震库仑应力变化场可以得出，2016 年地震断层滑移在 5 km 和 10 km 的深度对 2022 年发震断层面均产生了正库仑应力变化，且 2022 年地震发震断层整体处于库仑应力变化的增强区，这说明 2016 年地震对 2022 年地震的发生具有一定的促进作用。类似地，库仑应力触发地震事件在巴颜喀拉块体东端的地震序列、2017 年伊朗地震、2020 年墨西哥地震等震例中均有研究（Yu et al.，2020；徐晶 等，2017）。另外，郭鹏（2017）研究表明，发生在冷龙岭断裂北部的 2016 年门源地震的逆冲运动为冷龙岭断裂上地震活动腾出了空间。

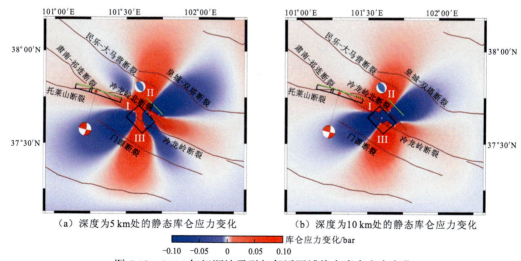

(a) 深度为 5 km 处的静态库仑应力变化　　(b) 深度为 10 km 处的静态库仑应力变化

图 5.13　2016 年门源地震引起邻近区域静态库仑应力变化

2022 年门源地震所处的构造背景中分布着较多左旋走滑性质的断裂，因此本次计算的库仑应力结果对分析发震区域整体的应力分布也具有参考意义。从图 5.13 分析得出，2016 年门源地震引起的库仑应力的增强区主要分布在其西北部的 I、II 区域和东南部的 III 区域，其中冷龙岭北断裂、肃南-祁连断裂、皇城-双塔断裂西端、民乐-大马营断裂东南端、托莱山断裂、冷龙岭断裂东端及门源断裂东端均存在较为明显的库仑应力增强（大于 0.1 bar），地震发生风险增高，灾害风险加大，因此有必要对这些地区开展持续监测和详细的风险评估。

**8）结论**

通过 GF-1 和 GF-7 光学遥感影像快速解译破裂带的空间分布特征，初步判定可见破裂带自东向西长达 12.76 km，最宽区域位于西端约 2 m（37°48′14″N, 101°15′04″E），并导致兰新高铁浩门至山丹军马场区间隧道群受损，出现暂时关闭停运的情况；进一步综合光学像素偏移量东西向和南北向形变场、SAR 像素偏移量距离向和方位向形变场、InSAR 同震形变场、相干性和无人机影像快速确定地表破裂带形变特征和空间分布。由光学像素偏移量的结果可知东西向最大形变为 2.0 m，由 SAR 像素偏移量的结果可知距离向最大形变为 −1.0 m 和 1.5 m，最终得出地表破裂的形变和空间分布信息。解译结果表明，此次地震导致的地表破裂由东（37°42′0″N, 101°28′4″E）向西（37°48′53″N, 101°6′2″E）约为 36.22 km；最后通过结合门源地区公路交通网、历史地质灾害点的分布、震后地表破裂带信息进行综合分析，可知交通干线 G0611 和 G338 东南段受地震影响较大。对门源地区公路交通网影响区路网比例和受灾影响结构分布进行分析，高影响区路网比例为 26.5%，此次地震震后对高速公路带来的影响最大，其中影响区路网比例为 70.05%，乡道带来的影响最小，未影响区路网比例最大为 24.39%。

2016 年门源地震升、降轨最大视线向隆升值分别为 6.7 cm 和 7.0 cm，且同震地表形变场方向较为一致，符合逆断层型地震的运动特征。2022 年门源地震同震地表形变场显示，地表破裂沿 NWW-SEE 方向延伸，地震造成的地表形变范围达 30 km×20 km，其最大形变为 78 cm。2016 年门源地震的滑动分布显示，发震断层的最大滑动量为 0.53 m，断层滑动主要集中在地下 4~12 km。根据 2022 年门源地震的滑动分布，子断层最大滑动量为 3.5 m，出现在地下约 4 km。初步判定 2022 年门源地震发震断层主要为冷龙岭断裂西段，且极有可能破裂到其西北端西侧的托莱山断裂。以 2022 年门源地震的发震断层为接收断层，计算2016 年门源地震造成的库仑应力变化。结果显示，2016 年门源地震在 2022 年门源地震断层面上产生了明显的正库仑应力变化，在一定程度上触发了 2022 年门源地震的发生。同时，2016 年门源地震引起了冷龙岭北断裂、肃南—祁连断裂、皇城—双塔断裂西端、民乐—大马营断裂东南端、托莱山断裂、冷龙岭断裂东端及门源断裂东端的库仑应力增加，这些断裂的地震危险性在今后需要得到持续关注。

利用近实时数据对 2022 年门源地震进行快速响应，基于多源卫星遥感影像快速解译地震震后地表破裂带，对门源县道路交通网各个路段的风险等级和灾情情况进行分析，并对发震断层进行了初步建模，为救灾救援、灾害评估、应急响应提供第一手的数据支撑，为积极预防次生灾害带来的二次灾害起了一定的指导作用，促进了地震震后灾情快速应急响应与防灾减灾的顺利进行。

2. 复杂多断层系统的震后应力释放过程：以新西兰地震为例

2016 年 11 月 13 日 11 时 2 分（UTC 时间），新西兰境内凯库拉（Kaikōura）发生 $M_W7.8$ 级大地震，此次地震是该地区 150 多年来发生的强度最大的地震。根据 USGS 给出的震源机制解，该地震震中位于 42.737°S，173.054°E，距离凯库拉镇西南方向约 60 km，震源深度约为 15 km，是一个以右旋走滑为主兼少许逆冲分量的地震。此次地震的地表破裂总长超过 150 km。地震发生后的短时间内，在断层破裂面两侧监测到上千次余震，图 5.14 所示为新西兰及其邻近区域地形、主震及余震分布。新西兰位于太平洋板块与澳大利亚板块边界带上，太平洋板块以 39～49 mm/a 的速度在澳大利亚板块下倾斜汇聚，并导致整个新西兰的活动构造。2016 年，凯库拉 $M_W$7.8 地震至少使 12 条断裂产生了 m 级的地表位错，跨过了两个活动方式与活动强度存在明显差异的地震构造区。12 条地震地表断裂的走向变化较大，总体上可分为 NE-NEE 向和 NNW-SN 向两组。NNW-SN 向断裂近于平行分布，如查威断裂与帕帕提断裂之间的距离可达 40～50 km。沿着地震地表破裂带，NE-NEE 向断裂之间的贯通性差，最大间隔出现在北里德尔断裂与上蔻海断裂之间，距离为 25～30 km；即使首尾相连，走向上也有约 30° 的走向差异，如从上蔻海断裂、约顿断裂、科科仁古断裂到尼德斯断裂走向的变化。

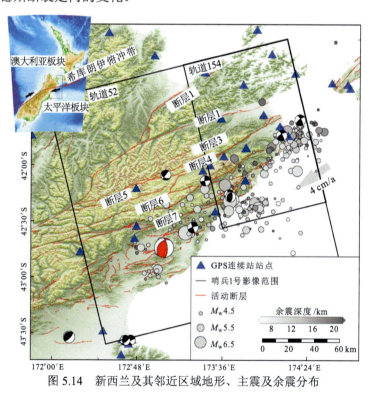

图 5.14　新西兰及其邻近区域地形、主震及余震分布

2016 年，新西兰凯库拉 $M_W$7.8 级地震涉及 20 多个浅源断层，且伴随多个断层的地表破裂，一个突出的科学问题是难以确定位于深层的俯冲带交界面是否发生滑动。本节利用覆盖整个新西兰南岛北部的卫星雷达干涉数据，解决大范围卫星雷达干涉测量时间序列（time series，TS）分析中大气延迟误差在时空上相关导致速率估计偏差的难题，解算震后一年的地表形变位移时间序列。首先，针对消除大气误差对干涉测量结果的影响，提出一种时间序列分析方法，利用 GACOS 减少长波长的大气误差，该操作使得相位测量的误差分布更加随机，有助于满足 InSAR 时间序列分析的基本假设。然后，利用时空大气相位屏（atmospheric phase screen，APS）滤波器进一步减小短波大气残差，使用最小二

乘算法获取地表年平均形变速率和形变时间序列（TS-GACOS-APS），具体流程如图 5.15
所示。最后，利用高精度的形变时间序列对余滑进行建模，精确反演定位了位于深层俯
冲板上的震后滑移分布及其时空演变过程。

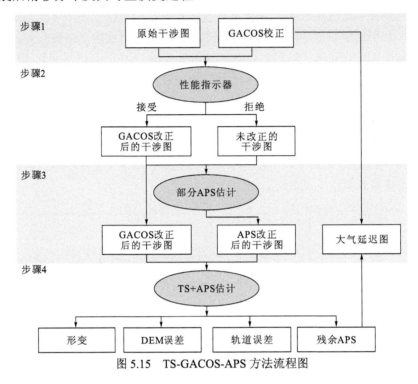

图 5.15　TS-GACOS-APS 方法流程图

　　通过对比发现，TS-GACOS-APS 方法的均方根差值为 1.1 cm，比 TS 方法提高 54%，比仅
使用 APS 滤波器的 TS 提高 27%。APS 滤波器大幅降低了短波残差，但即使在斜坡去除后也未
能消除长波误差，这表明 GACOS 校正在缓解长波大气效应方面发挥了关键作用（图 5.16）。

　　对比分析同震-震后断层滑移空间分布及震后滑移演变过程（图 5.17），震后滑移与同
震滑移在空间分布上存在互补，断层滑移由速度弱化区（velocity-weakening）向深层过渡
区演变，符合断层动力学的速率-状态摩擦（rate-state friction）本构定律，说明该俯冲板在
同震期间就已经产生显著滑移，且在震后释放了相当于 $M_W6.9$ 级地震的能量。该研究分析
为今后地震灾害研究及复杂地震机理解译提供了不可多得的案例。

## 3. 强震之间的关系：于田地震

　　2020 年 6 月 25 日我国新疆维吾尔自治区于田县以南 164 km 处发生了 $M_W6.3$ 级地震。
震中（35.566°N, 82.379°E，USGS）位于青藏高原西北部，巴颜喀拉块体与西昆仑块体边
界处由康西瓦断裂、郭扎错断裂和阿尔金断裂西南段构成的构造结合区内（图 5.18），构造
环境复杂。地震后的变形代表围岩对同震应力变化重新分布的响应，其对应的地表位移时间
序列有助于确定深部潜在的形变机制，这可能为未来的地震灾害和区域构造提供新的认识。
而大气效应是 InSAR 获取长波小幅度震后信号的一个主要限制因素。因此，GACOS 产品的
应用为高精度震后形变获取提供了新思路。本小节利用具有 APS 滤波的 GACOS-TS-InSAR
方法获取 2020 年于田地震震后形变时间序列（图 5.19）。

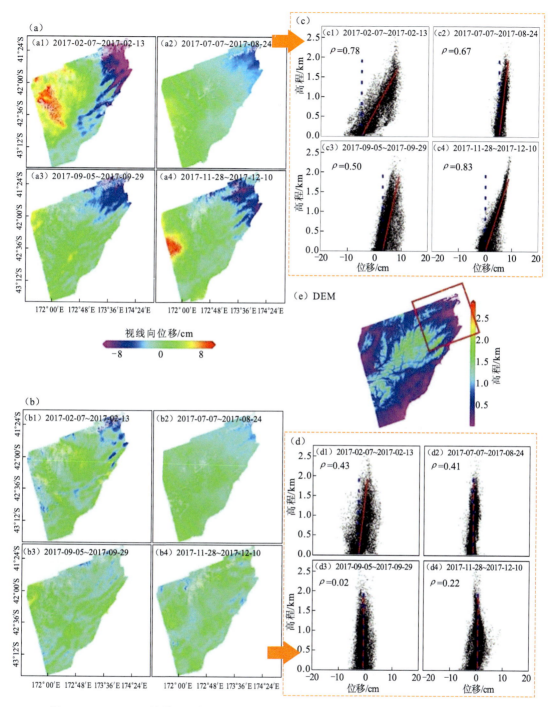

图 5.16　Sentinel-1 轨道 T52 的独立干涉图在一年不同时间收集的与地形相关的大气误差

（a）和（b）原始干涉图和 GACOS 改正后的干涉图；（c）和（d）表示（a）和（b）干涉图（e）中红框区域的位移-高程相关性；（c）和（d）中的红线表示位移和高程之间拟合的线性关系

图 5.19（a）展示了 2020 年于田地震后第一年的累积地表位移图，发现主震后近场发生较大的地表位移，且与同震位移的空间分布相似。第一年震后形变表现为西侧下沉，最大位移约 3.8 cm，东侧抬升，最大位移约 4.3 cm。对震后形变时间序列进行对数函数拟合

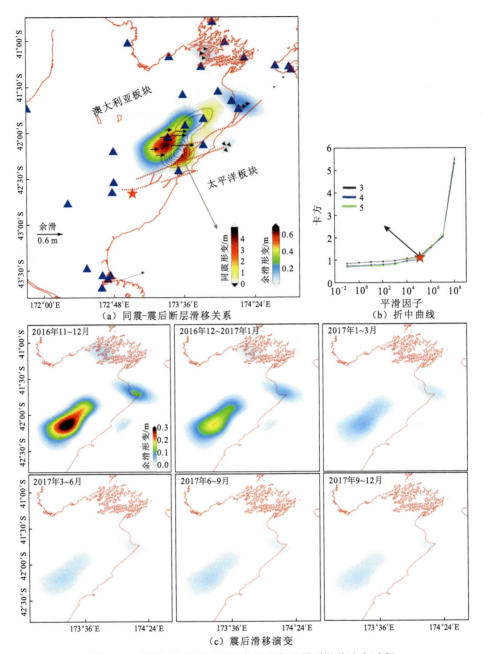

（a）同震-震后断层滑移关系　　　　　　　（b）折中曲线

（c）震后滑移演变

图 5.17　同震-震后断层滑移空间分布及震后滑移演变过程

发现，相比未使用 GACOS 改正的 TS-InSAR 结果，GACOS-TS-InSAR 具有较小的对数函数偏差和较大的相关系数（$R^2$）。

由于黏弹性松弛效应作用在更长的波长，对近场和远场都有影响，并且在足够长的时间尺度（如 10～100 年）才可能具有显著影响，本小节只考虑震后余滑和孔隙回弹机制。以 GACOS-TS-InSAR 获取的震后累积位移为约束，进行震后余滑模拟（图 5.20），结果发现余滑发生在一个与同震滑动不同的断层面上，其倾角更陡（约 75°），且余滑主要发生在同震滑动周边的滑动亏损区域。同震和震后不同的断层几何似乎揭示了 2020 年于田地震发震断层具有类似铲状的空间结构。

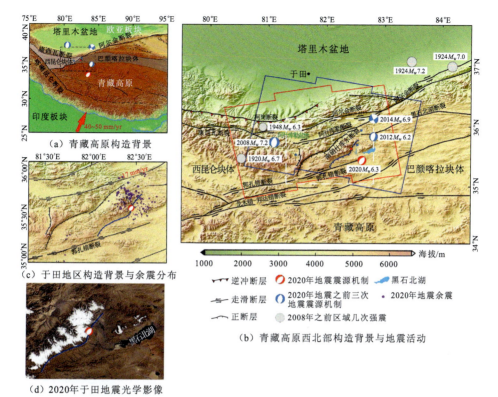

（a）青藏高原构造背景

（c）于田地区构造背景与余震分布

（d）2020年于田地震光学影像

（b）青藏高原西北部构造背景与地震活动

图 5.18　于田地震构造背景图

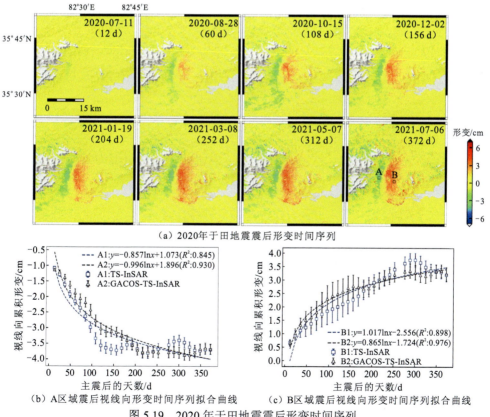

（a）2020年于田地震震后形变时间序列

（b）A区域震后视线向形变时间序列拟合曲线　　　（c）B区域震后视线向形变时间序列拟合曲线

图 5.19　2020年于田地震震后形变时间序列

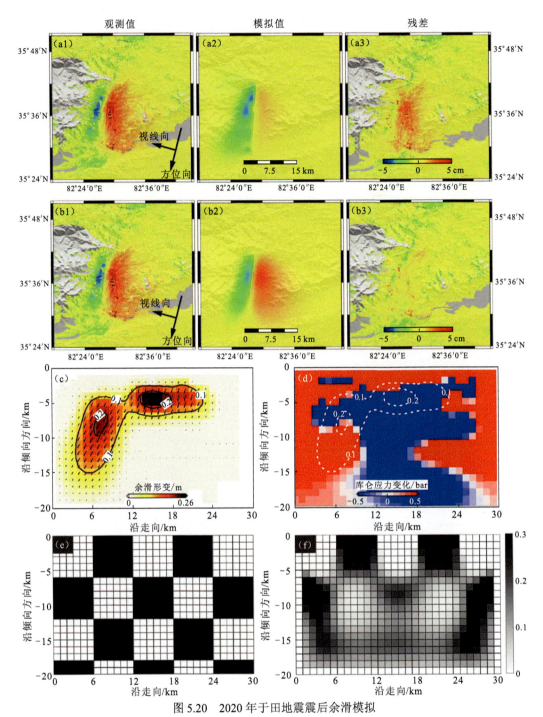

图 5.20　2020 年于田地震震后余滑模拟

（a）和（b）同震断层几何形状和重新定义断层几何形状的余震建模；（c）利用重新定义的断层几何形状确定的余震分布；
（d）ΔCFS 由重新定义的震后断层上的同震滑动产生；（e）输入的合成滑移分布；（f）综合地面变形反演的恢复滑移模型

　　孔隙回弹机制在震后短期的近场地表形变中也具有不可忽略的贡献，为了分析和量化其贡献，采用不同组合的排水状态和不排水状态泊松比组合分析 2020 年于田地震震后孔隙回弹效应。图 5.21 所示为 2020 年于田地震震后孔隙回弹机制模拟，可以发现孔隙回弹机制仅贡献了 20% 的震后变形（约 0.8 cm），且形变的空间分布近椭圆形，与观测的震后形

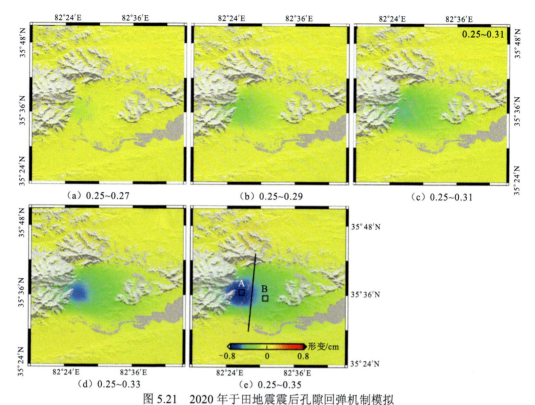

图 5.21　2020 年于田地震震后孔隙回弹机制模拟

0.25 为排水状态泊松比，0.27、0.29、0.31、0.33、0.35 为不排水状态泊松比

变差异较大。因此，可认为孔隙回弹机制对震后形变具有一定贡献，但其不是于田地震震后主要的形变机制。

调查区域历史和近期地震所产生的应力变化对研究强震触发关系和评估未来地震活动性至关重要。发震断层精细的滑动分布是计算地震所产生的库仑应力变化所需的必要输入数据，直接关系到库仑应力变化的准确计算。而 InSAR 技术已经被多项研究证明是获取浅源地震发震断层精细滑动分布的绝佳技术手段。

从美国地质调查局 USGS 网站（https://earthquake.usgs.gov/earthquakes/map/）查阅于田地震 200 km 范围内的历史地震发现，自 1920 年以来近 100 年间该区域共发生 8 次 6 级以上地震，其中，2008 年之前的 4 次地震距离本次地震震中位置都较远。值得注意的是，于田地震发震区域 2008 年 $M_W$7.2 级地震之后地震活动性逐渐增强，接连发生了 2012 年 $M_W$6.2 级地震、2014 年 $M_W$6.9 级地震和 2020 年 $M_W$6.3 级地震。最近 4 次（$M_W$>6）地震之间的触发关系，以及它们的发生对该地区未来地震活动性的影响，值得开展深入研究。

一次强震活动可以改变周围断层的剪应力和正应力，从而影响区域的地震活动性（Stein，1999）。库仑应力变化已被广泛应用于调查两个或多个地震的相互作用，并且成为评估区域未来地震活动性的重要指标（Harris，1998）。使用 Coulomb 3.4 软件包（Toda，2005；Lin and Stein，2004），基于 Okada 弹性位错理论（Okada，1992）和库仑失稳准则（Stein，1999；Harris，1998），计算静态库仑应力变化。2008 年和 2014 年于田地震的断层参数来自前人利用大地测量资料约束建模得到的有限断层模型（Li et al.，2020；Elliott et al.，2010）。2020

年地震断层参数来自建模得到的分布式滑动模型（表 5.3）。2012 年的 $M_W6.2$ 级地震发生在无人区，没有可用的 SAR 观测数据和相关的野外调查，因此采用万永革（2019）提出的方法，从不同机构[USGS、GCMT 和德国地学中心（German Research Centre for Geosciences，GFZ）]给出的震源机制中找到最小平方意义上的震源机制解。确定震源机制的走向、倾角和滑动角分别为 12.71°、51.97° 和-86.96°。断层平面的尺寸（16.65 km×8.94 km）和滑移量（0.48 m）是根据 Wells 和 Coppersmith（1994）给出的经验公式估计的。表 5.3 显示了用于静态库仑应力变化计算的详细断层参数。在计算中，剪切模量被设定为 33 GPa，摩擦系数被设定为 0.4。此外，考虑断层的破裂深度，统一计算 6 km 处的静态库仑应力变化。

表 5.3 于田地震断层模型参数

| 年份 | 纬度 | 经度 | 深度/km | 走向/(°) | 倾角/(°) | 子断层长/km | 子断层宽/km | 模型来源 |
|---|---|---|---|---|---|---|---|---|
| 2008 | 35.431°N | 81.486°E | 6.490 | 194 | 43 | 1.47 | 1.01 | Elliott 等（2010） |
| | | | | 167 | 60 | 1.15 | 0.98 | |
| | | | | 200 | 52 | 1.27 | 0.99 | |
| 2012 | 35.892°N | 82.530°E | 8.509 | 13 | 52 | 16.65 | 8.94 | 本书 |
| 2014 | 36.062°N | 82.630°E | 5.869 | 252 | 78 | 2.00 | 2.00 | Li 等（2020） |
| | | | | 101 | 80 | 2.00 | 2.00 | |
| | | | | 248 | 78 | 2.00 | 2.00 | |
| 2020 | 35.607°N | 82.429°E | 5.580 | 183 | 53 | 1.00 | 1.00 | 本书 |

为了调查 4 次地震的触发关系，首先，以 2008 年地震断层为源断层，分别以 2012 年、2014 年和 2020 年地震断层为接收断层，计算 2008 年地震对 2012 年、2014 年和 2020 年地震的影响。结果显示，2012 年和 2020 年地震位于 2008 年地震产生的应力阴影区[图 5.22（a）、（c）]，在断层平面中心的库仑应力变化分别为-0.105 bar 和-0.229 bar，表明 2008 年地震可能延迟了 2012 年和 2020 年地震的发生。然而，2008 年地震在 2014 年发震断层的西端产生了一个正的库仑应力变化（约 0.118 bar），在一定程度上促进了 2014 年的断裂。然后，研究前两次地震对 2014 年和 2020 年地震的累积应力扰动，结果表明，2014 年和 2020 年地震的断层斑块均部分位于具有正库仑应力变化的区域[图 5.22（d）、（e）]，2014 年断层上产生的最大库仑应力变化为 0.524 bar，2020 年断层上产生的最大库仑应力变化为 0.018 bar，表明 2008 年和 2012 年地震共同促进了 2014 年和 2020 年地震的发生。最后，计算前三次地震（2008 年、2012 年和 2014 年）在 2020 年地震断层上产生的累积库仑应力变化（图 5.23）。结果显示，2020 年断层只有部分位于库仑应力变化为正的区域[图 5.23（a）]。从图 5.23（e）可以看出，2020 年断层面上的前三次地震产生的累积库仑应力变化有相当大的横向梯度，而且只在 2020 年地震断层面的北侧为正值。因此，不足以得出前三次地震触发了 2020 年地震的结论。

为了区分前三次地震在触发 2020 年地震中的不同作用，分别计算三次地震在 2020 年断层面上产生的库仑应力变化[图 5.23（b）～（d）]。结果表明，2008 年地震在 2020 年断层面上造成了负的库仑应力变化[图 5.23（b）]，而 2012 年和 2014 年地震在整个断层

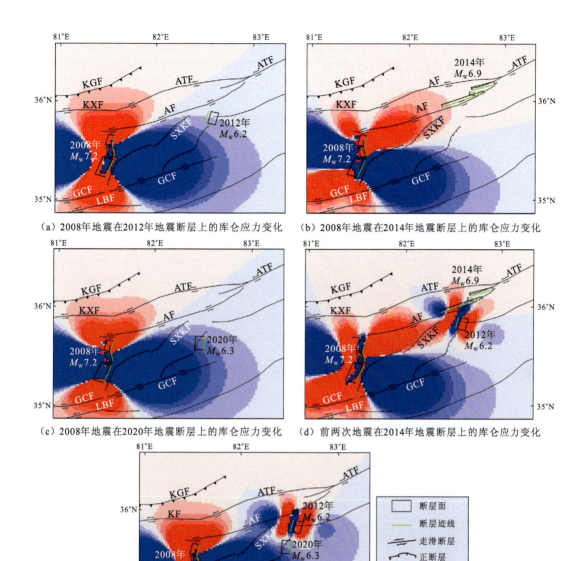

（a）2008年地震在2012年地震断层上的库仑应力变化    （b）2008年地震在2014年地震断层上的库仑应力变化

（c）2008年地震在2020年地震断层上的库仑应力变化    （d）前两次地震在2014年地震断层上的库仑应力变化

（e）前两次地震在2020年地震断层上的库仑应力变化

图 5.22　区域历史地震触发关系（图中符号含义见表 5.4）

面上产生了正的库仑应力变化[图 5.23（c）、（d）]。2020 年断层左边缘（地图上的北边缘）的整体库仑应力变化约为 0.098 bar，右边缘约为 -0.418 bar。由于缺少地球物理观测资料，无法更进一步分析 2020 年于田地震的触发成因，几种可能的解释如下：①在 2008 年地震之前，2020 年断层周围地区的预应力已经积累很高，接近临界破裂阈值。然而，2008 年地震的发生抑制或推迟了其破裂的开始时间。尽管 2012 年和 2014 年地震没有完全克服 2008 年地震的应力阴影，但它们在短时间内的连续破裂和正的库仑应力变化可能对触发 2020 年的破裂起到了重要作用。②2008 年、2012 年和 2014 年地震引起的交替瞬时应力扰动触发了 2020 年地震，区域的瞬时应力扰动可能会改变目标断层平面的摩擦参数或者使孔隙压力升高，进而促进地震触发。③先前地震诱发的流体过程也可能导致附近断层破裂。Bloch等（2022）使用地球物理观测资料在研究2015～2017年帕米尔地震序列的相互作用时，通过震区流体活动解释了第三次位于前两次库仑应力阴影区的地震的发生。

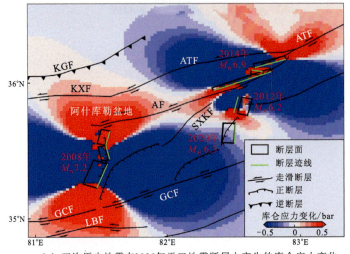

（a）三次历史地震在2020年于田地震断层上产生的库仑应力变化

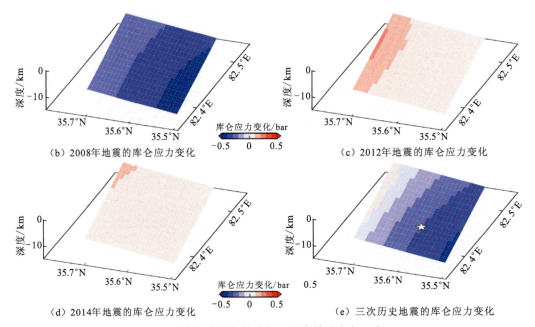

（b）2008年地震的库仑应力变化

（c）2012年地震的库仑应力变化

（d）2014年地震的库仑应力变化

（e）三次历史地震的库仑应力变化

图 5.23　库仑应力变化的演化（图中符号含义见表 5.4）

地震引起的应力变化可以促进或抑制区域地震活动。因此，调查区域历史和近期地震造成的应力变化，对评估区域未来的地震危险性至关重要。计算该地区几个主要断层平面上的 4 次地震产生的静态库仑应力变化（图 5.24）。在计算中，以 2008 年、2012 年、2014 年和 2020 年的地震滑移分布作为震源模型，并根据历史文献（Li et al.，2020；赵立波 等，2015；万永革 等，2010）确定每个断层的接收断层几何结构（表 5.4）。接收断层被离散成一个 4 km×4 km 的网格，向下延伸至 20 km。

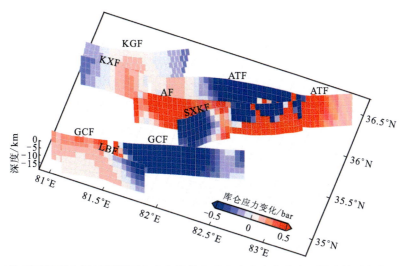

图 5.24　4 次于田地震在区域断层面上产生的静态库仑应力变化分布（图中符号含义见表 5.4）

表 5.4　于田地震区域主要断层几何参数

| 断层面 | 缩称 | 倾向 | 倾角/(°) | 滑动角/(°) |
|---|---|---|---|---|
| 阿什库勒断裂 | AF | S | 78 | −3 |
| 阿尔金断裂 | ATF | S | 75 | 10 |
| 郭扎错断裂 | GCF | — | 90 | 0 |
| 柯岗断裂 | KGF | S | 45 | 90 |
| 康西瓦断裂 | KXF | — | 90 | 0 |
| 龙木错-邦达错断裂 | LBF | — | 90 | 0 |
| 南哨尔库勒断裂 | SXKF | S | 78 | −3 |

　　图 5.24 显示了于田地震区域主要断层平面上的库仑应力变化分布。结果表明，在阿尔金断裂 82.8° 以东部分、阿尔金断裂与康西瓦断裂的过渡部分、柯岗断裂的东段、阿什库勒断裂的全段、南哨尔库勒断裂北段及郭扎错断裂 81.5° 以西部分都展示出应力加载，尤其是阿尔金断裂 82.8° 以东部分、阿什库勒断裂的全段和郭扎错断裂 81.5° 以西部分具有明显的正的库仑应力变化，未来应该重点关注这些区域的地震危险性。

　　据不完全统计，迄今具有影像大地测量约束的震例分析已超过 220 个（Zhu et al.，2021）。当前，影像大地测量对地震灾害的研究主要集中在：①高精度地表形变场获取，其中包括大气误差、大梯度形变引起的解缠误差改正等（Yu et al.，2020；Zuo et al.，2016；Bekaert et al.，2015）；利用 Offset Tracking、MAI 等技术或基于地表应力应变等模型的地表三维形变场获取（Hu et al.，2021；Wang et al.，2018；Michel et al.，1999）。②基于 SAR 偏移量、光学偏移量和无人机航拍等技术的地表破裂带的绘制（Yuan et al.，2021a；Gao et al.，2017；Oskin et al.，2012），使用 InSAR 相位梯度研究地表破裂（Xu et al.，2020）。③利用 SAR 强度信息、无人机应急监测和机载 LiDAR 等技术对发震区域进行危险性评估（Yun et al.，2015；刘静 等，2013；Fielding et al.，2005）。

目前，获取 InSAR 同震形变场的方法比较成熟，但是无人工干预、自动化下载、数据处理和反演计算的软件或系统还未有报道，这是未来发展的趋势。在 InSAR 同震形变场自动获取方面的技术已经成熟，但如何根据发震位置的构造背景设置断层初始参数进行断层参数反演还需要人工参与。每个地震的发震断层需要结合震源机制解与重新定位后的余震分布确定。因此，构建尽可能完备的活断层库，或根据重新定位后的小震分布自动确定断层位置，是目前制约利用 InSAR 技术自动化确定震源参数的关键，也是迫切需要解决的问题之一。在震源参数反演过程中，国内大部分反演模型采用均匀弹性半空间模型，但是建立区域接近真实的地壳介质模型也是未来发展的方向。我国重点危险区的深部结构并没有一个完备的数据库，这也是未来需要完善的方向（季灵运 等，2021）。

## 5.3  火山观测及应用

火山指由地球内部大量放射性物质在自然状态下发生改变，散发大量热量，导致固体碎屑、熔岩流或穹状喷出并不断堆积从而成的隆起的山或丘。根据活动性的强弱，火山可分为活火山、休眠火山及死火山；根据类型的不同，火山可分为盾状火山、火山渣锥、复合火山及穹窿火山；根据喷发物体积的不同，火山爆发指数（volcanic explosivity index，VEI）又可分为 0～8 级。

火山喷发一方面会创造新的土地资源、矿产资源和自然景观等，另一方面会严重污染环境、威胁生物安全。据统计，自全新世以来全球范围内有过喷发活动的火山超过 1500 座，平均每年约 60 座火山会发生喷发，8 亿余人生活在距离火山 100 km 范围内，这一现象严重威胁到当地居民的生产生活安全（Siebert et al.，2013）。2022 年 1 月 15 日，位于南太平洋岛国汤加王国境内的海底火山发生喷发，当地通信、水源等均受到严重破坏，火山喷发引发的海啸导致当地 6 人死亡，此外位于太平洋沿岸的日本、新西兰、斐济等国家均监测到明显海啸波。由于火山喷发会引发极大破坏，世界各国对本国火山形变监测都投入了巨大精力，但相较于国外的火山研究，我国活火山活动不明显，相关研究相对较少，火山模型构建研究较为单一，在很多领域的研究尚显薄弱。

随着 SAR 影像的存档越来越丰富，数据处理算法不断成熟，InSAR 技术目前已被广泛应用于火山探测、监测及灾害预警中。基于海量 InSAR 数据处理结果和深度学习等算法，可以对具有潜在危险的火山进行识别，这对于大范围火山探测具有重要意义。在火山探测的基础上，利用 InSAR 技术监测范围广、周期性重访及不受天气气候影响的优势，对具有潜在危险的火山展开长时序形变监测，获取其毫米级的形变信息，可以为灾害预警及灾后救援提供第一手资料。此外，基于 InSAR 技术获取的火山形变场，结合 Mogi 点源模型（Kiyoo，1958）、Yang 长椭球模型（Yang et al.，1988）等可以反演火山深部岩浆囊的位置及体积变化，探究火山深部动力学机制，从而辅助灾害损失评估及相关科学研究。

全球范围内，已知的活火山有 500 余座，主要集中在环太平洋火山带、地中海—印度尼西亚火山带、洋脊火山带、东非火山带及红海沿岸。我国境内的火山研究，主要集中在长白山天池火山、云南腾冲火山群、琼北海口火山及新疆阿什库勒火山。在影像大地测量学的支撑下，全球火山形变研究迎来了新的发展阶段，本节选取国内外几座典型火山（群），简要介绍影像大地测量学在其灾害监测中的应用。

基拉韦厄（Kilauea）火山位于夏威夷群岛东南方向，火山活动频繁，是世界上最年轻、最活跃的活火山之一。基拉韦厄火山岩浆源于下层地幔，其岩浆主要从两个位置喷出：山顶火山口哈雷茂茂（Halema'uma'u）内的一个熔岩湖和东裂谷带（east rift zone，ERZ）的锥体及其附近喷口。其中，火山口的熔岩湖自 2008 年开始活跃并伴随着气体和火山灰的排放，锥体及其附近喷口距离熔岩湖约 20 km，自 1983 年来一直活跃。

为了研究位于夏威夷岛南侧的基拉韦厄火山山顶活动性，Baker 等（2012）使用研究区 2000～2008 年 Radarsat-1 SAR 影像，基于 SBAS-InSAR 技术对其进行时间序列处理，发现基拉韦厄火山的浅部岩浆系统由 4 个相互连接且具有不同活动周期的独立岩浆体组成。自 1998 年以来，基拉韦厄火山持续出现一系列缓慢滑动事件，并伴随频繁的小地震事件。为了对 2010 年 2 月发生的缓慢滑动事件展开研究，Chen 等（2014a）提出了一种修正的小基线集 InSAR，对研究区 2009 年 8 月～2010 年 12 月获取的 49 幅 TerraSAR-X SAR 影像进行处理，用于研究 2010 年当地的地表形变过程及构造运动。通过实验结果发现，基拉韦厄火山南侧地区形变比北侧地区更快，并且 2010 年的缓慢地表形变以水平位移为主，其垂直位移最大值小于 2 mm。2015 年 4 月 21 日，多种手段监测到基拉韦厄火山山顶出现异常扰动，哈雷茂茂火山口山顶快速膨胀且熔岩湖不断上升，这一系列现象表明岩浆在不断入侵该地区。为了对本次喷发事件展开研究，Jo 等（2015）使用多时相 X 波段的 COSMO-SkyMed 升降轨影像，通过将 InSAR Stacking 和多孔径 InSAR 相结合获得的三维位移图，揭示了本次火山活动的地表形变模式和区域覆盖范围。结果显示，地表在东和北方向的最大形变分别约为 8.2 cm 和 13.8 cm，球形岩浆源的最佳拟合位置位于破火山口的西南部，地下约 2.8 km 处。2018 年 5 月，基拉韦厄火山山顶储层系统中排出大量岩浆，熔岩流从火山下东部裂谷带喷出一直流向大海，导致地表高速沉降，火山口面积不断增大，并摧毁数百幢房屋（Farquharson et al.，2020）。根据统计数据，本次火山爆发是过去 200 年来夏威夷强度最大且破坏性最强的火山事件之一，造成直接经济损失达 2 亿美元（Patrick et al.，2019）。在本次火山事件中，相关学者联合 GPS 和 InSAR 捕捉到基拉韦厄东部裂谷带沿岸岩脉侵入、主震和喷发事件相关的形变序列。研究发现，火山区的地震是由岩浆囊膨胀和断层蠕动产生的静态应力变化引起的，并且岩浆膨胀、滑脱面上的快速断层蠕动及同震破裂反映了岩浆作用和断层作用之间复杂的循环相互作用（Kundu et al.，2020）。根据记载，基拉韦厄火山爆发前的几个月当地出现了异常降水，为探究该现象与火山事件间的联系，Farquharson 等（2020）结合降雨信息及 Sentinel-1 InSAR 数据，发现在火山爆发前及爆发期间，降水渗入基拉韦厄火山地下，使得 1～3 km 深处的孔隙压力增加了 0.1～1 kPa，达到近 50 年来的最高压力，研究最终得出结论：此次火山侵入事件与其他侵入不同，不是由新岩浆强行侵入裂谷带引起的。此外，对历史喷发事件的统计分析表明，降雨模式在很大程度上决定了基拉韦厄火山喷发和侵入的时间和频率。因此，火山活动可能会受到极端降雨的影响，引发岩石坍塌，这是评估火山灾害时应该考虑的一个因素。值得注意的是，这一现象也表明日益极端的天气异常可能会增加全球降雨引发火山现象的可能性。为深入研究本次爆发引发的地表形变，Neal 等（2019）对火山喷发前后的 ALOS-2 和 Sentinel-1 影像进行差分干涉处理，结果发现位于火山东部的喷发口发生 4 m 的塌陷。Anderson 等（2019）通过常规观测、GPS、钻孔倾斜仪和 COSMO-SkyMed 影像得到的 InSAR 干涉图，记录了基拉韦厄火山地表沉降和随后的塌陷过程。此外，Lundgren 等（2019）使用 GLISTIN-A SAR 影像，在考虑熔岩流经地区的植被影响情况下，估算了 2018 年基拉韦厄火山口的坍塌和熔岩体积的时间序列变化。

汤加群岛是一个双岛链，位于从新西兰北部向萨摩亚南部以北-东北方向不连续延伸的一个岛弧系统北端。2022 年 1 月 14～15 日，位于西南太平洋板块和澳大利亚板块聚敛边界的南太平洋汤加海底火山发生猛烈喷发，本次喷发是继菲律宾皮纳图博（Pinatubo）火山 1991 年喷发后全球最大的一次火山活动，火山爆发指数为 5～6 级（吕品姬 等，2022），灾害造成 6 人死亡，至少 85 000 人受灾。根据资料记载，汤加海底火山历史上曾有过 6 次喷发，其具体信息如表 5.5 所示。

表 5.5　汤加海底火山历史喷发记录

| 开始时间 | 停止时间 | 火山爆发指数 | 喷发高度/km | 影响 |
|---|---|---|---|---|
| 2021-12-20 | | 5～6 | — | 汤加全境短暂失联。太平洋多个国家和地区监测到海啸波，排放 $SO_2$ 约 14 000 t |
| 2014-12-19 | 2015-01-23 | 2 | 9 | — |
| 2009-03-17 | 2009-03-22 | 2 | 2009-03-18: 4.6～7.6<br>2009-03-18～03-19: 4～5.2<br>2009-03-20: 1.8<br>2009-03-21: 0.8 | 水面形成新的陆地，火山喷发物破坏了岛屿植被 |
| 1988-06-01 | 1988-06-03 | 0 | — | 哈派群岛 1 km 范围内受灾严重 |
| 1937 | | 2 | — | — |
| 1912-04-29 | | 2 | — | — |

为了对 2022 年汤加海底火山喷发事件进行应急响应，胡羽丰等（2022）提出了一套多源数据获取-地貌演化监测-地表形变监测-环境响应探测-灾害损毁评估-灾后恢复决策综合遥感技术框架(图 5.25)。研究结合 2019 年 4 月 30 日～2022 年 1 月 17 日的 Sentinel-1SAR 影像和多时相光学影像数据探讨此次喷发过程。光学影像（图 5.26）显示，2021 年 8 月 5 日～12 月 18 日，汤加海底火山无异常现象，但 12 月 23 日，大量浓烟在火山南部出现并且火山发生了明显形变，此后形变区域不断扩张，至 2022 年 1 月 2 日，岛屿东南部已经明显扩大，在此之后光学影像的云层覆盖率达到 100%，直至 2022 年 1 月 16 日，云层逐渐消退，但汤加海底火山除海拔较高的山脊仍处于海面以上外，其他区域均已消失。

由于光学遥感影像的观测受到云层等因素的干扰，对火山喷发前的 55 景 Sentinel-1SAR 影像进行干涉测量处理，获取 2019 年 7 月 6 日至 2021 年 12 月 10 日汤加海底火山的时序形变结果及年形变速率，并选取火山口形变区的两个特征点 $P_1$ 和 $P_2$ 做时间序列分析（图 5.27）。结果发现，火山口的特征点在 2020 年 6 月和 2020 年 8 月后视线向地表形变逐渐明显，根据线性拟合结果，两个特征点的沉降速率达到 3.1 cm/a 和 2.2 cm/a。本小节研究充分体现了影像大地测量在火山监测及应急响应中的重要作用，通过本研究提出的方案框架，可实现火山喷发和受灾情况的定性及定量分析，为灾害应急提供及时可靠的信息支撑。

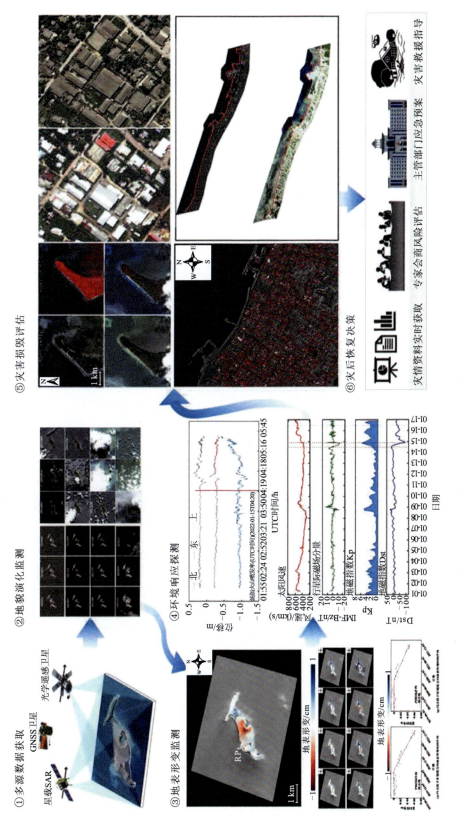

图 5.25　汤加海底火山喷发综合遥感快速响应技术框架

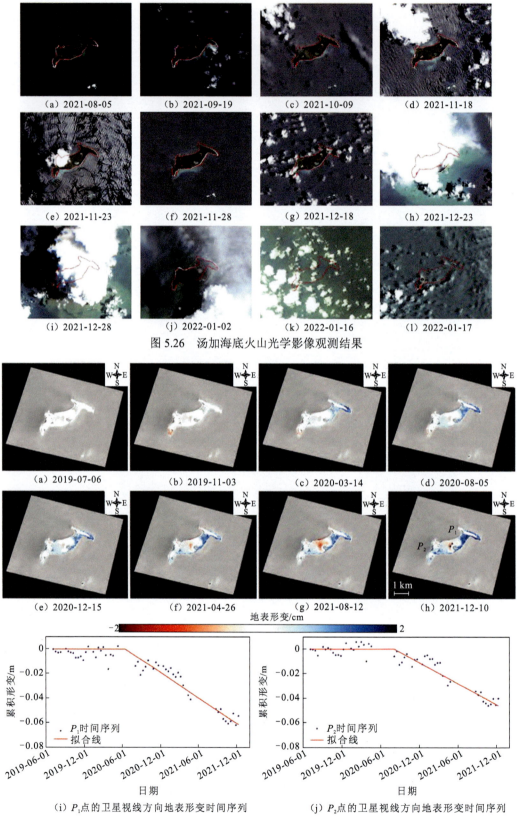

（a）2021-08-05　　　（b）2021-09-19　　　（c）2021-10-09　　　（d）2021-11-18

（e）2021-11-23　　　（f）2021-11-28　　　（g）2021-12-18　　　（h）2021-12-23

（i）2021-12-28　　　（j）2022-01-02　　　（k）2022-01-16　　　（l）2022-01-17

图 5.26　汤加海底火山光学影像观测结果

（a）2019-07-06　　　（b）2019-11-03　　　（c）2020-03-14　　　（d）2020-08-05

（e）2020-12-15　　　（f）2021-04-26　　　（g）2021-08-12　　　（h）2021-12-10

地表形变/cm

（i）$P_1$ 点的卫星视线方向地表形变时间序列　　　（j）$P_2$ 点的卫星视线方向地表形变时间序列

图 5.27　汤加海底火山及样本点 InSAR 形变时间序列

除汤加海底火山外，洪阿哈帕伊岛火山（19.18°S，174.87°W）也是南太平洋汤加海沟西侧的几座海底火山和岛屿火山之一，其位于汤加卡奥（Kao）岛以北约 56 km，拉泰（Late）岛以南约47 km。为了对2019年10月中旬Late'iki 火山爆发展开研究，Plank等（2020）基于多传感器地球观测（MODIS、VIIRS、Sentinel-2、Landsat 8、Sentinel-1 和 TerraSAR-X）数据对其进行了分析。研究发现，在最近的这次喷发中，于1995年形成的一座旧火山岛的残骸坍塌，并形成了新的岛屿。与前一座岛屿（由硬化的熔岩组成，保存期超25年）相比，新生岛屿在火山爆发后的两个月内就被侵蚀，这一现象表明，2019 年 10 月中旬火山喷发形成的岛屿由易侵蚀物质组成，这与1967～1968年和1979年火山爆发期间形成的短周期（几个月）火山岛物质组成相似。这些结果证实了多平台卫星观测系统在监测位于偏远地区的活火山方面的重要作用，由于这些活火山通常不易被地面监测网络（如地震台站）观测到，卫星遥感是对其进行观测的唯一途径。

长白山天池火山位于中朝边境，东北裂谷系最外围的敦化-密山断裂以东，西太平洋板块俯冲带的前缘及古中朝克拉通断裂的北缘，是我国最大的一座具有潜在危险的活火山（Meng et al.，2022；Liu et al.，2004）。天池火山主要位于 10 个断裂带之间（图 5.28 中 f1～f10）。f1 断层起源于北西向的白山镇至金泽，近直立，长约 320 km。f2 断层自六道沟经长白山火山至甄峰山，呈北东向，长约 150 km。f1 和 f2 断层是长白山地区最重要的地质构造，它们控制了长白山火山的形状。f3 断层是一条走向滑动的断层，长度超过 120 km，呈北东向。f4 断层位于 NWW 走向的满江至白山一带，沿该断层发育 V 形断崖，是形成满江河的主河谷。f5 断层长约 50 km，呈 NWW 走向，由松山至天池，是长白山火山西侧的一

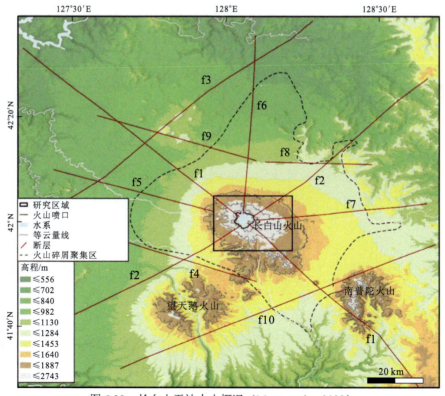

图 5.28　长白山天池火山概况（Meng et al.，2022）

条放射状断层。f6 断层为北北东向张性断层，位于天池至红透山之间。f7 断层自天池至图们江，呈北西向展布，控制着研究区的更新世玄武岩火山群。断层 f8、f9 和 f10 由陈海潮（2020）利用遥感技术解译获得。天池火山在历史上有过数次爆发，公元 946 年发生的一次爆发活动是世界上规模最大的火山活动之一。在公元 1688 年、1702 年及 1903 年天池火山还发生过喷发活动，因此被称为我国最危险的火山（Ji et al.，2013）。

为了更好地监测天池火山活动性状况，我国于 1999 年在研究区建立了长白山天池火山监测台网［图 5.29（a）］，综合各种监测手段发现，2002～2006 年长白山天池火山周围地震震级偏高［图 5.29（b）］，从而推测岩浆发生了异常扰动，但 2006 年后这种异常扰动逐渐减弱，天池火山逐渐恢复稳定状态。

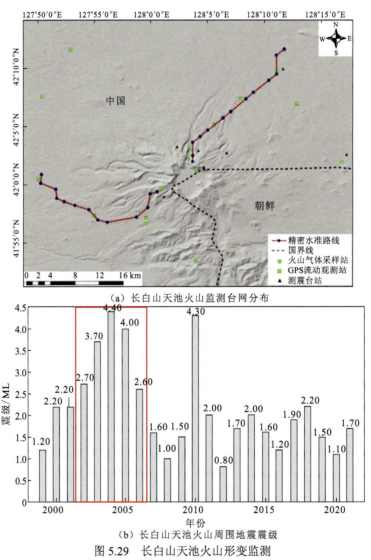

（a）长白山天池火山监测台网分布

（b）长白山天池火山周围地震震级

图 5.29　长白山天池火山形变监测

相对于地震观测和火山气体地球化学监测，利用 InSAR 技术获取地表形变量是火山缓慢形变监测的有效手段之一。为了研究天池火山活动性状况，Chen 等（2008）利用 InSAR 技术对长白山天池火山 1993～1995 年 3 景 JERS-1 影像进行处理，结果显示天池火山东南方向沿视线向有 6～12 cm 的形变。Han 等（2010）利用 4 景 JERS-1 存档 SAR 影像，获取了长白山 1994～1998 年地表形变场，结果显示该时期天池火山视线向最大形变速率为 5 mm/a，且研究区形变量随着高程的升高逐渐增大。Ji 等（2013）根据 2004～2010 年长白山天池火山 Envisat ASAR 影像，使用 PS-InSAR 技术获取研究区地表形变场，结果显示 2006 年 8 月～2008 年 8 月天池火山主要表现为隆升，但 2008 年 8 月～2010 年 6 月形变场发生变化，主要表现为沉降，且最大沉降量大于 10 mm。Kim 等（2017）利用 InSAR 技术对 2007～2010 年 19 景 Envisat ASAR 影像进行差分干涉，并通过大气误差校正和时间序列分析，提高地表形变场的可靠性，最终显示在长白山天池火山周围视线向形变速率可达 20 mm/a，主要表现为地表隆升，结合断层分布推测形变主要是由断层活动和岩浆相互作用导致的。He 等（2015）使用 PS-InSAR 技术对长白山天池 2006～2011 年 24 景 PALSAR 影像进行时序形变分析，并结合外部水准监测结果对 PS 点的时序变化结果进行验证，发现 2006～2009 年天池火山存在明显隆升，距离火山口越近的区域隆升越明显，但 2009～2011 年隆升逐渐减弱，部分水准点位形变表现为沉降。Trasatti 等（2021）使用多时相 InSAR 技术对长白山天池火山 2018 年 11 月～2020 年 10 月的 ALOS-2 影像进行处理，结果显示天池东南部视线向隆升速率和西南部视线向沉降速率均高达 20 mm/a。

作为我国著名的新生代火山群之一，云南腾冲拥有类型齐全、规模宏大、分布集中、保存完整的火山群，被誉为"天然火山地质博物馆"，同时也是我国著名的旅游景点（图 5.30）（段毅 等，2019）。腾冲火山群（24°45′N～25°36′N，98°20′E～98°48′E）位于中缅边境交界的我国云南省保山市腾冲市，是我国著名的新生代板块内部火山活动区之一。从板块构造角度来讲，腾冲火山群位于印度洋与欧亚大陆板块碰撞带东南部（青藏活动地块和华南活动地块交界区西向的滇缅活动地块），壳幔物质交换较为活跃。腾冲火山群占地面积约 4500 km$^2$，拥有约 68 座火山，其中全新世火山 4 座、晚更新世火山 18 座、早更新世火山 38 座，年代较新的火山主要位于腾冲盆地中部，由南向北呈现链状分布。

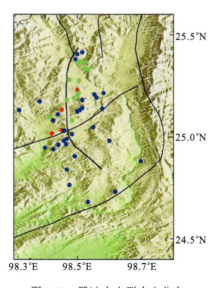

图 5.30　腾冲火山群火山分布

黑线为断层，红、绿和蓝色圆圈分别表示全新世、晚更新世和早更新世火山位置

腾冲火山区域及周边地震活动频繁（位于青藏高原地震区的唐古拉-喜马拉雅地震亚区），且有过多次强地震，如 1976 年龙陵 $M_W$7.3 级和 $M_W$7.4 级地震。1929～1933 年，该地区地震频率和强度处于活跃期，据统计，这一时期在腾冲北部发生了 $M_W$6 级以上地震高达 7 次，由强地震的分布与构造带的空间关系发现，该区域地震大多为构造地震。但从发生地震分布特征、震源机制解、地震波谱和地面破坏等不同方面分析，此期间存在火山地震震例，如 1961 年 6 月 12 日腾冲玉壁山 $M_W$5.8 级地震、1976 年 7 月 21 日 $M_W$5.1 级地震等。

利用 InSAR 技术在地表长时序形变监测和岩浆参数反演的优势，季灵运等（2011）基于腾冲火山区 1995～1997 年 6 景 JERS-1 L 波段 SAR 影像，首先利用 SBAS-InSAR 技术获取了研究区地表雷达视线向的形变时间序列，并与 2003～2004 年的 GPS 观测数据进行对比，结果表明 SBAS-DInSAR 技术能够以亚厘米级的精度检测区域地表形变。其次，胆札-高田断裂两侧形变差异性显著，该现象可能与其下方存在的地壳岩浆囊的活动有关。最后，打鹰山地区的地表形变表明其下方可能存在隐伏断裂。为了获取腾冲火山群的三维形变信息，杨云飞（2021）联合 Sentinel-1A SAR 影像和 GPS 数据，构建了 GPS-InSAR 三维形变模型，获取火山区毫米级的 InSAR 形变监测结果，结合两种数据，采用粒子群算法对改进的目标函数寻找最优解，获取腾冲火山区高空间分辨率的三维形变速度场，并依据已有形变场，基于岩浆囊所在区域的三维形变信息，利用 Mogi 模型获取研究区的岩浆囊参数信息，发现西北方向的岩浆囊位于地下约 1.4 km，西南方向的岩浆囊位于地下约 4 km。多种实验结果表明，除个别区域地壳活动相对活跃外，腾冲火山区目前仍处于相对稳定状态。

除岩浆火山外，InSAR 技术对泥火山的形变监测也具有重要意义。目前，陆地上已经发现了数百种不同形态和大小的泥火山，并且还有数千座火山存在于海底。许多泥火山的形成与含油气盆地、褶皱-逆冲断裂带或俯冲带的增生有关，主要由于深层超压沉积物穿过底层喷发至地表所致。泥火山的活动往往伴随着多种气体的释放：甲烷是排放最多的气体，其次是较少量的二氧化碳和氮气。目前，国内外对泥火山的 InSAR 形变监测研究较少，研究区域也大多集中在印度尼西亚卢西（Lusi）泥火山及阿塞拜疆泥火山群，对其他地区泥火山研究涉及较少。

阿塞拜疆位于中亚里海的西部边缘，是世界上泥火山最多的国家之一。为了探究其境内泥火山的活动性，Antonielli 等（2014）基于 2003 年 10 月～2005 年 11 月覆盖研究区的 9 景降轨 Envisat 影像，利用 InSAR 技术对其进行处理，结果发现：①观察到的泥火山的地面变形模式通常以同时存在隆起区和沉降区为特征，它们可能分别对应于膨胀区和收缩区；②由流体压力和体积变化驱动的重要变形事件可能与主喷发有关，火山破裂前变形包括明显的隆起和偶尔的轻微下沉，这可能与加压流体的地下再分布有关；③在泥火山漫长的喷发历史中，地表变形的离散脉冲可能会重复出现，作为地下流体-泥浆膨胀和再分布的一种机制，可能与主要喷发事件没有直接关系；④泥火山和岩浆火山在平静和爆发前阶段的地面变形机制方面有一些相似之处。此后，随着 SAR 卫星影像的不断积累，Iio 等（2018）使用 2006～2011 年沿上升轨道的 ALOS/PALSAR 影像，以及 2014～2017 年沿上升和下降轨道的 ALOS-2/PALSAR-2 影像，监测了阿塞拜疆阿亚兹-阿克塔玛泥火山的地表位移。结果表明，泥火山的变形主要以水平位移为特征。除传统 InSAR 技术外，使用多孔径干涉测量法来获得方位向的地表位移，可补充传统 InSAR 技术获取的结果。InSAR 和 MAI 技术获取的三维地表位移结果表明，研究区以水平位移为主。研究人员基于半空间弹性位错理论的假设进行了震源模拟，结果表明，研究区泥火山的超压系统由不断侵入的泥浆和气体维持其稳定状态。

卢西泥火山位于印度尼西亚爪哇岛，是世界上最大且增长速度最快的泥火山之一，该火山于 2006 年 5 月"复活"。为了探究卢西泥火山的活动机制，Abidin 等（2009）结合 GPS 和 InSAR 结果发现，卢西泥火山的喷发事件引起了垂直和水平的地面沉降，并且以 0.1 cm/d 和 4 cm/d 的速率不断沉降，并形成了一个凹陷区域。由 2008 年 2 月和 3 月的测量数据发现，卢西泥火山短期内出现了 1～3 m 的沉降，该现象表明当地可能存在活动断层。此外，利用 2006 年 5 月 19 日～2007 年 5 月 21 日获得的 10 景覆盖卢西泥火山的 PALSAR 数据，Fukushima 等（2009）基于 InSAR 技术获取了研究区周围连续的地表位移图。形变结果显示，由于喷出的泥浆，最靠近喷发口的区域（空间延伸约 1.5 km）的形变无法监测到，但所有经过处理的干涉图都显示在以喷发口为中心，大约 4 km（南北向）的椭圆形区域发生了 3 km（东西向）的沉降。从 2006 年 10 月 4 日前四个月到 2006 年 10 月 4 日和 2006 年 11 月 19 日之间 46 d 的干涉图显示，在此两个期间火山区分别发生了至少 70 cm 和 80 cm 的地面沉降。

火山观测及应用是地球科学的一个重要分支，涉及地球物理、地球化学、地形学、遥感技术等多个学科。开展此项工作，旨在通过对火山的监测和研究，揭示其活动规律和预测其可能的喷发行为，为保护人类生命和财产安全提供科学依据。目前，火山监测方法包括地面观测、遥感技术和物理模型等。其中，对地观测技术是火山探测和监测的主要手段之一，主要为星载遥感和机载遥感。在星载遥感中，主要应用的数据包括 SAR 影像和光学遥感影像等；在机载遥感中，主要应用的技术包括热红外成像、可见光和紫外线成像等。值得注意的是，虽然 InSAR 技术目前已被广泛应用于火山形变探测和监测，但该技术仍有一定的局限性，如大梯度形变冰雪及植被覆盖造成的失相干现象、大气水汽对测量结果的干扰等，这些都会影响干涉测量结果的准确性，从而影响火山地表形变监测的可靠性。但随着多波段、多极化方式、多传感器 SAR 卫星的不断成熟，未来火山形变监测将获得更为丰富的 SAR 数据，在一定程度上可以解决目前 InSAR 面临的困境。

## 5.4　滑坡观测及应用

滑坡是世界范围内广泛分布的一种极具危险性的地质灾害，开展滑坡灾害的研究对保护人民财产安全具有重要意义。本节主要介绍基于对地观测技术的滑坡观测及其应用，阐述滑坡探测和监测的主要技术与手段。以滑坡广域探测（青藏高原交通工程沿线）和单体滑坡（玻利维亚独立镇滑坡）为例展开阐述。

### 5.4.1　滑坡观测及风险评估

滑坡容易受降水和地形等因素的影响，在地震及其他因素引起局部稳定性受到破坏的情况下，其岩体、斜坡或其他碎屑受重力作用沿着一个或几个剪切面容易产生滑动。滑坡隐患一般会给当地带来巨大经济损失及人员伤亡，严重威胁人们的生命安全。我国是世界上受滑坡灾害影响最严重的国家之一，近年来全国各地陆续开展了大量地质环境与工程勘察活动，积累了丰富的滑坡资料，但这些资料往往存在信息不全、精度低的问题。多轮地质灾害详查及隐患排查表明，我国地质灾害类型繁多，滑坡隐患的比例最高约70%，空间分布具有"点多面广"的特征。因此，开展大规模、多类型的野外地质调查是及时有效地识别滑坡隐患，准确评估其危害性的关键。约70%的滑坡隐患发生在现场调查难以企及的艰险山区，约80%的滑坡隐患出现在防灾减灾条件比较薄弱的偏远农村地区，而传统调查手段并不具备广域、时效性强等特点（葛大庆 等，2019；许强 等，2019）。使用卫星雷达和光学及无人机摄影测量/LiDAR 等遥感技术，尽早识别滑坡隐患，及时监测和预警，可以切实提高我国防灾减灾的能力与水平，将"被动避灾救灾"转变为"积极主动防灾治灾"（殷跃平，2018）。滑坡灾害发育和发生的过程非常复杂，它不但受斜坡本身结构的影响，还会遭受如强降雨、地下水位的变化、工程开挖及其他外在因素的作用，因此对这些复杂环境影响下的滑坡进行长期监测具有重要意义。长时期的实验研究结果表明，滑坡破坏前的蠕变加速可分为初级蠕变阶段、次级蠕变阶段和三级蠕变阶段三个阶段。初级蠕变的特征是应变速率随时间逐渐减小，这种减小通常只持续很短的时间，在某些情况下甚至不存在；次级蠕变的特征是以几乎恒定的速度缓慢移动，但降雨等外部因素的影响会导致实际形变出现波动，需要注意的是次级蠕变尽管不断发生位移，但持续时间具有不确定性；三级蠕变的特征是快速加速位移直至滑坡最终失稳（Palmer，2017；Thiebes，2011；Xu et al.，2011；许强 等，2009，2008；Okamoto et al.，2004）。滑坡对人民生命和工程建设构成了极大的危害，特别是高速远程山体滑坡及其引发的灾害链，可导致非常严重的人员伤亡和经济损失（Fan et al.，2019）。为了降低这类灾害的危害，国内外学者对滑坡进行了大量的研究工作，主要为滑坡的探测、监测和预警。

近几年，遥感技术快速发展，从卫星到无人驾驶飞机，涵盖多个波段，空间分辨能力从百米量级提升到亚米量级，再访问时间从几十日缩减到一日，且具有极为丰富的遥感影像与地貌数据，为我国地质灾害风险的早期识别与预警提供了新的契机。随着灾害信息传感装备与数据融合手段的不断进步，我国已从过去的人工勘测逐步向多学科融合、多层次立体观测、多技术综合运用的现代探测技术发展。许强等（2020，2019，2018）提出高精度光学遥感+ InSAR 的"普查"、机载 LiDAR+无人机航拍的"详查"、地面调查核实的"核查"共同组成的天-空-地一体化的"三查"体系，有力提高了国家对地质灾害隐患点的探测水平。葛大庆等（2019）利用 InSAR、光学遥感、激光雷达等多种遥感测量技术，综合运用遥感监测数据，总结出以"三形"（即形态、形变、形势）为观测内容的技术框架，以此提升地质灾害隐患判识能力。李振洪等（2019）以卫星雷达遥感、LiDAR、地基雷达和 GPS 等多源对地观测数据为基础，初步厘清了不同探测与监测技术在滑坡速率变化探测能力方面的差异性，并提出了滑坡探测的系统框架，为研究地质灾害预警和风险评估提供了有益参考。Dai 等（2020）构建了一种基于多源遥感观测技术的滑坡隐患预警系统。该系统首先利用多平台多轨道的星载对地观测技术对广域滑坡隐患点进行了探测，并在野外考察和数值模拟的基础上，选择出高风险区域，然后在这些高风险区域中安装裂缝计、GNSS、雨量计、倾斜计等传感器，实现近实时动态监测不稳定坡体，以达到早期预警的目的。同时，研究人员通过预警系统与政府/社区进行了沟通交流，确保其发挥作用，并对相关风险进行科学有效的分析和处理。许强等（2022）对滑坡隐患类别的理论进行总结与梳理，将其分为正在变形区、历史变形破坏区和潜在不稳定斜坡三类，并详细介绍了三类滑坡隐患的探测方法。

本小节以滑坡隐患的形变和形态信息为基础，对大范围滑坡隐患进行探测。首先，利用高分辨率光学遥感影像，通过目视解译、目标识别、机器学习和人工智能识别等方法，对滑坡隐患形态信息进行检测；然后，基于 SAR 影像和高空间分辨率光学遥感影像，采用 InSAR 和 SAR/光学像素偏移量跟踪技术对活动性滑坡隐患进行形变信息的获取；最后，根据本研究提出的滑坡隐患分类标准，综合确定研究区滑坡隐患点类型，并根据其形态和形变信息将探测到的滑坡隐患分为三类：斜坡变形区（Ⅰ）、复活历史变形破坏区（Ⅱ）、稳定历史变形破坏区（Ⅲ）。

高精度光学遥感影像直观、生动、清晰，一直以来都是地质调查工作者的信息来源。目视解译（Zhuang et al.，2018；Othman et al.，2013；张东明 等，2011；吴忠芳，2009）能够利用光学遥感影像获取滑坡形状、色调、纹理和布局等影像特征，利用滑坡识别机制进行分析，识别精度高，但工作量大，主观性强。根据不同时期光学遥感影像的光谱和纹理差异，结合地形地貌特征，可以很容易地解译斜坡变形区、复活历史变形破坏区和稳定历史变形破坏区。斜坡变形区是目前正在发生变形的具有明显变形特征的区域，主要解译标志为坡面有裂缝、多级阶地，前缘有小规模坍塌，坡两侧均有"双沟同源"现象。复活历史变形破坏区是指已经发生且仍有变形的滑坡，主要解译标志为圈椅地貌特征的整体外观，常见的形式为弧/舌状，后缘可见滑坡壁，中间可见滑坡台坎、封闭洼地和湿地，前缘可见滑坡舌状和趾状挤压造成的河道改道，边坡上有明显裂缝，值得注意的是，该区域的植被与周边地区明显不同。稳定历史变形破坏区是指已经发生且处于稳定状态的滑坡（许强 等，2022），解译标志与复活历史变形破坏区唯一不同的是，该类型滑坡上不存在当前变形标志。通过上述解译标志，可以快速准确地识别滑坡隐患（李为乐 等，2019；Hungr et al.，2013），也可以通过对比不同时期的光学遥感影像，提高滑坡隐患解译的准确性。

随着对地观测卫星的不断增多，利用海量遥感影像进行大范围滑坡隐患的目视解译显然耗时耗力。为了解决这一问题，基于形态信息的滑坡隐患广域探测正在经历从目视解译到自动探测的转变，从而更好地实现斜坡变形区、复活历史变形破坏区和稳定历史变形破坏区的广域探测。目前，针对复活历史变形破坏区和稳定历史变形破坏区广域探测，主要有基于像素和面向对象的两种识别方法（Li et al.，2016b）。基于像素的滑坡制图方法主要包括影像分类方法（Ghorbanzadeh et al.，2019；Chen et al.，2014b；Danneels et al.，2007）和变化检测方法（Shi et al.，2020a；Lu et al.，2019；Li et al.，2016b）。变化检测方法以滑坡发生前后的两期或多期影像为基础，找出由滑坡引起的变化区域。影像分类方法按是否需要训练样本分为监督分类和非监督分类两种，所用的分类算法包括决策树法、随机森林、支持向量机、K-means 分类器和人工神经网络等（Ghorbanzadeh et al.，2019；Gorsevski et al.，2016）。然而，基于像素的滑坡隐患识别方法仅以单个像素为研究对象，未考虑空间信息，为了充分利用滑坡隐患的空间和语义信息，加上遥感影像空间分辨率的不断提高，面向对象的方法被广泛应用于滑坡识别中（Amatya et al.，2021；Comert et al.，2019；Lv et al.，2018；Behling et al.，2016；van den Eeckhaut et al.，2012；Martha et al.，2011）。虽然面向对象的方法优于基于像素的识别方法，但该方法在很大程度上取决于影像分割的质量，分割过度或不足会降低滑坡隐患识别的精度（Lu et al.，2019；Keyport et al.，2018）。

在上述滑坡隐患探测研究中，大多针对光谱、纹理特征与周围环境有明显区别的滑坡隐患，如地震型滑坡、降雨型滑坡等新生滑坡隐患。针对光谱纹理信息不明显的老滑坡，往往需要结合其他辅助数据（地形数据、NDVI 数据）来提高检测精度（Zhong et al.，2020）。对于变形迹象明显的斜坡变形破坏区的广域探测，主要考虑光谱和纹理特征与周围环境的差异，采用深度学习算法实现自动识别（Ju et al.，2022；Ji et al.，2020）。光学遥感影像的特征与人眼的认知模式一致，现有研究方法对地表覆盖破坏和位移变形明显的滑坡具有较好的识别效果，而对于不显著的老滑坡和缓慢型的活动性滑坡，其形态和光谱特征与背景亮度相协调，难以区分。传统的滑坡隐患识别技术对影像图谱信息利用不充分，导致识别精度较低。

目前，利用 SAR 影像和高空间分辨率光学遥感影像对活动滑坡进行探测已成为一种趋势。SAR 影像和高空间分辨率光学遥感影像具有广阔的空间覆盖和丰富的历史存档。此外，SAR 影像全天时和全天候，空间分辨率最高可达亚米级，时间分辨率最短为 1 d（如 ICEYE）。因此，SAR 影像和高空间分辨率光学遥感影像为活动性滑坡探测与监测奠定了坚实的数据基础。

滑坡隐患有 7 种不同速度类型：极慢、很慢、慢速、中速、快速、很快和极快，考虑技术测量的能力，将 SAR 影像和高分辨率光学遥感影像探测到的滑坡隐患按速度分为 6 类：极慢（<10 mm/a）、很慢（>10 mm/a）、慢速（>100 mm/a）、中速（>1 m/a）、快速（>10 m/月）和很快（5 m/min），结合多种技术手段进行精准探测。

InSAR 技术可以利用两幅 SAR 影像之间的干涉形成相位差，精确监测地球表面的变形（Li，2005；Rosen et al.，2000）。为了克服地形误差、大气误差、轨道误差、解缠误差和失相干误差等固有误差，时间序列 InSAR、分频干涉测量等多种先进 InSAR 技术逐渐发展起来。SBAS-InSAR（Berardino et al.，2002）是基于多幅主影像，仅使用具有短时空基线的干涉对提取地表形变信息，并对 SAR 影像的幅度和相位信息进行统计分析的方法。PS-InSAR（Ferretti et al.，2001，2000）等 InSAR 时间序列方法通过筛选不受时间和空间影响、保持高相干性的地物，可以准确提取地表形变的时间序列。对于小范围的研究区，PS-InSAR、SBAS-InSAR 等技术可以用于极慢至中速的活动性滑坡隐患的识别。然而，面对广域的区域，与多时域 InSAR 技术相比，先进的 SBAS-InSAR（Morishita et al.，2020；Yu et al.，2020；Li et al.，2009）和 InSAR Stacking（张成龙 等，2021；Xiao et al.，2020）技术具有计算效率高、简单有效、便于推广应用等优点。InSAR Stacking 的基本假设是研究区域内的地表形变速率呈线性变化，通过对干涉测量获取的一段时间内的解缠相位进行加权平均，进而利用最小二乘估计大区域的平均形变速率场。先进的 SBAS-InSAR 方法是将 GACOS（Yu et al.，2018a，2018b，2017）与时空大气相位屏（APS）滤波器相结合，利用 GACOS 削弱各干涉影像中长波段大气误差以及与高程相关的大气误差，使 InSAR 观测量中残余大气误差呈随机分布，然后采用时空 APS 滤波器进一步削弱短波段大气误差，最后以最小二乘估计视线向地表位移时间序列。InSAR Stacking 和先进的 SBAS-InSAR 技术可以快速有效地探测大范围区域内极慢至中速滑坡隐患。

传统 InSAR 技术往往只能提取视线向形变，而对卫星飞行方向上（即方位向）的形变不敏感。利用 TOPS 宽幅成像模式下相邻两个 burst 之间重叠区域两次不同视角进行干涉的

burst 重叠干涉测量（burst overlap interferometry，BOI）技术，可以准确获取 SAR 卫星轨道方位向的地表位移（Grandin et al.，2016）。如传统 InSAR 一样，该技术可识别很慢和慢速的活动性滑坡隐患。分频干涉测量（split-bandwidth interferometry，SBI）利用带通滤波将 SAR 影像拆分成两个子带影像，然后利用子带主从影像分别生成干涉图，最后进行子带干涉图之间的差分处理得到分频干涉图，估计方位向和视线向的地表位移。常见的 SBI 包括方位向分频干涉测量、MAI（Bechor et al.，2006）和距离向分频干涉测量（range split-spectrum interferometry，R-SSI）（Luo et al.，2019）。MAI 可以用于识别慢速至中速的活动性滑坡隐患。由于 R-SSI 可以提取距离向大梯度地表位移形变，Luo 等（2019）将 R-SSI 与传统 InSAR 相结合，首先利用 R-SSI 获取地表位移形变，然后将其作为一阶形变量从传统 InSAR 干涉影像中剔除，最后将残余的相位进行相位解缠后再加回去。该方法不仅获取了大梯度的地表位移形变量，还可以保持传统 InSAR 的测量精度，可用于识别极慢至快速的活动性滑坡隐患。

传统 InSAR 技术无法获取大梯度的地表位移形变（Massonnet et al.，1998）。但在许多高速远程山体滑坡隐患中，大梯度形变是很普遍的，SAR 和光学遥感影像像素偏移量跟踪（pixel offset tracking，POT）技术可以识别很慢到快速的活动性滑坡隐患（Shi et al.，2015；Singleton et al.，2014；Casu et al.，2011；Leprince et al.，2007）。基于 SAR 影像强度信息的 SAR POT 技术是利用一对影像上同一像素的偏移量测量距离向和方位向的二维地表位移，光学 POT 技术测量东方向和北方向的二维地表位移。

对于快速的活动性滑坡隐患，当前主要有三种识别手段：①地基 SAR 不仅可以在短时间内获取（几秒到几分钟）一幅雷达影像，也可以近实时进行数据处理，获取滑坡的地表形变信息（Wang et al.，2019），最终识别极慢至很快的活动性滑坡隐患，但其主要缺点为覆盖的研究区域很小，而且需要进行野外测量。②利用搭载数码相机和 LiDAR 等设备的无人机，对相同区域获取 DEM，通过对多期 DEM 的差分得到活动性滑坡隐患的大梯度形变信息，进而用于滑坡隐患识别。③遥感卫星可以获取激光测高、雷达测高、SAR 影像和光学立体影像等，进而生成高空间分辨率的 DEM（米级）（李振洪 等，2018），利用差分多期 DEM 失稳技术探测大梯度形变的滑坡隐患。

基于滑坡隐患的形态和形变信息对滑坡隐患进行综合判别（表 5.6），斜坡变形区在历史过程中没有发生失稳，但目前仍处于形变状态，此类活动性滑坡隐患可以再次分为两种类型：一种类型为地表形变缓慢，虽然可以利用 InSAR 技术探测到该类型滑坡的形变信息，但在高分光学遥感影像上并没有较明显的形态信息；另一种类型为变形明显，可用 InSAR、SAR/光学 POT 或 DEM 差分方法进行识别，在高分光学遥感影像中也具有明显的形态信息，滑坡后缘存在明显裂缝，主要坡体上存在多级交错的裂缝和台坎。复活历史变形破坏区在历史过程中发生过失稳，而且近期也正在发生形变。该类型的滑坡隐患整体呈现马蹄状、扇贝状和圈椅状等地貌特征，后缘有较明显的滑坡后壁，坡体具有多级错落平台，两侧经常出现双沟同源现象，可见马刀树和醉汉林等。复活历史变形破坏区也存在两种类型：一种类型为变形明显，在多时期的高分光学遥感影像上不仅能获取到明显的形态信息，而且在滑坡坡体上会有明显新增的裂缝；另一种类型为形变缓慢，在高分光学遥感影像上只能看到滑坡的形态特征。稳定历史变形破坏区与复活历史变形破坏区的第二种类型形态特征类似，但唯一的区别是该类型的滑坡隐患没有形变信息。

表 5.6 滑坡隐患分类及识别方法

| 项目 | 滑坡隐患类型 | | | |
|---|---|---|---|---|
| | 斜坡变形区 | 复活历史变形破坏区 | 稳定历史变形破坏区 | 潜在斜坡变形区 |
| 示意图 | | | | |
| 识别指标 | 可能存在裂缝、前缘小规模崩塌等形态信息,有形变信息 | 呈现圈椅状,存在滑坡后壁、滑坡侧壁、多级台坎,有形变信息 | 呈现圈椅状,存在滑坡后壁、滑坡侧壁、多级台坎,无形变信息 | 无形态或形变信息 |
| 识别方法 | 光学卫星影像解译、InSAR 技术、POT 技术 | 光学卫星影像解译、InSAR 技术、POT 技术 | 光学卫星影像解译 | 航空物探、钻探 |

InSAR 技术在滑坡的探测、监测和预警中起着非常重要的作用。为了更好地达到滑坡预警的目的,需要明确滑坡隐患主要形变坡体的确切位置。Rosi 等(2018)基于 ERS-1/2 和 Envisat 影像,利用 PS-InSAR 技术对意大利托斯卡纳(Tuscany)的滑坡进行了识别并进行详细的滑坡编目,为该区域滑坡的预警打下坚实的数据基础。Zhang 等(2022a)基于升降轨 Sentinel-1 影像,利用先进的 SBAS-InSAR 和 InSAR Stacking 技术获取了金沙江中上游活动性滑坡编目。目前,InSAR 技术可以准确高效地获取地形复杂、隐蔽性强、高海拔、人迹罕至区域的滑坡清单,可结合长波长的卫星影像和升降轨道影像减少植被覆盖较高和 SAR 影像的几何畸变产生的漏判现象。其更加适合探测相对速率缓慢的活动性滑坡,一旦滑坡地表位移形变梯度过大,目标区域干涉图会失去相位信息,需要通过 SAR POT 和 R-SSI 技术来降低该情况带来的漏判率。而且,在利用 InSAR 技术获取研究区域的结果进行人为选取滑坡隐患点时,也会出现漏判现象,为了降低漏判率,基于解缠图和干涉图利用深度学习算法进行广域探测是很好的示范(Wu et al.,2021a,2021b;Pradhan,2013;Pradhan et al.,2010)。

利用 InSAR 技术探测到滑坡隐患的精确位置之后,一般会利用 InSAR 时间序列技术进一步确定坡体的主要形变区域。Hilley 等(2004)基于 ERS-1/2 影像,利用 PS-InSAR 技术对美国伯克利(Berkley)地区的滑坡进行了监测,通过分析该滑坡的视线向形变与季节性降水和孔隙水压力有关,该项研究给 InSAR 时间序列技术用于滑坡监测带来了重要的启示(Song et al.,2021;Dai et al.,2020;Hu et al.,2018;Cohen-Waeber et al.,2018;Dai et al.,2016)。张成龙等(2021)基于 Sentinel-1 和 ALOS-2 影像,利用 GACOS 辅助下的 InSAR Stacking、SBAS-InSAR 和 LiCSBAS 技术对金沙江下游敏都乡的滑坡群进行监测,并将该滑坡群分为 7 个区域,为川藏铁路的选线与该滑坡群的预警工作做出贡献。Song 等(2021)基于 2014~2019 年的 Sentinel-1 影像,利用 SBAS-InSAR 技术和地震噪声数据对玻利维亚的单体滑坡进行形变监测,将滑坡体分为 3 个不同块体滑动,并估算出滑坡体积。利用 InSAR 时间序列针对单体滑坡进行形变监测,可以高效获取滑坡体的关键形变位置,为下一步的预警打下坚实的基础。

InSAR 时间序列不仅可以确定滑坡体的关键形变位置,还可以通过进一步分析获取到滑坡运动的主要驱动因素(季节降水和地震震动等)(Hu et al.,2018;Coneh-Waeber et al.,

2018；Dai et al.，2016）。InSAR 时间序列可以定量测量滑坡失稳前 5～17 d 的形变加速运动（Dai et al.，2016），但是由于 SAR 卫星的时间分辨率有限，如 Sentinel-1A/B 的最小重复周期为 6 d，COSMO-SkyMed 为 1 d（Milillo et al.，2014），SAR 卫星的较低时间分辨率严重制约了星载 InSAR 用于滑坡预警的发展。要想达到预警目的，需在滑坡体准确形变区域安装 GNSS 接收机、裂缝计、雨量计、伸倾角计和孔隙水压力计等传感器的集成系统，组成天-空-地一体化的实时监测预警系统，将滑坡隐患的有关信息实时传输至数据分析中心。利用 InSAR 和 GNSS 技术在时间和空间上进行优势互补，对研究区域的重大灾害体隐患进行实时监测，通过手机等通信手段实时准确地发送滑坡的形变信息，最后通过专家研究与分析，与当地政府部门及时有效沟通，达到滑坡隐患的预警目的。

Varnes（1984）提出滑坡风险为一定区域一定时间段内，由滑坡灾害造成的人员伤亡、财产损失及人类经济活动的破坏。风险可表示为危险（如滑坡事件）的概率与其不良后果的乘积（Lee，2009）。对某一具体滑坡隐患而言，其风险 = 危险性×易损性×承灾体价值，其中滑坡灾害的危险性和承灾体的易损性是两大核心内容（吴树仁 等，2009）。单体滑坡隐患的危险性是指潜在滑坡在一定时间内失稳破坏的概率，其分析强调动态变化评价，即诱发因素类型及强度的差异，定量上可表示为滑坡失稳概率与滑坡强度的乘积。滑坡失稳破坏由滑坡体物理力学性质、外界诱因等不确定性造成，因而单体滑坡隐患的失稳概率常在稳定性分析的基础上，基于可靠度理论分析滑坡隐患的失稳概率，如蒙特卡洛（Monte Carlo）法、随机有限元法等（Chowdhury et al.，2003；徐卫亚 等，1995）。需要指出的是，仅确定滑坡隐患失稳概率还不足以体现滑坡所威胁的空间范围和强度，需要进一步确定滑坡的运动路径、速度、运动距离、冲击力及堆积形态和范围。此外，滑坡失稳后是否会造成次生灾害（如涌浪和堵江）也值得特别关注（殷坤龙 等，2022）。基于历史滑坡数据库，国内外学者针对滑坡运动特征及影响范围预测方面开展了大量专门性研究工作，提出了大量针对特定地质环境或滑坡类型的滑坡规模、滑动距离、滑速计算的经验公式及统计模型（Evans，2006；Hungr et al.，2005；王念秦 等，2003；Hungr，1995）。随着数值模拟方法的快速发展，通过数值模拟再现滑坡运动特性和堆积过程已成为滑坡动力学研究领域的主流方法（李世海 等，2009），常用的有拉格朗日有限元法、离散元法、有限元-离散元耦合法、非连续变形分析法、光滑粒子流体动力学法和有限体积法。单体滑坡隐患的易损性综合反映了在一定滑坡灾害强度作用下的承灾体危害状况，常用 0～1 表示承灾体破坏概率和强度（吴越 等，2011）。滑坡灾害承灾体主要是指暴露于滑坡灾害影响范围内的人员、建筑物、基础设施、经济活动和环境资源等。易损性分析强调承灾体的识别与分类，依据历史经验、模型试验及数值模拟手段确定不同滑坡灾害强度下的不同类型承灾体的可能损毁或损伤程度。承灾体价值分析则根据各类别承灾体的总量，分析人口伤亡和经济损失。

## 5.4.2 滑坡灾害应用

### 1. 川藏线林芝-雅安段滑坡广域探测

本小节以川藏铁路林芝-雅安段为研究区域，收集 2014 年 9 月～2020 年 5 月覆盖川藏铁路林芝-雅安段的 164 景 ALOS/PALSAR-2 升轨数据，利用 InSAR 技术开展潜在地质灾害识别、编目、监测及分布规律研究。首先，针对大范围 InSAR 数据处理中存在的多项误差如大气误差、几何畸变、解缠误差、DEM 误差等进行探讨并采取针对性的改进方法，以提高 InSAR 技术地表形变观测的精度。然后利用热点分析技术，基于 InSAR 形变速率实现具有空间聚类性质的形变区域自动化快速精准识别，并将其与光学遥感影像和地形等数据叠加分析以筛选出潜在滑坡灾害，形成灾害编目图，基于编目结果分析灾害点沿川藏铁路的空间分布规律。

**1）大范围形变监测结果**

川藏铁路沿线地形起伏较大，大气误差是其比较严重的一个问题之一，采用 Stacking 技术可大大削减此项误差对结果的影响。研究区域除雅安段以外，其他区域相干性均较高，Stacking 技术获得了理想的效果。雅安-林芝段沿线地表视线向年均形变速率图如图 5.31 所示，将年均形变速率值在±10 mm 以内的区域认为稳定区域，在图中用绿色表示，图中正值（蓝色）表示卫星探测到的形变方向为靠近卫星的飞行方向，负值（红色）表示探测到的形变方向为远离卫星的飞行方向，从总体年均形变速率图来看，川藏铁路沿线除波密段和康定-雅安段部分区域外，其他部分的相干性均达到了满意的效果。其中，波密段海拔较高，常年冰雪覆盖，冰川遍布，导致其相干性较差；而康定-雅安段主要是植被覆盖导致的失相干现象。总体来看，川藏铁路沿线形变分布比较不均匀，中间部分比较稳定，东部和西部形变区域相对较多，且形变区域大多沿大江大河分布。形变比较密集且存在较大形变的区域分别是波密段、怒江沿线附近、玉卡-香堆段、金沙江沿岸及大渡河沿线区域等。这些区域在图 5.31 中用黄色矩形圈出，其细节如图 5.32 所示。

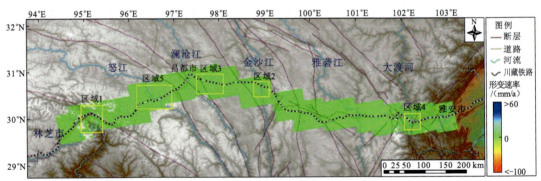

图 5.31　原始形变速率图

采用 SBAS-InSAR 技术获取了研究区域时间序列形变，选取两个典型滑坡点的时间序列进行分析，如图 5.33 所示。图 5.33（a）所示的 1 号滑坡体总体形变量较大，滑坡后壁的累积形变量达到 170 mm；坡体中上部存在最大形变，累积形变量达到 400 mm；坡体前缘 $P_3$ 点和 $P_1$ 点时间序列比较一致，达到 185 mm，而且总体年均形变速率和时间序列结果比较一致。图 5.33（c）所示的 2 号滑坡点位于一老滑坡体之上，坡体上存在明显的老滑坡痕迹，从时间序列数据可以看出在监测时间内其处于比较匀速的变形过程。

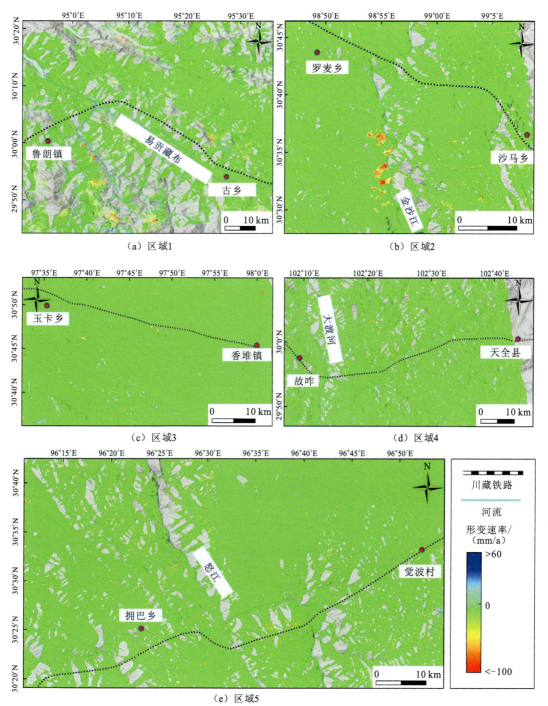

（a）区域1

（b）区域2

（c）区域3

（d）区域4

（e）区域5

川藏铁路

河流

形变速率/
（mm/a）

>60

0

<−100

图 5.32　典型区域 Stacking 形变速率结果

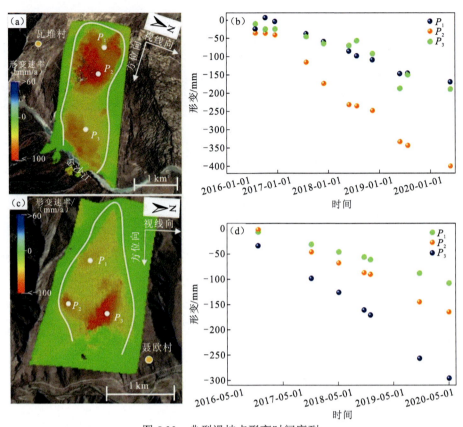

图 5.33　典型滑坡点形变时间序列

（a）和（c）为年形变速率；（b）和（d）为形变时间序列

**2）热点分析技术用于滑坡大范围探测**

研究区域部分地区植被茂密、冰雪覆盖且范围广，因此引入热点分析技术对原始 InSAR 获取的年均速率结果进行聚类分析来快速提取有效形变点，提高后续解译速率和准确度。

（1）热点分析提取有效形变区域。

基于热点分析技术提取出研究区域完整的有效形变区域。为了论证热点分析的有效性，先以包含较多误差区域的数据处理结果为例，讨论热点分析在提取有效形变方面的有效性。研究区域位于天全县，由于植被覆盖度极高，得到的形变结果存在很多误差。图 5.34（a）和（b）为原始数据处理结果和去掉稳定形变点后的形变结果，图中包含很多不连续形变，从这两个结果中均很难直接解译出隐患点位置。图 5.34（c）为利用热点分析提取有效形变区域的结果，可以看出热点分析技术剔除了形变中大量的误差点，可以快速准确地联合光学和其他因子进行滑坡解译。在该区域最终提取出 15 个有效滑坡区域[图 5.34（c）]。图 5.34（d）为图 5.34（b）与（c）相减得到的结果，即热点分析技术剔除掉的误差形变区域，可以看出它剔除了非常离散的无效点，这些形变点会对解译造成很大干扰，造成误判和漏判等现象。

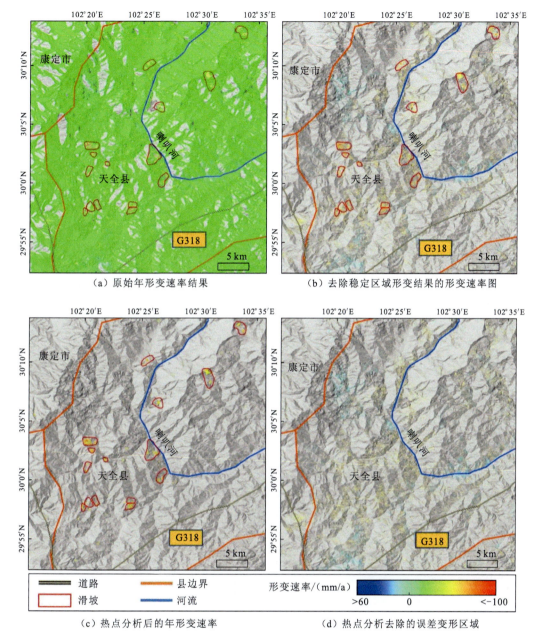

（a）原始年形变速率结果      （b）去除稳定区域形变结果的形变速率图

| 道路 | | 县边界 | | 形变速率/(mm/a) | | |
| --- | --- | --- | --- | --- | --- | --- |
| 滑坡 | | 河流 | | >60 | 0 | <-100 |

（c）热点分析后的年形变速率      （d）热点分析去除的误差变形区域

图 5.34　热点分析提取有效形变区域结果对比

  基于 InSAR 技术所得地表年均形变速率图，利用热点分析方法自动提取林芝-雅安段地表形变区域。由于研究范围较大，对整个形变区域的热点分析结果展示不太理想，选取5 个大型滑坡分布比较密集的区域（图 5.31 中黄色方框）进行展示，图 5.35 所示为重点区域热点分析后的年均形变速率结果图。从图中可以看出，重点区域形变点突出，利用热点分析方法能够有效去除地表稳定区域及离散噪声点，提取地表有效形变区域，大大降低了解译难度，能够快速进行滑坡隐患的判别。

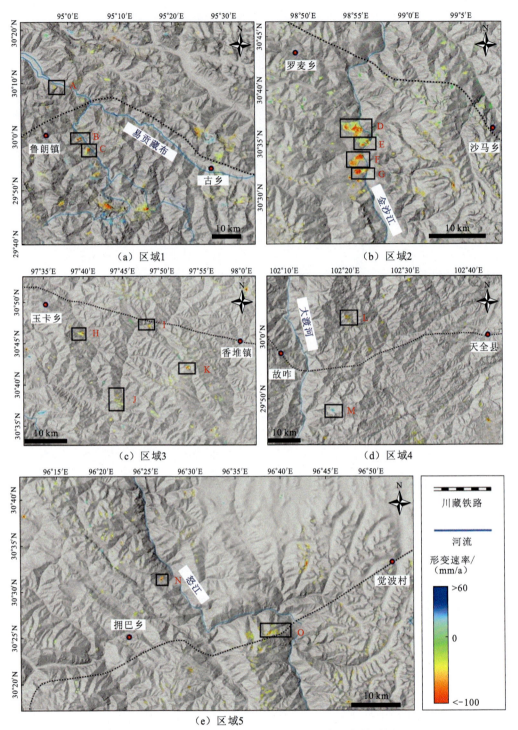

（a）区域1　　　　　　　　　　　　　（b）区域2

（c）区域3　　　　　　　　　　　　　（d）区域4

（e）区域5

图 5.35　重点区域热点分析后的年均形变速率结果图

　　为了进一步说明川藏铁路沿线的滑坡识别结果，图 5.36 对重点滑坡原始结果、热点分析结果和光学影像分别进行展示。对比结果可以发现，热点分析技术很好地剔除了误差干扰区域，提取的滑坡边界与光学影像比较符合。探测到的部分滑坡在光学影像上不太容易判别，隐蔽性较强，这也恰好表明 InSAR 技术不仅可以识别出在光学影像上有明显形变的区域，还可以识别出在光学影像上难以识别但是存在形变的隐患滑坡区域，能够很好地找出真正的隐患点，为铁路建设等重大工程规划提供科学支撑。

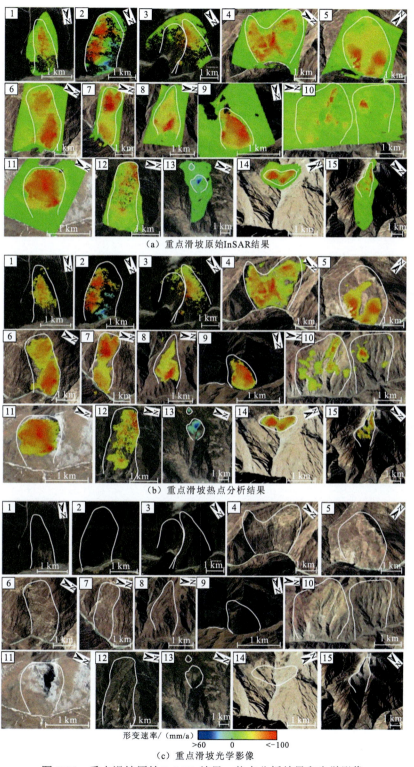

（a）重点滑坡原始InSAR结果

（b）重点滑坡热点分析结果

（c）重点滑坡光学影像

图 5.36　重点滑坡原始 InSAR 结果、热点分析结果和光学影像

（2）基于热点分析技术的滑坡编目。

本小节基于热点分析之后的年均形变速率，在识别过程中严格根据光学影像、DEM 和坡度坡向等地质因子从形变区域中筛选出滑坡灾害。本小节主要对铁路全线尤其是隧道进出口和桥梁建设构成威胁的滑坡隐患点进行探测，对于规模极小、对铁路不构成威胁的灾害点不予考虑，尤其是沿河流两岸的塌岸、小型滑坡等。基于此，共解译铁路沿线有明显形变且对铁路存在一定威胁的滑坡隐患点 517 处（图 5.37），其中很多滑坡隐患点（如易贡滑坡、澜沧江路段、金沙江沿岸滑坡群及雅砻江沿岸滑坡等）能够从相关文献中得到论证（Liu et al.，2021；Zhang et al.，2021a；Zhao et al.，2018a；Qi et al.，2017）。

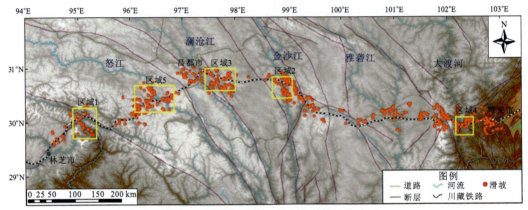

图 5.37　川藏线林芝-雅安段滑坡隐患点

通过对比热点分析及传统人工目视解译的识别结果可以发现，传统目视解译造成 153处隐患点漏判，58 处隐患点误判，而热点分析可以有效剔除误差区域并较为准确地提取出地表形变区域，在一定程度上解决了灾害点识别漏判误判的问题。

对探测的滑坡隐患点进行分析，发现滑坡整体分布不均匀，在洛隆-八宿、昌都-妥坝、金沙江沿岸及康定-雅安段密集发育，属于滑坡灾害高发地段，共发育灾害点 358 处，占全线滑坡隐患点总数的 69.2%。从图 5.31 和图 5.37 中可以看出，大型滑坡在鲁朗-古乡、玉卡-香堆、拥巴-觉波、金沙江沿岸、故咋-天全段 5 个范围内集中发育，鲁朗-古乡段[图 5.35（a）]大型滑坡主要沿雅鲁藏布江的支流帕隆藏布江沿岸发育，该区段河流流速较大，年均径流量可达 700 m³/s，冲刷作用和显著的构造活动、冻融风化等都是滑坡频发的主要原因，区域内大部分滑坡隐患形变速率超过 100 mm/a，体积也基本超过 1 km²，著名的易贡滑坡就发生在帕隆藏布江沿岸。金沙江沿岸区域[图 5.35（b）]地势起伏大，降雨垂直差异明显，气候极端复杂，植被覆盖度较低，经过南北走向 4 条断裂带，构造活动强烈，使得坡体破碎，灾害频发。该区段存在 6 个大型滑坡所组成的滑坡群，年均形变速率均大于 100 mm 且最大可达到 180 mm，最大一处累积形变量可达 400 mm。玉卡-香堆区域[图 5.35（c）]主要由于冰川作用、风化作用、地壳抬升等，大范围分布松散堆积体和裸露基岩，从而在河流两岸容易发生较大滑坡。故咋-天全段[图 5.35（d）]位于川藏线东边，区域内主要发育断裂构造和强震等因素诱发的滑坡。拥巴-觉波段[图 5.35（e）]受怒江强烈的侵蚀切割作用，冰雪覆盖面积大且受亚热带暖湿气候的影响，冻融作用明显，滑坡比较容易发生。

**3）滑坡分布与地质因子相关性研究**

为了进一步研究川藏铁路沿线滑坡分布规律，根据研究区域的地质地貌条件和已有的滑坡影响因子，分别选取高程、坡度、坡向、河流、断裂带、地震动加速度和降雨 7 个因子进行滑坡影响因子的探究。其中，高程、坡度和坡向数据均由 30 m 分辨率的 SRTM DEM 数据进行处理得到；河流和地震动加速度数据由 Google Earth 平台得到；断裂带数据由中国地震台网网站得到；降雨数据从 NASA 的 Global Precipitation Measurement 网站获取。

（1）垂直地质因子相关性。

在垂直方向上利用空间分析统计工具分别统计滑坡与高程、坡度和坡向之间的关系。

高程是影响滑坡的一个重要因子（Di Napoli et al.，2020）。川藏铁路沿线海拔整体相对较高，高山峡谷区域滑坡分布较多，比较平坦的低海拔区域滑坡灾害相对较少。从图 5.38（a）中可以发现，滑坡灾害随着高程的增加逐渐增长，在海拔超过 5000 m 时急剧减少。有 77% 的滑坡隐患点位于 3000～5000 m 海拔的区域，表明此范围内海拔有利于滑坡的发生。

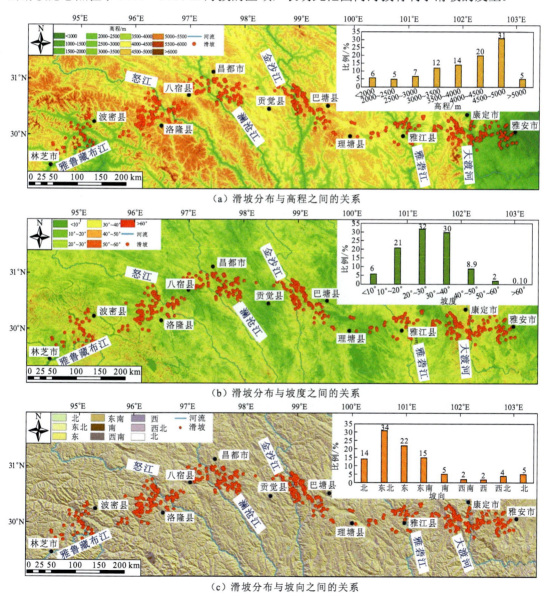

（a）滑坡分布与高程之间的关系

（b）滑坡分布与坡度之间的关系

（c）滑坡分布与坡向之间的关系

图 5.38 滑坡分布与垂直地质因子相关性分析

坡度是坡体陡缓程度的一个表现，它在影响斜坡内部应力的同时也会影响斜坡上的植被覆盖、表层堆积物质的稳定性、地下水渗出和补给情况等（杨乐 等，2014）。图5.38（b）所示为滑坡分布与坡度之间的关系，可以看出较高坡度几乎均沿大江大河发育，统计分析发现其中81%的滑坡分布在10°～40°的坡度上，其他坡度灾害点分布较少，过低的坡度没有足够的动力条件，而过高的坡度又不利于滑坡物质的积累（Wu et al.，2018），因此中间的坡度最有利于滑坡的发生。

坡向会影响到降雨和热量分布，进而影响植被覆盖。不同的坡向主要存在光照和降雨两方面的差异，导致它们的土壤条件、植被覆盖情况、土壤内的饱和度和土地利用等情况出现较大的差异（Gorokhovich et al.，2016）。另外，对于地震引起的滑坡，地震动力的传播方向会导致滑坡在某一个坡向容易发生。图5.38（c）所示为滑坡分布与坡向之间的关系，可以看出，沿线灾害多在东北方向、东方向发育，占滑坡总数的53%，其很大原因在于这两个方向受到的日照较少，植被等不发达，坡体稳定性较差，因此容易发生灾害。

（2）水平地质因子相关性。

在研究区域的水平方向上，分别统计沿线滑坡与河流、断裂带、地震动加速度、降雨之间的关系。

河流对坡体的影响主要是地表水对岩石的软化、对斜坡的不断冲刷及侧向掏蚀等作用，这些作用都会使距离河流较近的斜坡不稳定性增强，坡体下方临空面增大，增加了滑坡发生的坡体条件，是滑坡发生的重要影响因素（Wu et al.，2016）。图5.39（a）对河流7个缓冲区进行分析，发现滑坡点数量随距河流距离的增加而减小，其中距河流300～600 m的区域滑坡密度最大，为0.91处/km，同时该区域又是比较适宜居住的区域，容易受到人类活动的干扰。川藏铁路沿线大江大河发育较多，总的来说河流与灾害点的关系非常密切。

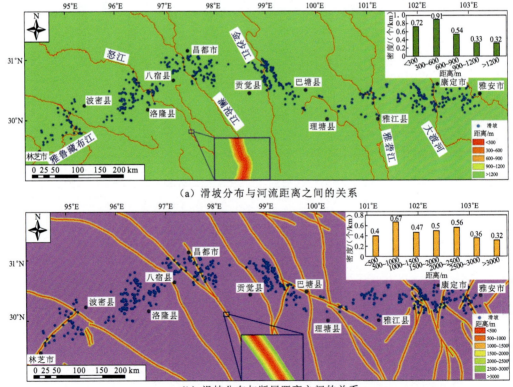

（a）滑坡分布与河流距离之间的关系

（b）滑坡分布与断层距离之间的关系

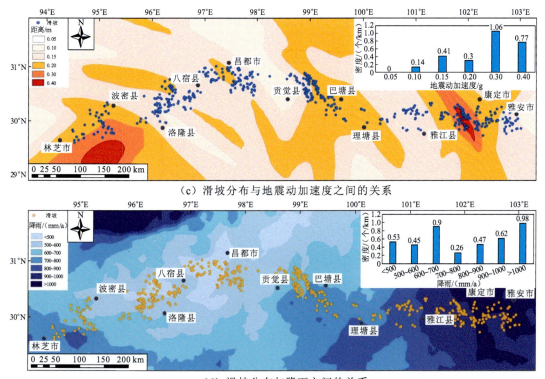

（c）滑坡分布与地震动加速度之间的关系

（d）滑坡分布与降雨之间的关系

图 5.39　滑坡分布与水平地质因子相关性分析

　　地质构造同时控制地形地貌和地层岩性，一般来说，断裂带会改变坡体本身的岩体结构使岩体破碎，从而降低坡体强度，同时风化作用的影响也会随之加大，有利于雨水等的下渗从而容易诱发灾害（Wu et al.，2016）。图 5.39（b）对川藏铁路沿线滑坡点与断裂带之间的缓冲区进行统计。分析发现，随着灾害点与断裂带距离的增大，滑坡点数量呈现缓慢下降趋势，这与理论分析的结论比较符合，证明断裂带对滑坡有一定的影响。

　　地震作为滑坡的主要触发因素之一，它不仅可以直接诱发滑坡的发生，也可以通过降低坡体的稳定性来降低滑坡发生的阈值（Wu et al.，2021c），此外，地震后产生的大量松散堆积物也会给滑坡提供大量的物质来源。图 5.39（c）对地震动加速度和滑坡点位进行统计分析发现，在地震动加速度为 0.3$g$ 和 0.4$g$ 时滑坡密度达到较高值，而其他区域滑坡密度相对较小，与实际相符。

　　平均降雨量是长期降雨规律的反映，长期的降雨水平代表坡体的植被覆盖度、地表的径流等情况，从而成为滑坡发生的重要诱发因素（Wang et al.，2021）。此外，降雨通过增加坡体的重量、对坡体产生冲刷作用导致坡体不稳定性增加。利用 2016～2021 年的年均降雨量来探究滑坡与降雨之间的关系，由图 5.39（d）可以看出，研究区域总体西部降雨较少，东部降雨较多，在降雨量大于 700 mm 时，随着降雨量的增大，滑坡密度逐渐增大，在年均降雨量超过 1000 mm 以上时，滑坡密度达到最大，为 0.98 处/km$^2$。在降雨量小于 700 mm 时，其对滑坡的影响较小，此时区域内滑坡的发生由其他因素主导，与降雨没有明显的统计关系。

　　综合而言，在水平方向上河流、断裂带、地震动加速度、降雨均与灾害点的密度有很大的相关性，它们在很大程度上决定了川藏沿线的滑坡分布。

从以上分析得出，川藏铁路沿线滑坡主要受 4 个因素影响。①河流侵蚀切割作用。由于滑坡主要发生在河流两岸，河流下切会使坡体变陡，稳定性变差，临空面增大，且该区域内滑坡对铁路影响会扩大，因此大部分滑坡受到此种因素影响。②断裂带和地震影响。川藏铁路沿线地震活动频繁，断裂带众多，尤其在东部断裂带密集，滑坡在巴青-类乌齐、澜沧江、巴塘、鲜水河、汶川-茂县等断裂带集中分布，这些活动会破坏岩体的完整性，使雨水等容易下渗，产生软弱滑动面从而导致滑坡容易发生。③冻融作用。分析显示，3000～5000 m 海拔容易发生滑坡，这些地区海拔相对较低，会因为冬季冰雪覆盖，夏季消融，反复冻融使坡体整体性变弱。④降雨作用。由于沿线雨热同期，极端降水现象较多（Lin et al.，2018a），冰雪融水和降雨都会加重坡体重力，使坡体滑动力增加，从而导致滑坡较易发生。

### 2. 单体滑坡监测：玻利维亚独立镇滑坡

#### 1）滑坡位置

玻利维亚是一个极易发生山体滑坡的国家，大约 1/3 的国土位于安第斯山脉，水文地质条件复杂。自 20 世纪初以来，随着人口的快速增长和不稳定斜坡上定居点的扩大，玻利维亚几乎每年都遭受破坏性山体滑坡，导致严重的人员和经济损失。滑坡在雨季后期（1～3 月）最为频繁，通常发生在连续几周的潮湿期之后，表明有明确的水文气象控制机制。这一机制主要源于地表降水的增强，使 V 形山谷组成的陡峭地形坡面侵蚀增加。独立镇滑坡就是其中一个例子，该滑坡位于科恰班巴省（Cochabamba）的首府阿约帕亚省首府，虽然镇上没有山体滑坡的记录，但居民报告说，第一次山体滑坡可以追溯到 30 年前。此外，该镇缺乏对边坡稳定性的最新系统监测，导致对滑坡动态和人口安全状况了解不足。从地质角度来看，小镇坐落在一个古老的冲积阶地上，由帕尔卡河的分离形成，周围环绕着大量的河流沉积物，在沟壑中存在的侵蚀地貌反映了强烈的侵蚀活动。从广义来讲，滑坡体分为三个区段：①区段 I：影响市中心及上部的主要区域，长度约 2700 m，平均宽度约 950 m；②区段 II：影响市区东部的第二个区域，长约 1700 m，下部宽约 1100 m；③区段 III：影响盆地西部靠近主滑坡的最小块体，长约 2000 m，在下部宽约 250m。这项工作的重点是调查城镇中心及其最近的周围环境（镇中心、上部街区和东部街区）的地表形变，在这些地方 InSAR 可保持足够的相干像素，对人口的风险最高，InSAR 数据处理时干涉对组合策略如图 5.40 所示。此外，地震噪声测量比 InSAR 测量的覆盖范围更大，可以估算整个滑坡体的体积。

#### 2）结果

图 5.41（a）和（b）所示的降轨和升轨 Sentinel-1 视线向形变速率图显示了独立镇滑坡存在相当大的形变（约 10 mm/a），对其居民的生命和财产造成直接威胁。图 5.41（c）和（d）分别显示了降轨和升轨获取地表年形变速率的标准差分别为 0.4 mm 和 0.5 mm，表明时序 InSAR 具有毫米级精度。在独立镇滑坡上，视线向形变速率的迹象表明升轨和降轨获取的形变是相反的，这意味着滑坡的运动具有相当大的东西向位移。一个以前未知的形

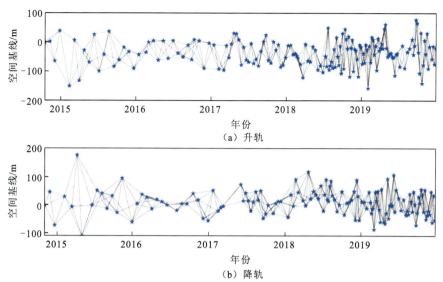

（a）升轨

（b）降轨

图 5.40　升轨和降轨的卫星雷达影像的采集日期和干涉对

变区域（图 5.41 中的红圈）位于独立镇东南 2.5 km 处，视线向速率约为 30 mm/a。由于附近有 25 号高速公路（图 5.41 中紫色实线），其不稳定性可能会威胁公共交通安全。

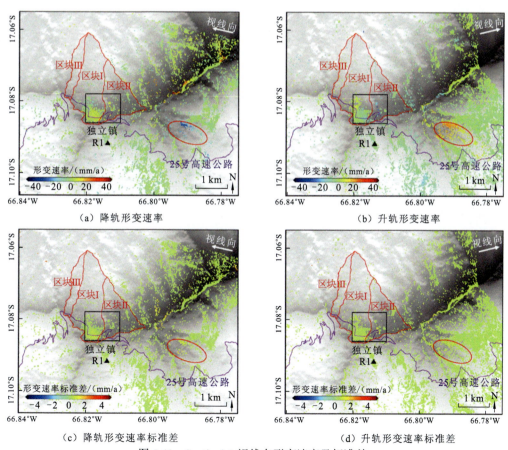

（a）降轨形变速率

（b）升轨形变速率

（c）降轨形变速率标准差

（d）升轨形变速率标准差

图 5.41　Sentinel-1 视线向形变速率及标准差

（1）基于 InSAR 的裂缝滑动面识别。

在独立镇滑坡中确定了三个子区块，即镇中心、上部街区和东部街区，根据它们的整体斜坡方向及 2017 年的实地调查，发现城镇内部有一条山脊线和道路[图 5.42（a）和（b）]，大致将三个子街区分开。使用 InSAR 测量分析每个区域的滑动几何形状。如图 5.42（a）和（b）所示，由于最佳散射体（如建筑物）的存在，镇中心比上部街区和东部街区具有更多的 InSAR 相干像素点。为了验证滑坡是否沿坡向移动，首先将每个像素模拟的沿坡

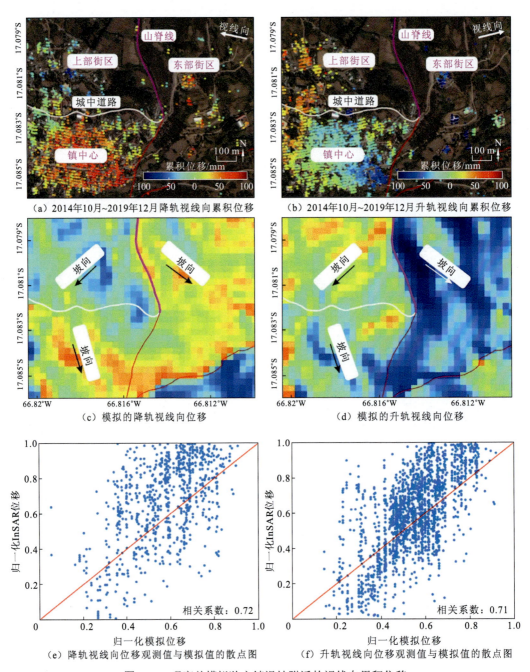

（a）2014年10月~2019年12月降轨视线向累积位移　　（b）2014年10月~2019年12月升轨视线向累积位移

（c）模拟的降轨视线向位移　　　　　　　　　（d）模拟的升轨视线向位移

（e）降轨视线向位移观测值与模拟值的散点图　　　（f）升轨视线向位移观测值与模拟值的散点图

图 5.42　观察并模拟独立镇滑坡附近的视线向累积位移

向位移（100 mm）投影到升轨和降轨 Sentinel-1 影像上的视线向，绘制在图 5.42（c）和（d）中。可以看出，观测到的 InSAR 累积位移与模拟位移基本一致，升轨和降轨的相关系数分别为 0.72 和 0.71［图 5.42（e）和（f）］。总的来说，观测与模拟的一致性验证了几何反演方法的假设。注意，这一步的目的是比较模拟位移和观测位移的相对空间分布，相关系数是从归一化位移计算出来的。因此，模拟的沿坡向位移值对结果影响不大。

将每个区域内的 InSAR 结果用于几何反演，并确定三个子块的统一几何形状，结果如图 5.43 所示。上部街区基底滑动面倾角约为 8°，滑动方向约为 228°，较平坦的镇中心基底滑动面倾角约为 3°，滑动方向约为 167°。东部街区的倾斜度更陡（约 14°），大于以上两个子区域，滑动方向约 131°。尽管 InSAR 离群值可能导致这些不匹配，但反演结果表明，每个子块中的大多数 InSAR 像素具有统一的滑动面。因此，3 个子块体沿 3 个不同的平面向下移动，根据滑坡类型可划分为复合型滑坡（Hungr et al.，2013）。

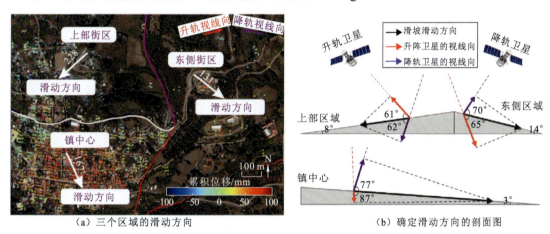

（a）三个区域的滑动方向　　　　　（b）确定滑动方向的剖面图

图 5.43　确定的 3 个滑坡子块体的滑动几何形状

（2）由 H/V 测量得到滑动面深度。

无论地震横波速度如何，H/V 曲线的高频峰值与较浅的界面有关，而低频峰值与较深的界面有关（Pazzi et al.，2017；Castellaro，2016）。图 5.44 显示了图 5.42 中 3 个子块的测量值 H/V 曲线，可以识别出与自然不连续有关的 3 个主要频率范围。H/V 的最高峰值（频率范围为 40.0～80.0 Hz）可能与有机/风化表层（$V_s$ 范围为 90～200 m/s，$V_s$ 平均值为 100 m/s）和在平均深度 0.2～0.4 m 的松散土壤沉积物（即含或不含页岩碎片、砂岩卵石和含黏土砂）（$V_s$ 范围为 150～370 m/s，$V_s$ 平均值为 250 m/s）之间的最浅不连续有关。第二个界面的深度（$z_1$）范围为 1.5～15.0 m（频率为 8.0～40.0 Hz），对应于黏土和粉质基质/风化程度较高的页岩和砂岩中疏松土层向页岩和砂岩碎片的过渡（$V_s$ 范围为 300～900 m/s，$V_s$ 平均值为 450 m/s）。第三个峰的频率范围为 2.0～8.0 Hz，识别出高度风化的页岩和砂岩与轻度风化的页岩和砂岩/未风化的页岩（地震基岩）之间的地震界面（$V_s$ 大于 1000 m/s），深度（$z_2$）为 15.0～75.0 m。

从图 5.45 中可以看出，3 个滑坡子块体的 H/V 曲线具有不同的振幅，尤其是 $z_1$ 和 $z_2$ 的频率范围，说明驱动 3 个滑坡子块体的滑移面在地震阻抗对比上存在差异。其中，上部街区和东部街区的 H/V 曲线与镇中心更相似，InSAR 显示这两个区域相对于北方都有大约

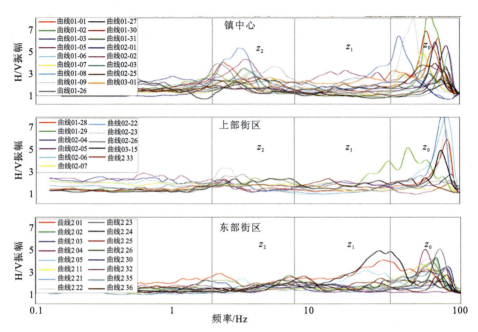

图 5.44　在 3 个滑坡子块进行地震噪声测量的具有代表性的 H/V 曲线选择

（±）130°的滑动方向 [图 5.43（a）]。与它们相比，镇中心 H/V 曲线的特征是在 2～4 Hz 的频率范围内存在峰值，振幅更高。这表明，在镇中心，砾石/固结材料与陨石之间的界面具有较高的地震阻抗对比度，滑坡运动可能沿较浅的滑动面发生，也可沿较深的滑动面发生。

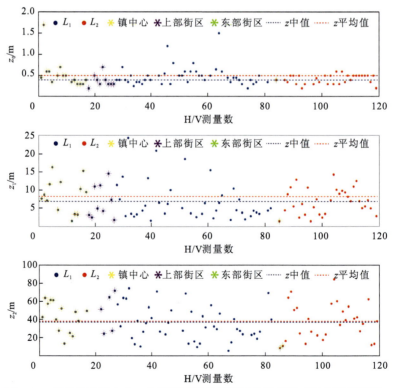

图 5.45　重建位于镇中心、上部街区和东部街区的地震噪声采集的深度值 $z$

考虑 $z_0$ 界面的性质，该区域的地形和所有调查区域的街道都没有沥青（可以进行无振幅限制的 H/V 测量），识别出的 $z_0$ 表面只能产生体积有限的浅层滑动。因此，从地质角度看，这个界面并不重要。考虑整个滑坡区房屋地基的最大深度约为 2 m，可以估算出深度约为 5.0 m 的 $z_1$ 相关滑动面是造成建筑物裂缝的主要原因。从图 5.46 中可以看出，$z_2$ 最深的滑动面范围更大。为了观察其空间分布，将变化较大的 $z_2$ 值映射为图 5.46（a）中不同尺寸的点。从图中可以看出，在滑坡体的中部，它们是随机分布的，而在滑坡的东侧，较深的值主要集中在坡脚附近。沿着斜坡提取的 6 个滑动面剖面[图 5.46（b）～（g），3 个在滑坡中央，3 个在滑坡右侧]进一步证实了这一点。这样的深度分布表明，东部似乎受到旋转运动的影响，而中部同样考虑斜坡倾角，位于趾部区域更可能受到旋转和平移运动的联合控制。图 5.46（b）～（d）还显示，滑坡脚趾处（>距头部 2100 m）的滑动面很薄，与地面近似平行（由点矩形表示），这交叉验证了 InSAR 观测到的城镇居民区的平面运动（图 5.42）。综上所述，考虑滑移特征及滑坡区梯田沉积物和粉砂岩的混合作用，该滑坡类型可以确定为在不同界面（土/土、土/岩）和深度处发生滑动的复合类滑坡。

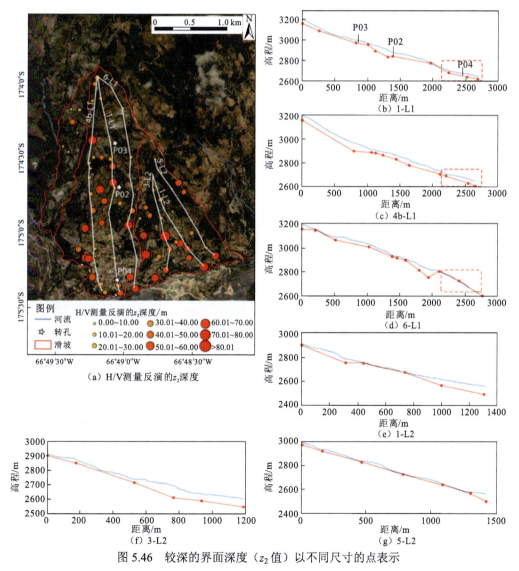

图 5.46　较深的界面深度（$z_2$ 值）以不同尺寸的点表示

（3）滑坡体积估算。

计算体积最简单和常用的方法是将表面积与平均滑坡深度相乘（Jaboyedoff et al.，2020）。首先计算 $z_2$ 平均深度值，根据 Jaboyedoff 等（2020）提出的方法，计算独立镇滑坡体积估计为 $1.35 \times 10^8$ $m^3$，该方法强调了假设滑移面机制的必要性。然而，研究区域的 H/V 测量覆盖范围广，整个滑坡区域都可以获得滑动面深度的信息，而不仅仅是沿着某些横截面。因此，考虑较深的界面（$z_2$），DEM 与 $z_2$ 深度插值表面之间的移动体积由 CloudCompare2.10.2 软件（http://www.danielgm.net/cc/release/）中的 Compute2.5 volume 工具估算。采用 Kriging 程序的 Rstudio 软件进行插值。考虑整个感兴趣区域的滑动面深度的球形模型[图 5.47（b）]，对最佳拟合半变异函数[图 5.47（a）]进行评估，软件估算的体积为 $9.18 \times 10^7$ $m^3$。这意味着，假设一个平均深度滑动面的简化方法将高估体积的 47%。

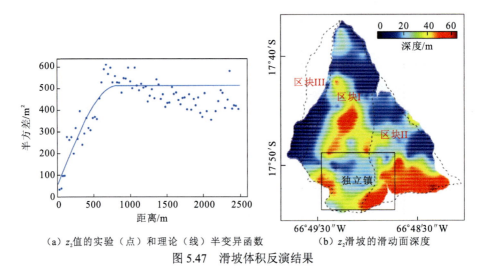

（a）$z_2$ 值的实验（点）和理论（线）半变异函数　（b）$z_2$ 滑坡的滑动面深度

图 5.47　滑坡体积反演结果

（4）滑坡的时间演化。

对图 5.43（a）所示的 3 个子块内的相干像素进行空间平均，生成每个子块的位移时间序列。根据全球降水测量（Global Precipitation Measurement，GPM）日记录产生的 30 d 累积降雨量（Hou et al.，2014）来研究形变与降雨量之间的关系。图 5.48（a）和（b）显示了形变时间序列与降雨量之间的关系，在 2018 年和 2019 年的雨季后期（1～3 月）均有明显的位移加速度（蓝色点矩形）。上部街区块体在升轨和降轨的视线向形变中变化相似，与图 5.43（b）所示滑动面上的分解角度几乎相同，在升轨和降轨的视线向加速度的起始点也很接近。然而，在镇中心块体，升轨和降轨视线向形变展示对滑坡运动的敏感性不同。升轨观测到的形变[图 5.48（a）中的黑点]比降轨表现出更强的波动，但对降雨增加的响应较弱。这是因为镇中心的滑动方向几乎垂直于升轨视线向[图 5.43（b）]，导致升轨对滑动平面上的位移不敏感。2018 年 1～4 月的雨季 Sentinel-1 的干涉图进一步证明了这种不敏感性，其中镇中心升轨的视线向位移[图 5.48（e）]比降轨的视线向位移[图 5.48（d）]更小。东部街区面积受降雨增加的影响较小，2014 年 10 月～2019 年 12 月视线向形变时间序列在升轨和降轨两种模式下都相对稳定。然而，在 2018 年初和 2019 年仍有振荡，图 5.48（c）中用蓝色点矩形标记，发生在雨季后期的时间间隔内。

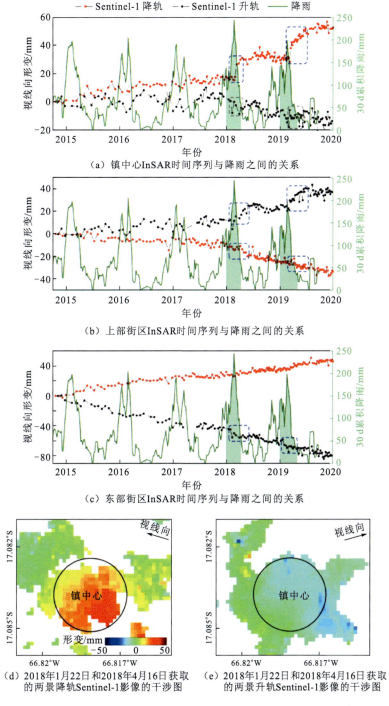

（a）镇中心InSAR时间序列与降雨之间的关系

（b）上部街区InSAR时间序列与降雨之间的关系

（c）东部街区InSAR时间序列与降雨之间的关系

（d）2018年1月22日和2018年4月16日获取的两景降轨Sentinel-1影像的干涉图

（e）2018年1月22日和2018年4月16日获取的两景升轨Sentinel-1影像的干涉图

图 5.48　3 个滑坡子块体的形变时间序列与降雨量之间的关系

2018 年初和 2019 年的视线向位移加速是滑坡失稳的前兆信号。为了更直观地观察滑坡运动的加速度，将 Sentinel-1 的视线向位移投影到滑动面上，并绘制在图 5.49 中。可以看出，与上部街区和东部街区相比，镇中心的形变加速度最大。此外，如图 5.44 所示的 H/V 曲线也揭示了它们的差异，在镇中心较深的 $z_2$ 界面上，地震阻抗对比度明显更高。

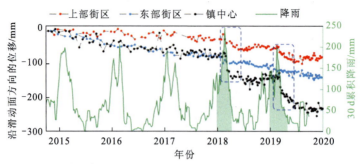

图 5.49　时间序列 InSAR 沿滑动面运动和 GPM 30 d 累积降雨量

尽管与前几年相比，2019 年雨季的降雨量没有增加，但在此期间，研究区的形变一直处于加速发展状态。投影到滑动面上的形变时间序列（图 5.49）显示，2019 年加速度信号的开始时间和持续时间（雨季后期）与 2018 年相似。2018～2019 年，位移呈现季节性为主的过程，尤其是在镇中心。因此可以推测，在雨季后期大量降雨的情况下，未来可能会再次出现进一步加速的状况。

**3）讨论**

值得注意的是，镇中心滑坡块体的加速度比上部街区和东部街区所显示的加速度要大。由于镇中心的坡向几乎与卫星升轨的飞行方向平行，升轨的视线向观测对沿坡向位移不敏感。这可能导致对位移的低估，因为升轨卫星只能观测到一小部分沿坡向位移（约 5%，而降轨卫星约为 23%）。但考虑时间序列 InSAR 的毫米级精度［图 5.42（c）和（d）］，InSAR 观测到的滑坡运动加速度应该是真实的，值得今后进一步密切监测。

（1）InSAR 时间序列的季节振荡。

2018 年以前的位移时间序列呈现稳定的线性趋势。分析发现，在时间序列中也存在显著的季节性波动。降雨和残余的对流层延迟这两种原因可能导致振荡，因为它们均有类似的季节变化。为分析它们之间的关系，确定最可能的因素，将连续小波变换（continuous wavelet transform，CWT）、交叉小波变换（cross wavelet transform，XWT）和小波相关性（wavelet coherence，WTC）方法应用于 2018 年加速前的去趋势时间序列。从 InSAR 时间序列的 CWT 结果［图 5.50（b）］，可以观察到在整个记录间隔内全年（365 d）的强功率周期。此外，2016～2017 年，可以识别出周期为半年和 2～3 个月的大量功率信号。

图 5.50（c）和（d）显示了 InSAR 时间序列与对流层延迟之间的 WTC 和 XWT 关系。从图中可以看出，这一关系超出了 5% 的显著水平。另外，InSAR 时间序列与降雨量总体上是相同的，在 5% 的显著性水平内，InSAR 时间序列在年周期和半年周期内呈现出较大的共幂，如图 5.50（e）和（f）中粗轮廓所示。因此，可以推断 InSAR 时间序列的季节振荡与季节降雨量的关系大于对流层延迟。InSAR 时间序列的年周期与降雨量的相同关系也表现出约 40° 的移动，如图 5.50（f）中黑色箭头所示。这意味着，镇中心地区的形变通常比降雨量峰值到来提前一个多月，因为滑动振荡往往从雨季开始后不久开始（Hu et al.，2016a），即在达到降雨量峰值之前。用于季节振荡分析的 InSAR 时间序列是 2018 年之前。从图 5.50 中可以看出，这一阶段的滑坡运动对降雨只有中等响应（<30 mm）。但在 2018 年和 2019 年降雨量峰值之后，两次观测到的加速度对降雨增加的响应较强（>70 mm），与 2018 年之前的季节振荡有很大不同。

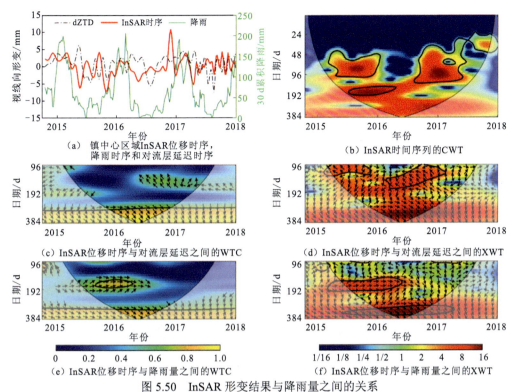

(a) 镇中心区域InSAR位移时序，
降雨时序和对流层延迟时序

(b) InSAR时间序列的CWT

(c) InSAR位移时序与对流层延迟之间的WTC

(d) InSAR位移时序与对流层延迟之间的XWT

(e) InSAR位移时序与降雨量之间的WTC

(f) InSAR位移时序与降雨量之间的XWT

图5.50　InSAR形变结果与降雨量之间的关系

（2）滑坡稳定性。

利用InSAR技术进一步发现，独立镇滑坡自2018年以来经历了加速形变。由于2018年雨季降雨增加，滑坡体坡底雨水入渗增多，趋于饱和，这反过来又会导致更大的孔隙水压力，并降低沿破坏面的摩擦强度（Hu et al.，2016a）。此外，破坏面上水的重量加载可以增加重力驱动力（Crosta et al.，2014；Saar et al.，2003；Schmidt et al.，2003）。这两种作用共同导致滑坡运动的加速。结果表明，滑坡具有季节性活动特征，受降雨控制，破坏风险较以往增大。建议在该地区安装一个预警系统，至少分别设置一个气象站和一个地面全站仪，不断监测降雨和地表位移。此外，未来任何住宅建筑和基础设施的建设都应在最不容易受到地表位移影响的地区修建。

# 5.5　地面沉降观测及应用

本节在介绍地面沉降观测及动力学反演理论的前提下，阐述地面沉降现有的监测技术手段，并对其进行对比，选择较为合适的监测方法。以北京和西安地区为例，基于长时间序列SAR影像进行地面沉降监测，提取沉降区时空特征信息，并根据GPS监测结果、地下水开采量、降雨量等资料对地面沉降的精度和演变特征进行分析研究。

## 5.5.1　地面沉降观测

地面沉降是由自然或者人类工程活动引发的地下松散岩层固结压缩，并导致一定区域内地表高程降低的地质现象，能够毁坏建筑物和生产设施，影响城市规划和资源开发，甚至威胁到居民生命安全，是一种全球普遍性的地质灾害。此外，不均匀的沉降使建筑物遭到倾斜和破坏，在一定程度上加速了地裂缝的活动。这些地质灾害不仅影响了城市的规划布局、土地有效利用和地下空间的开发，而且还危及各类工程建筑的安全（张勤 等，2008）。地面沉降具有发展缓慢、影响范围广、成因复杂、持续时间长等特点，且多发于经济发达和人口聚集地区，它严重制约着经济和社会的可持续性发展，对人民的生产生活构成了极大的威胁。地面沉降和地裂缝等自然地质灾害的影响广泛，美国中西部及我国的华北、华南、东北和临汾盆地等区域受地面沉降、地裂缝等自然地质灾害的影响较为显著（耿大玉 等，2000）。地面沉降、地裂缝等自然地质灾害不仅在一定程度上破坏建筑物、桥梁、交通道路等重要的基础设施，而且也会造成重大的财产损失和人员伤亡。位于我国西北部地区的西安市，因其地质构造复杂，自 20 世纪 60 年代以来一直受到地面沉降和地裂缝的影响，严重影响了西安地区基础设施的稳定和经济发展。此外，地面沉降和地裂缝二者之间的相互作用和相互影响会使灾害变得更加复杂、更具有破坏力（沈红艳 等，2018；陈红旗 等，2003）。因此，为了调查地面沉降发生的成因并采取有效的措施减轻其危害，迫切需要开展地面沉降的高精度定位和监测研究。

对于地面沉降、地裂缝等自然地质灾害的起因，国内外许多学者对此进行了一系列的研究。Brunori 等（2015）利用 InSAR 技术和野外调查对墨西哥哈利斯科州的厚松散堆积物充填的活动地堑的地面沉降过程及其伴随的地裂缝进行了研究，认为地裂缝的形成主要受松散堆积层下的隐伏断层控制，地下水开采引起差异沉降最终导致地表出现裂缝。Murgia 等（2019）对墨西哥哈利斯科州古斯曼城区的地裂缝进行了研究，得出地下水枯竭与地层差异是地裂缝形成的关键因素。赵超英等（2009）采用 InSAR 技术对活动地表裂缝、沉降区中心和城市建设的阶段进行比较分析，发现西安市的地面沉降和地裂缝发育与城市建设有很强的相关性，为西安地区地表裂缝的解释和减灾提供数据支持。朱武等（2010）以西安地表裂缝为对象，进行了人工角反射器的差分干涉技术（corner reflector InSAR，CR-InSAR）的监测，通过 LAMBDA 相位解缠，最终获取了地表裂缝垂直形变时间序列，与精密水准观测值比较证明了 CR-InSAR 在监测地表裂缝中的可靠性。杨成生等（2014）利用短基线 InSAR 技术获取了研究区地表形变结果，即地面沉降和地下水、地表裂缝活动与构造活动、降雨及地面沉降与地裂缝及构造活动之间的相互影响。刘沛然等（2017）基于 Envisat 和 ALOS 影像，以邢台市隆尧地表裂缝为研究对象，利用 PS-InSAR 技术进行监测，最终得到邢台市隆尧地表裂缝的形变情况。李诗娆等（2021）采用空间监测精度更高、细节更丰富的网络化永久散射体时序雷达干涉测量技术，针对西安地区展开时序研究，利用 Sentinel-1A 卫星 SAR 影像集结合地面水准数据验证，证明了该方法在地表形变监测中的可行性。翟栋梁等（2021）根据物探、钻探和 InSAR 监测结果，分析构造断裂和超采地下水与地表裂缝的关系，并得出北张地表裂缝的成因机理，并据此提出地表裂缝的防治措施。范军等（2018）以 29 景 Sentinel-1A 数据为基础，借助 PS-InSAR 技术获取了昆明市 2014 年 12 月～2017 年 2 月的沉降信息，且与同时提取的 SBAS 结果具有很高的一致性。

对地面沉降的研究，主要着眼于监测手段、时序演化、成因机理等方面。常规地面沉降监测的方法一般采用精密水准测量，这种方法早期在我国许多城市中获得了广泛的应用，但是这种方法野外作业的周期长，需要耗费大量的人力和物力，同时随着城市的发展，布设的水准点受到了严重的破坏，再加上水准点本身的布设密度较低，难以揭示真实形变的规律。

此外，作业方式灵活、传统定位技术精度无法比拟的 GNSS 具有强大的服务功能，可以实现全天化的定位功能。其监测手段属于单点的高程测量技术，在进行选点时比较灵活，在工程实践中测站之间不需要通视，因此对较复杂的、视距不良区域具有较高的适用性，且在监测的过程中基本不受天气因素的影响。早在 20 世纪 80 年代，国际上有关学者就尝试使用 GPS 技术对一些地质灾害进行监测，如边坡山体的滑坡、地面沉降及火山等，其监测结果的精度可达厘米至毫米级（张勤 等，2009）。近些年来，国内外不少地方利用 GNSS 来监测地面沉降。Sato 等（2003）在新潟县的小千谷市进行了 GNSS 观测，观测获得了每年冬天大约 7 cm 的沉降量，GNSS 测量精度为 9.5 mm。邓清海等（2007）利用 GNSS 监测了我国江苏地区 70 余个点位，通过多期成果比较分析，获取了观测区域的沉降量分布图和沉降速率分布图。天津市从 20 世纪 90 年代开始设置监测点并开始 GNSS 观测，已经进行了多期观测，得出了利用 GNSS 观测结果和水准观测结果所反映出的垂直形变量一致的结论（姜衍祥 等，2006）。高艳龙等（2012）将利用 CORS 站时间序列得到的高程分量变化速率与复测水准资料联合处理结果作为水准变化的速率基准，解决了基站不稳定性问题。意大利博洛尼亚大学的 Ozener 等（2013）利用 GPS 对意大利半岛北部进行地面沉降监测，共投入 146 个 GPS 监测点，对监测数据处理后的结果显示，该监测结果在水平与垂直方向上的精度分别为 2 mm 与 3 mm。西班牙、美国、意大利、加拿大、伊朗等国家也采用了 GNSS 测量方法进行地面沉降的观测。然而，采用水准和 GNSS 这两种方法进行地面沉降监测，都只能到实地对有限的离散点进行观测，监测范围较小，大多数情况下不能获取实时的、宏观的形变监测结果。

1993 年，InSAR 技术被成功应用于美国加利福尼亚州兰德斯地震的形变监测，受到了广大科研人员的高度重视与关注，为高精度的地表形变监测提供了一种全新的技术方法。多种先进的 InSAR 时间序列技术相继提出，并被成功应用于地表形变监测等领域，为城市地面沉降和地裂缝的监测提供了新的思路。近些年来，众多研究人员对兰州（牛全福 等，2021）、沧州（葛大庆 等，2007）、北京（陈蓓蓓 等，2011）、武汉（张扬 等，2022）和太原（刘媛媛，2014）等不同区域的地面沉降进行时序演化，进而探索地面沉降的发展规律。

## 5.5.2 地面沉降灾害应用

北京市是我国首都，历史悠久、文化灿烂，是中国的政治、文化、国际交流中心。北京市位于中国华北平原北部，中心位于 116°20′E、39°56′N，平均海拔为 43.5 m，总面积 16 412 km²，背靠燕山，毗邻天津市和河北省，是世界著名古都和现代化国际城市。北京市西北部的地势高、东南部的地势较低，西部、北部和东北部三面环山，东南部是一片缓缓向渤海倾斜的平原。北京市的山地与山间盆地和平原等交会处形成许多雄伟的断层崖，山区河流出现峡谷地形。北京市平原区主要位于东南、华北平原北端。在平原的边缘带上有许多残山出现，主要河流在进入平原后均变宽阔。北京市平原区有凹陷厚度达千余米的松散沉积物，容易产生地面沉降（张鹏，2021）。平原地区的地面沉降较为严重，其中位于北京市的朝阳、顺义、通州、昌平、海淀等区域发生地面沉降的频率较高且危害程度较大，北京市平原区受到地面沉降影响的区域超过北京市平原区的一大半（杨艳 等，2013）。1935 年以来，北京市一直受到地面沉降的影响（Xu et al.，2008）。20 世纪 70 年代是北京市地面沉降迅速发展的时期，该时期北京市的沉降量大且集中，逐步出现了昌平、顺义、大兴等新的沉降区域。2000 年以后，北京市政府采取了地下水管控措施，使地下水开采量得到有效控制。尽管地下水开采量下降，但开采深度加深、新的集中开采区出现，使地面沉降分布出现了新的特征。2014 年南水北调工程为北京市提供了新的水源，改变了 2015 年以来北京市地面沉降演变的格局。

InSAR 技术监测地面沉降能够极大地减少成本和劳动量，为城市的快速发展提供风险分析和预警。通过研究南水北调前后北京市地面沉降的分布及演变规律，可为该地区长期地面沉降监测、水资源管理等科学防控提供数据支持，对城市化的持续发展具有重要意义。Yuan 等（2021b）、Zhou 等（2015）、Hu 等（2014）、李永生等（2013）均利用 SBAS-InSAR 技术获取了北京市整个时间跨度的形变序列。Du 等（2018）基于 ALOS 影像，利用 InSAR 技术获取了 2007～2016 年北京市北部沉降速率不断加快的结果。Liu 等（2020）基于 Envisat ASAR 和 Radarsat-2 影像采用 SBAS-InSAR 技术获取了北京市 2003～2013 年的垂直形变特征。此外，也有很多专家学者针对北京市的地面沉降时空演化规律及其成因机理等方面开展了相关研究，Muhetaer 等（2021）、Yang 等（2018）、Alex 等（2012）等采用时序 InSAR、GPS 等技术分析了北京市地面沉降的时空分布特征。Hu 等（2019）利用大气估计模型（TS-InSAR+AEM）时间序列分析方法分析了北京市 2015～2017 年地面沉降的发展变化及其与地质断层的关系。Zhou 等（2019）引入机器学习方法分析了地下水、可压缩层厚度等影响因子对地面沉降的影响。Zhou 等（2020）利用层析成像的持续散射干涉 SAR 技术，分析了北京市地面沉降在时间和空间上的变化。

为了更好地研究北京市长时间跨度地面沉降的演化过程，采用 InSAR 技术获取北京市 2003～2020 年地表沉降的时空分布特征，如图 5.51 所示。在图 5.51 中，形变结果为正值，则表示地物朝着靠近卫星的方向运动；形变结果为负值，则表示地物朝着远离卫星的方向运动。Q1～Q6 和 P1～P6 为典型特征点。

从整个空间演化的过程可以看出，北京市地面沉降的分布不均匀，北京市平原区镇中心的形变相对较小，东北部的地面沉降较为严重，沉降主要发生在昌平区（CP）、海淀区（HD）、朝阳区（CY）、顺义区（SY）及通州区（TZ），其中位于北京市东北部的朝阳区和通州区两地的沉降最为严重，且朝阳区和通州区两地的沉降具有连片的趋势。此外，2003～2010 年北京市形变速率为 −128～3 mm/a，最大累积形变量为 −808 mm，位于北京市朝阳区；2015～2020 年北京市形变速率为 −135～12 mm/a，最大累积形变量为 −734 mm，最大累积形变同样位于北京市朝阳区。随后获取北京市 2003～2010 年和 2015～2020 年两阶段沿视线向的地表累积形变时间序列图，如图 5.52 和图 5.53 所示。图中，DX 表示大兴区。

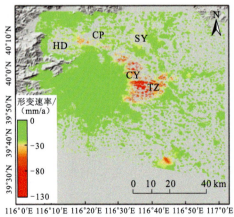
（a）2003~2010年北京市平均形变速率

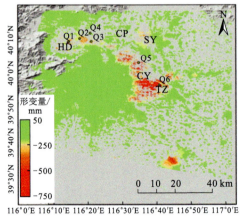
（b）2003~2010年北京市累积形变量

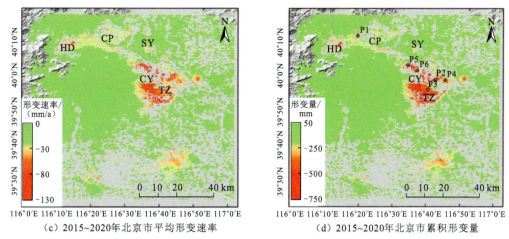

（c）2015～2020年北京市平均形变速率　　　　　（d）2015～2020年北京市累积形变量

图 5.51　2003～2010 年和 2015～2020 年北京市形变

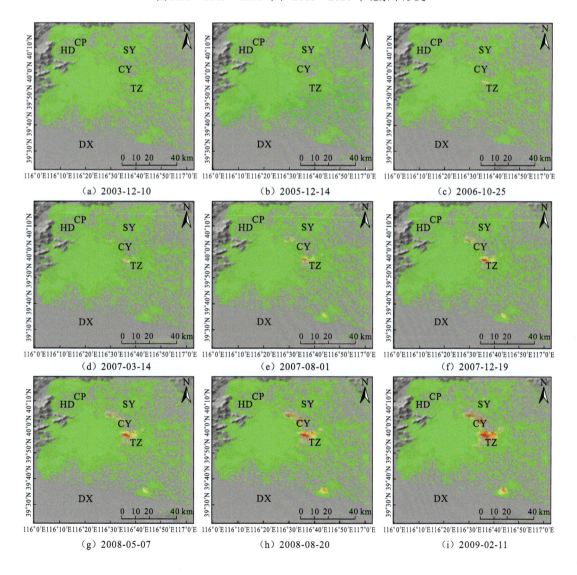

（a）2003-12-10　　　　　　　　（b）2005-12-14　　　　　　　　（c）2006-10-25

（d）2007-03-14　　　　　　　　（e）2007-08-01　　　　　　　　（f）2007-12-19

（g）2008-05-07　　　　　　　　（h）2008-08-20　　　　　　　　（i）2009-02-11

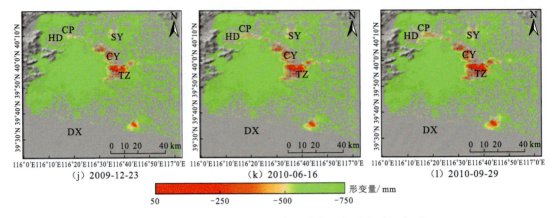

（j）2009-12-23　　　　　　（k）2010-06-16　　　　　　（l）2010-09-29

形变量/mm

图 5.52　2003～2010 年北京市视线向累积形变时间序列

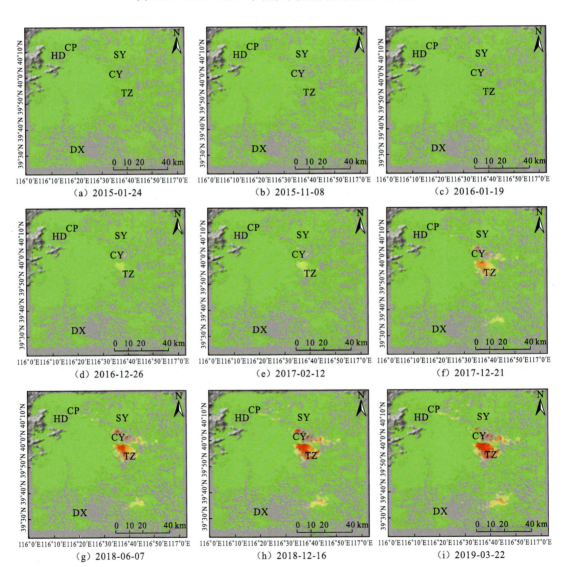

（a）2015-01-24　　　　　　（b）2015-11-08　　　　　　（c）2016-01-19

（d）2016-12-26　　　　　　（e）2017-02-12　　　　　　（f）2017-12-21

（g）2018-06-07　　　　　　（h）2018-12-16　　　　　　（i）2019-03-22

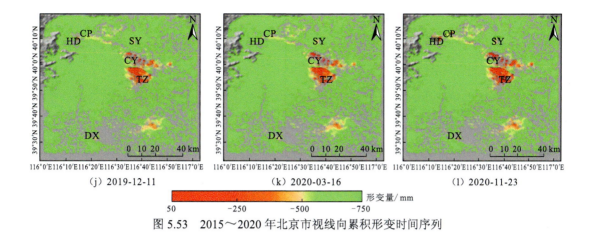

（j）2019-12-11　　　　　　　（k）2020-03-16　　　　　　　（l）2020-11-23

形变量/mm

50　　　　　−250　　　　　−500　　　　　−750

图 5.53　2015～2020 年北京市视线向累积形变时间序列

从图 5.52 中可以看出，2003～2010 年北京市地表形变量在逐渐增大。2003～2005 年北京市的形变较为微小，2006 年起北京市地表形变量开始逐渐增大，显示了 2003～2010 年北京市沉降漏斗的形成过程。从图 5.53 中可以看出，2015～2020 年北京市地表形变量逐渐增大，其中 2015～2016 年形变变化微小，2017 年开始逐步增加，最大累积沉降量达到 733 mm，位于北京市朝阳区。为了更好地分析北京市地面沉降的长时间序列演化特征，在 2003～2010 年和 2015～2020 年两阶段的累积形变图中的沉降漏斗上分别提取 6 个不同位置的形变特征点，各个典型特征点的位置分布如图 5.51（b）和（d）所示，对提取的典型特征点进行时间序列形变分析，如图 5.54 所示。

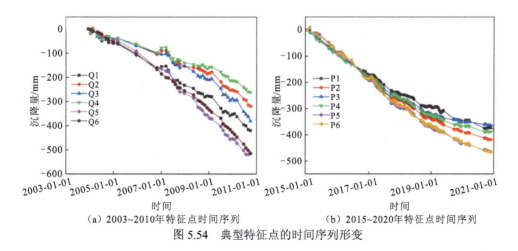

（a）2003～2010年特征点时间序列　　　　　（b）2015～2020年特征点时间序列

图 5.54　典型特征点的时间序列形变

在 2003～2010 年和 2015～2020 年两阶段分别提取的典型特征点时间序列均呈现出不同速度的非线性沉降，2003～2010 年北京市地面沉降在持续增加，其形变速率也在增加，最大累积形变量达−514 mm。各个沉降漏斗在规模和数量上扩展了约 7 年，最大沉降中心位于北京市朝阳区，2015～2020 年北京市地面沉降在持续增加，其中朝阳区沉降最为严重，最大累积形变量达到−472 mm（张双成 等，2024）。2005～2020 年北京市累积沉降量仍在增加，2015～2020 年北京市沉降量呈现减缓的趋势。

此外，为了验证形变结果的可靠性和准确性，收集 35 个 GPS 测量值进行验证。由于 InSAR 形变结果主要反映沿视线向的形变，根据与 GPS 点对应像素的航向和入射角，将 GPS 形变结果均匀投影到视线向，以检查精度。视线中的 GPS 形变可以表示为

$$d_{\mathrm{GPS}} = \sin\theta \times \sin\left(\alpha - \frac{3\pi}{2}\right) \times d_x + \sin\theta \times \cos\left(\alpha - \frac{3\pi}{2}\right) \times d_y + \cos\theta \times d_z \quad (5.1)$$

式中：$\alpha$ 为卫星航向角；$\theta$ 为雷达入射角；$d_x$、$d_y$ 和 $d_z$ 分别为 GPS 在三维方向上的形变。GPS 测量值与 InSAR 形变结果之间的比较有点对点验证、点对面验证和点对线验证三种验证方法。为了定量评估 InSAR 和 GPS 获得的形变监测精度，采用点对点验证来验证精度。为了突出 InSAR 和 GPS 之间的形变相关性，将 InSAR 导出的形变速率与 GPS 在视线向上的形变结果进行比较，如图 5.55 所示。InSAR 和 GPS 的形变结果之差小于 10 mm/a，均方根误差为 4.6 mm/a。此外，InSAR 与 GPS 之间的相关性很高，相关值约为 0.9。

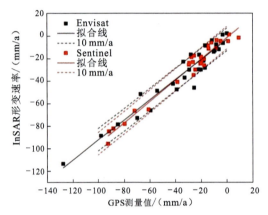

图 5.55 GPS 测量值与 InSAR 年视线向形变结果之间的相关性

黑色小方块是 Envisat 导出的形变结果，黑色直线是 Envisat 导出的形变结果和 GPS 拟合的直线；

红色小方块是 Sentinel 导出的形变结果，红色直线是 Sentinel 导出的形变结果和 GPS 拟合的直线

西安市位于渭河断陷盆地的中段南部，地理位置为 107.40° E～109.49° E，33.42° N～34.45° N，处于秦岭以北，黄土高原以南地带，地质构造复杂，全市总面积为 10 108 km²。西安市的地质构造兼跨秦岭地槽褶皱带和华北地台两大单元。距今约 1.3 亿年前燕山运动时期产生横跨境内的秦岭北麓大断裂，自距今约 300 万年前新近纪以来，大断裂以南秦岭地槽褶皱带新构造运动极为活跃，山体北仰南俯剧烈降升，造就秦岭山脉。与此同时，大断裂以北属于华北地台的渭河断陷继续沉降，在风积黄土覆盖和渭河冲积的共同作用下形成渭河平原。秦岭山地与渭河平原界线分明，构成西安市的地貌主体。其中，秦岭山脉主脊海拔为 2000～2800 m，西南端太白山峰巅海拔 3867 m，是大陆中部最高山峰。渭河平原海拔 400～700 m。西安市地层包括第四系、新近系和古近系，西安市地下水的类型主要包括潜水和承压水两大类。大量观测资料显示，西安市地面沉降的主要区域发生在抽水严重的城区和近郊区，在长期抽水的影响下，西安市形成了西北工业大学、小寨、沙坡村等多个大沉降中心。近年来，地震、地裂缝、滑坡、泥石流等自然地质灾害在西安市频繁发生（Qu et al.，2014），这些地质灾害的发生给西安市造成了重大的财产损失和人员伤亡。城市扩张和经济增长在一定程度上也进一步加剧了西安市地面沉降、地裂缝的发生，从而对地

下管线等基础设施造成了巨大的破坏。为了对西安市地面沉降、地裂缝等自然地质灾害进行防治和预警，西安市地面沉降、地裂缝的高精度实时监测就显得尤为重要。

对于西安市地面沉降的起因，国内外许多学者对此进行了一系列研究。研究发现，长期高强度抽取地下水造成西安市严重的地面沉降，从而引发了地裂缝（王德潜 等，1996）。随着西安城市扩张和经济的不断发展，地面沉降和地裂缝的产生将随之加剧，为了对城市建设和基础设施等进行安全分析与评估，对西安市地面沉降和地裂缝的研究就显得尤为重要。为了研究西安市辖区的地面沉降分布特征，获取西安市 2003~2021 年的 Envisat、ALOS和 Sentinel-1A SAR 影像，采用 SBAS-InSAR 技术分别获取西安市 4 个不同时间段的地面沉降年均速率图，如图 5.56 所示。

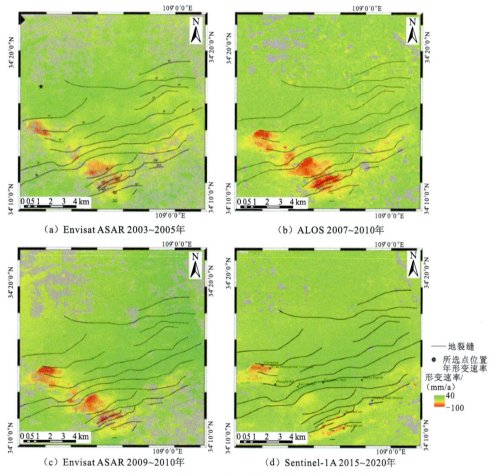

图 5.56　西安市 4 个时期的垂直年均形变速率图

绿色的正值表示抬升，红色的负值表示沉降；（a）中黑星表示参考点，
黑线表示地裂缝；（d）中 9 个小圆点是挑选的时序点

如图 5.56 所示，西安市地面沉降中心主要位于西南郊区，沉降速率呈现从缓慢到加速再变缓的过程。自 2003 年黑河引水工程投产起，西安市地下水开采力度大大减小，因此2003~2005 年年均沉降速率减缓，最大年均速率为 110 mm/a；之后又因为西安市大力发展

城市建设，修建地铁，2007~2010年年均沉降速率又逐渐加速，2009~2010年最大年均沉降速率大约为160 mm/a；经过城市建设高峰期后，2015~2020年沉降速率又逐渐趋于平缓，最大年均沉降速率大约为100 mm/a。另外，叠加西安市的地裂缝共同进行分析，发现沉降中心与地裂缝的位置较为一致，沉降漏斗大致位于地裂缝之间。

为验证图5.56中SBAS-InSAR结果的准确性和可靠性，将2009~2010年的InSAR结果与现有的22个GPS参考点获取的年均速率结果进行对比，如图5.57所示。从图5.57中可以看出，GPS与InSAR结果的标准差为2.56，结果能较好地吻合，XJ12和XJ18点两个结果存在显著差异，这可以解释为局部变形、水平变形效应和在较差测量环境下的低GPS垂直精度（Peng et al.，2019）。同时，将其他的InSAR结果与Shi等（2020b）得出的形变速率结果进行对比，结果表明，年均速率及其沉降中心的分布较为一致，说明获取的数据结果具有较高的可靠性，可用于后面的研究分析。

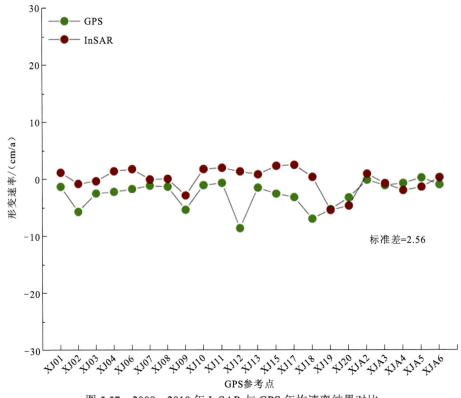

图5.57　2009~2010年InSAR与GPS年均速率结果对比

为了更详细地研究沉降区和抬升区的时空演化特征，选取图5.56（d）中的9个点进行时序分析，将这9个点在2015~2021年的时序变化用图5.58呈现出来，包括3个一直沉降的地区（凤栖原、三爻村、曲江新区）、3个缓慢抬升的地区（电子城、大雁塔、科技六路）及3个形变有回弹的地区（鱼化寨、西安外国语大学、丈八路）。从图5.58（a）、（b）中可以看出，电子城和大雁塔在2015年7月~2021年1月处于一个持续抬升的状态，电子城最大累积抬升86 mm，大雁塔最大累积抬升42 mm。图5.58（d）~（f）中3个地方在这段时间处于一个持续下降的趋势，凤栖原累积最大沉降量 225 mm，三爻村累积最大沉降量 135 mm，曲江新区累积最大沉降量 33 mm。图 5.58（g）～（i）中 3 个地方呈现先下降后上升的趋势，回弹现象处于 2018 年 10 月之后。其中，鱼化寨的变化尤为明显，2015 年 7 月～2018 年 10 月鱼化寨呈持续沉降状态，最大累积形变量达到 261 mm，随后开始呈现较快的回弹直到 2019 年 4 月开始变得平稳。调查发现，2018 年 10 月西安市政府为解决鱼化寨沉降问题，进行城中村改造，关停大量自备井，并采取人工回灌措施，削弱了地下水过度开采对地面沉降的影响。因此，鱼化寨在这段期间形变的迅速回弹是由政府采取的一系列禁采措施造成地下水位恢复或上升引起的。

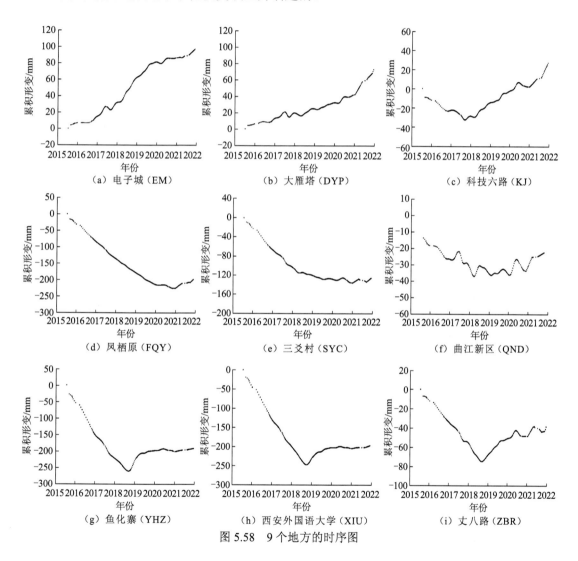

图 5.58　9 个地方的时序图

　　相继提取 2018 年、2019 年、2020 年及 2021 年共 4 年的年均沉降速率（图 5.59），并提取出其抬升速率大于 10 mm/a 的面积（表 5.7），研究其抬升面积的变化规律，发现从 2019 年开始西安市沉降趋势就得到了一定的减缓，并且局部地区开始发生明显的抬升。如图 5.59 所示，2018 年科技六路和电子城出现了局部抬升，鱼化寨还处于沉降状态。2019 年，西安市的抬升区域向西扩大到鱼化寨周边，主要抬升区域为鱼化寨、西安外国语大学和丈八路。2020 年，上述三个地方趋于平稳，抬升趋于大雁塔附近。2021 年，抬升面积逐渐增大且在科技六路附近发现最大抬升速率达到 100 mm/a，这 4 年间面积的扩大速率为 1.3 km²。西安市沉降速率减缓且发生大片面积沉降抬升的可能原因是减少了地下水开采，使地下水位恢复或上升，从而引起地面沉降回弹现象。

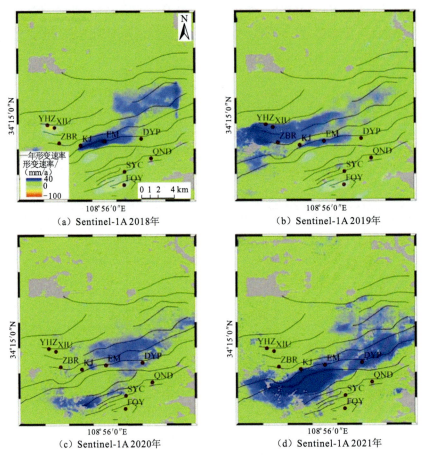

图 5.59　2018～2021 年年均形变速率图

蓝色的正值表示抬升，红色的负值表示沉降；图中符号含义见图 5.58 小图题

表 5.7　2018～2021 年西安市抬升面积及主要区域

| 年份 | 面积/km² | 主要区域 |
|---|---|---|
| 2018 | 7.61 | 科技六路、电子城 |
| 2019 | 9.47 | 鱼化寨、西安外国语大学、丈八路 |
| 2020 | 12.81 | 电子城、大雁塔 |
| 2021 | 18.43 | 科技六路、大雁塔、电子城 |

# 5.6 地裂缝观测及应用

地裂缝是一种由内部和外部地质动力过程所引起的浅表破裂，是一种受多种复杂因素制约和影响的地质灾害现象。地裂缝在我国分布广泛，主要分布在汾渭盆地、华北平原和苏锡常等地区，这些地区的构造和人类活动强烈，诱发了大规模地裂缝灾害的发生，不仅给人民的生命财产安全带来了严重的威胁，还给国家和社会带来了巨大的经济损失。本节主要介绍地裂缝观测现状，并以渭河盆地为例，利用影像大地测量学的方法进行研究。

## 5.6.1 地裂缝观测

地裂缝是一种独特的城市地质灾害，是指在自然或人为因素的作用下，地表岩石或土体等产生开裂并在地面形成一定长度与宽度裂缝的一种地质现象（彭建兵，2012；潘懋 等，2002）。世界上多个国家均出现了不同类型的地裂缝，不仅导致各工程建筑物和设施遭到破坏，还将引发一系列环境问题。我国是世界上地裂缝灾害最为严重的国家之一，在山西、陕西、河北、河南、山东、安徽、江苏和北京等地区地裂缝均有发育，分布广泛（卢全中 等，2013）。地裂缝灾害已然成为一种独特的城市和环境地质灾害。

地裂缝可由很多自然和人为因素引起，包括区域应力场、断裂构造、地下水开采、降雨、地下矿产资源开采、崩塌和滑坡等（王飞永，2021）。例如，陕西省三原县双槐树地裂缝于2004年8月9日深夜，受2个多小时的强降雨后，出现了两条近平行的北东向地裂缝，可见长度大于800 m（卢全中 等，2007）；2010年6月30日，山西省稷山县稷峰镇太杜村出现一条长约600 m的地裂缝；2011年7月中旬，陕西省礼泉县西张堡镇卢家村在果园内出现3条地裂缝，长近2000 m。根据主控因素的不同，地裂缝可分为构造性地裂缝和非构造性地裂缝。对于不同类型的地裂缝，学者在其形成机制和成因机理方面进行了大量的研究（王飞永，2021）。

开展有关地裂缝活动性的研究，首先需要了解地裂缝的成因机制。美国是世界上开展地裂缝研究工作较为广泛与深入的国家，对地裂缝成因机制的研究也较为成熟。Leonard（1929）最早提出了构造成因说，并将其用于亚利桑那皮卡乔附近的地裂缝的成因机制分析，认为该区地裂缝的主要诱发因素为地震活动。随后，部分学者从渗透变形、不均匀沉降、差异压密变形等（Schumann et al.，1969）角度分析了地下水开采与地裂缝之间的相关性。随着相关研究的逐渐深入与细化，部分学者认为某些区域的地裂缝是构造运动与地下水开采共同作用的产物。结合研究区的地质环境与地下水开采状况，Sheng 等（2003）提出了4种适合不同地质环境的地裂缝模式。彭建兵（2012）经过多年的深入研究与探索，揭示西安地裂缝的主要成因是先期断裂（内在驱动力）与地下水开采（外在驱动力）的共同作用。王艺伟等（2016）在系统分析前人研究成果的基础上，归纳了采水型地裂缝的成因机制，并对我国三个典型的采水型地裂缝发育地区（汾渭盆地、华北平原、苏锡常地区）的地裂缝成因机理进行了阐述，认为汾渭盆地与华北平原地区的部分地裂缝属于先期断层模式，苏锡常地区的地裂缝则总体属于基岩起伏模式。

目前有关地裂缝的研究，主要侧重于地裂缝的调查与勘探、成因分析、监测及防治。其中，地裂缝的调查与勘探主要是确定地裂缝的分布位置、产状、力学性质、地层错动量与埋藏深度、活动历史与活动现状、灾害程度与影响范围等；地裂缝的成因分析主要分析地裂缝的形成条件、影响因素、触发因素、形成原因与形成过程等；地裂缝的监测主要采用水准测量、GPS 和 InSAR 等手段对地裂缝场地地面的变形或形变进行监测，对地面沉降区内地裂缝的深层监测与地下水位的监测等；地裂缝的防治主要确定地裂缝的活动参数和影响带宽度，预测活动趋势，评价危害程度，确定建筑物安全避让距离，提出相应的防治措施等（卢全中 等，2013；彭建兵，2012）。

随着影像大地测量学的不断完善与进步，大量学者将影像大地测量技术应用到地裂缝的探测与监测分析。例如，利用 GPS 精密定位、多波段 InSAR 时序分析等对地观测技术对西安地面沉降和地裂缝进行形变监测与分析，揭示西安地裂缝时空演化特征和机理（Li et al.，2023；Qu et al.，2014；朱武 等，2010；张勤 等，2009）。应用 InSAR 技术对汾渭盆地各种地质灾害的地表形变进行了测绘，成功探测到多个活动断层和地裂缝，定量监测了隆升、断层位移和盆地沉降的时空特征，揭示了地裂缝的地表形变机制（Yang et al.，2020；Zhao et al.，2018b；瞿伟 等，2016）。

## 5.6.2　地裂缝灾害应用

渭河盆地位于我国中部，是印度板块与欧亚板块碰撞后形成的新生代裂谷盆地，面积近 40 000 km²，被鄂尔多斯盆地、秦岭造山带、华北地块和青藏高原所包围。在青藏高原的持续向北推动作用下，盆地发生了凹陷（Zhang et al.，1998）。渭河盆地地质背景复杂，构造运动剧烈，主要由地下水过度开采诱发地表形变（陈庆宇 等，2018；Qu ct al.，2018；彭建兵，1992）。渭河盆地已发现 100 多条断裂，一系列东西向平行正断层构造向盆地倾斜，是影响沉积盆地形成的主要因素，包括北秦岭断裂、口镇-关山断裂、渭河断裂、华山断裂等。南北向断裂也参与了盆地的发育，包括陇县-马召断裂、长安-临潼-白水断裂、泾阳-蓝田断裂等（Qu et al.，2018）。这些纵横交错的断层将地下松散沉积层切割成若干构造断块。公元 1177 年以来，该盆地就有地震活动记录，其中 4 次地震强度大于 $M_\mathrm{W}7.0$ 级，包括世界上最致命的 $M_\mathrm{W}8.5$ 级地震在华县（邓起东 等，2002）。渭河盆地有记录的地震大多与断裂活动有关，说明渭河盆地正断层具有地震活动的特征（Lin et al.，2015；Rao et al.，2014）。近年来，渭河盆地地震活动较为活跃，2009～2021 年共发生地震 3160 次，但未发生过强震，其中只有 4 次震级大于 $M_\mathrm{W}4.0$ 级但小于 $M_\mathrm{W}5.3$ 级。

准确定位和监测最近的地面形变和活动断层对于保护人员和基础设施免受严重破坏至关重要，需要对断层段进行更详细的研究，以确定断层活动加剧的原因，从而减少活动断层的潜在危险。本小节研究的目标是提供完整的渭河盆地近期地面垂直形变场和识别活动断层，包括几何分布、滑移速率和构造特征，并利用 InSAR 技术确定断层活动的位置。利用 InSAR 技术对渭河盆地地表信息和活动断层进行探索。首先，通过反演 2015～2019

年 InSAR 年平均形变速率，揭示渭河盆地地表形变与活动断裂的几何空间分布特征；使用集成 PS 和 SBAS 技术来提高相干像素点的一种成熟时间序列 InSAR 处理技术。其次，利用升轨和降轨影像确定 2015～2019 年渭河盆地运动的垂直和水平分量,有利于构造信号的探测；利用水准观测对 InSAR 垂直形变进行验证，并对降轨的 ALOS-2 ScanSAR 和升轨的 Sentinel-1A/B 获取的形变值进行交叉验证，分析主要活动断裂的构造特征和滑动速率。最后，利用垂直形变来细化活动断层。从实验结果来看，在大多数位置，InSAR 细化的断层线与先前绘制的断层线一致。

## 1. 实验数据

汾渭盆地被 92 景升轨 84 轨道的 Sentinel-1A/B 和 6 景降轨 36 轨道的 ALOS-2 ScanSAR 影像所覆盖。Sentinel-1 在 C 波段（5.5 cm 波长）工作，而 ALOS-2 在 L 波段（23.6 cm 波长）工作。使用 SRTM DEM 作为外部 DEM，消除干涉图中的地形相位。利用 2015～2019 年 Sentinel-1A/B 的 92 景 SAR 影像，采用多时相 InSAR（multitemporal InSAR，MT-InSAR）技术获取渭河盆地形变的空间分布。利用 2015～2018 年 6 景 ALOS-2 ScanSAR 数据，通过 InSAR Stacking 技术获取形变速率。本小节使用的 SAR 影像的详细信息如表 5.8 所示。考虑基线和干涉图的质量，手动生成 16 幅干涉图，距离多视因子为 8，方位角多视因子为 25。应用 GACOS 对 SAR 影像进行大气校正。利用 ArcMap 的栅格数据集拼接工具对 2015～2019 年 4 个视线向形变速率进行拼接，得到渭河盆地整体形变分布。

表 5.8　SAR 影像数据

| 项目 | SAR 卫星 | |
| --- | --- | --- |
| | Sentinel-1 | ALOS-2 ScanSAR |
| 波段 | C | L |
| 极化方式 | VV | HH |
| 波长/cm | 5.6 | 23.6 |
| 轨道 | 84 | 36 |
| 影像数 | 92 | 6 |
| 时间 | 2015-06-20～2019-09-30 | 2015-04-13～2018-12-19 |

## 2. 形变结果

利用 MTI 和 InSAR Stacking 技术分别对 Sentinel-1A/B 和 ALOS-2 PALSAR ScanSAR 数据集进行处理，获取两幅 2015～2019 年渭河盆地视线向形变图，如图 5.60（Qu et al.,2022）所示。从独立的升轨和降轨测量得到一致的形变分布和大小。通过这些形变速率图，能够描绘渭河盆地内部空间变化的运动。西安地区的沉降和抬升最大，分别为 -140 mm/a 和 17 mm/a。三原、富平、渭南、蓝田和兴平地区沉降约 38 mm/a，扶风、户县、泾阳、富平、蒲城、华县地区隆起约 11 mm/a。西安、三原、富平等地发生了大规模的地面形变，主要原因是抽取地下水用于城市使用和灌溉（Hu et al.,2016b）。在排除构造成因可能性的情况下，西安和三原的沉降速率远高于此前报道的盆地东南部 2.1～5.7 mm/a 的滑动速率（Rao et al.,2014）。

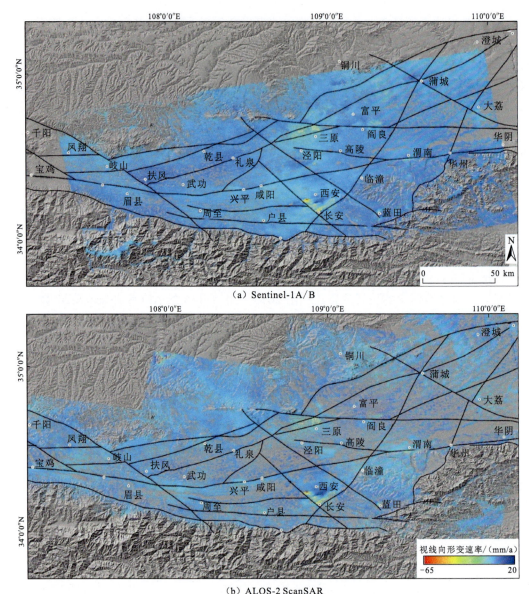

（a）Sentinel-1A/B

（b）ALOS-2 ScanSAR

图 5.60　2015～2019 年平均视线向形变速率

　　由于升轨和降轨 SAR 影像的极轨飞行和侧视成像模式，南北向形变分量的贡献不能单独通过 InSAR 测量计算（Wright et al.，2004b），且 GPS 和水准观测的稀疏分布意味着它们不适合作为形变分解。此外，Qu 等（2018）利用 GPS 和水准测量的研究表明，渭河盆地内部的运动主要是垂直方向的。因此，从升轨的 Sentinel-1A/B 和降轨的 ALOS-2 ScanSAR 观测中，可以分解渭河盆地的垂直分量和东西分量。考虑升轨和降轨采集的分辨率不同，将两个观测数据重采样到 100 m 像素大小，提取出 Sentinel-1 和 ALOS-2 的重叠区域，然后使用拉普拉斯线性插值算法对空白区域进行插值。应用多维小基线集（multidimensional small baseline subset，MSBAS）方法分解垂直形变和东西向形变，首次在渭河盆地构建了全域垂直形变速率图，二维位移分量如图 5.61（Qu et al.，2022）所示。InSAR 探测到的形变特征在垂直方向和东西方向上均不规则分布。为突出渭河盆地内部地壳形变的空间变化，将图 5.61 的色带条设置为−10～10 mm/a。垂直形变大于水平分量（图 5.61），表明垂直运动主导了渭河盆地的形变。

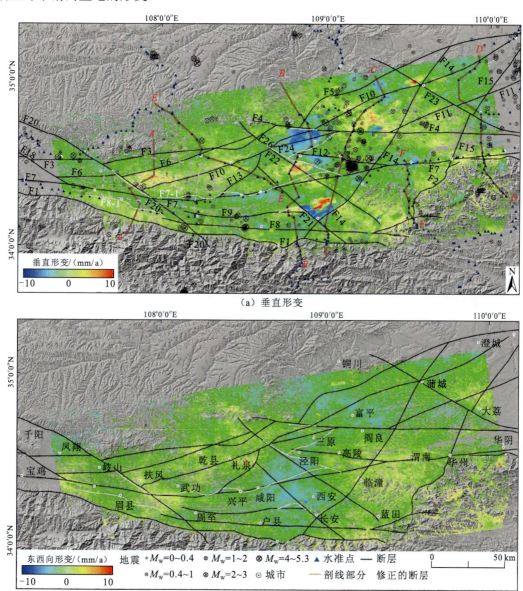

（a）垂直形变

（b）东西向形变

图 5.61 渭河盆地二维形变图

F1、F2 等为断裂编号

　　纵横交错的断裂将渭河盆地划分为多个断块构造，各断块构造具有不同的断面结构。然而，断层以不同的速度移动，断块内的地面也以不同的速度变形，这被描述为非刚性块体运动。此外，不同的活动构造块体具有不同的运动模式。这些区域显著的垂直形变在空间上与先前识别或未识别的断层有关，并且可以在这些断层位置观察到明显的位移，这表明测量的形变特征与断层行为之间具有高度相关性，如图 5.61 中的 F6、F7、F20 所示。西安地区沉降和隆起走向及典型地裂缝走向一般遵循长安-临潼断裂，呈 ENE 走向（彭建兵，

1992）。扶风县隆起带的北、南和东向分别以 F6、F10、F20 为界，三原县沉降格局在北部受到 F4 的约束，如图 5.60 所示。即使断裂不是上述形变模式的主要影响因素，但现有的断裂几何形状可能破坏地下水流动的完整性，限制形变漏斗的水平迁移，从而加剧局部形变。过大的局部形变梯度会破坏土体的表面张力，促进断层两侧的相对运动。因此，陆地形变与断裂是相互促进的。

降轨的 ALOS-2 ScanSAR 影像和升轨的 Sentinel-1A/B 影像所获取的形变区域通常是一致的，如图 5.60 所示。来自两个独立观测的永久散射体点的空间分布不同，因此采用一种最近邻方法，在比较之前将升轨和降轨 InSAR 测量值插值到统一的网格中。假设形变是完全垂直的，根据相应的入射角将两个视线向观测投影到垂直方向上。比较两组独立的 SAR 影像在重叠区域的垂直位移，如图 5.62（Qu et al.，2022）所示。独立 InSAR 测量之间垂直形变差异的统计直方图如图 5.62（a）所示，差值的均方根值为 3.25 mm/a。使用水准数据评估 Sentinel-1A/B、ALOS-2 获取的垂直形变，以及 MSBAS 推导的垂直形变，如图 5.62（b）～（d）所示。InSAR 与水准数据垂直位移差的均方根值分别为 2.60 mm/a（Sentinel-1A/B）和 2.84 mm/a（ALOS-2），MSBAS 反演的垂直形变与水准数据垂直位移差的均方根值为 2.23 mm/a，表明 InSAR 形变与水准数据具有很大的一致性。这说明，渭河盆地的水平形变不可忽视，MSBAS 推导的形变分量可以更好地描述垂向位移特征。

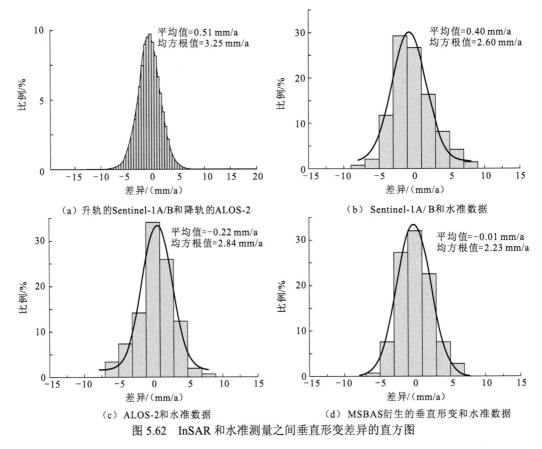

（a）升轨的 Sentinel-1A/B 和降轨的 ALOS-2
（b）Sentinel-1A/B 和水准数据
（c）ALOS-2 和水准数据
（d）MSBAS 衍生的垂直形变和水准数据

图 5.62　InSAR 和水准测量之间垂直形变差异的直方图

将 InSAR 技术生成的垂直形变与沿 6 个剖面（图 5.61 中的棕色线）的水平测量结果进行比较。图 5.63（Qu et al.，2022）所示为沿渭河盆地南北方向 6 个剖面段（5 km 缓冲区）的垂直地表位移。从图 5.62 和图 5.63 的对比结果可以看出，InSAR 测量结果与水准测量结果非常吻合，均方根值为 2.23 mm/a，如图 5.62（d）所示。

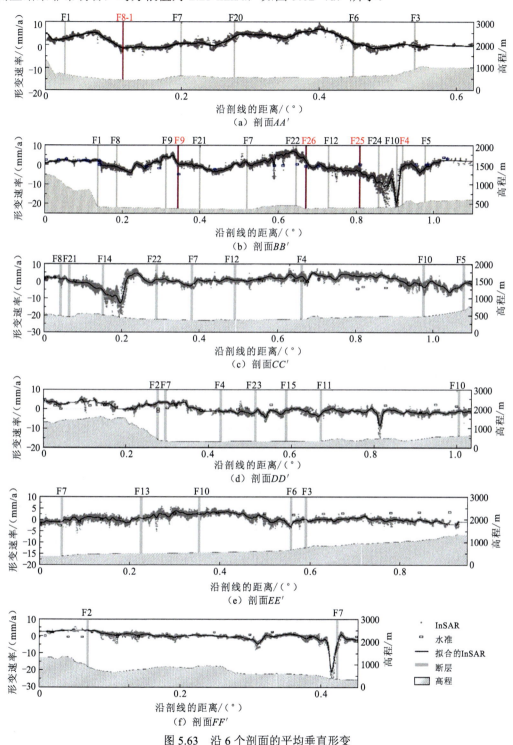

图 5.63　沿 6 个剖面的平均垂直形变

灰点表示 InSAR 垂直观测值，方框表示水准测量值。垂直的灰色和红色线表示故障位置。灰色阴影表示相应的表面高度。

黑线表示利用快速傅里叶变换（FFT）低通滤波方法对 InSAR 观测结果进行拟合

如图 5.63 所示，少数基准出现约 8 mm/a 的差异可能是由于以下 3 个因素。①SAR 观测数据为 2015～2019 年，而水准测量数据为 1972～2014 年，选取每个基准累积年份的平均值作为观测数，即水准测量来自 1972～2014 年的不同观测时段。因此，InSAR 观测结果可能与水准测量的结果不同。例如，F4 和 F10 之间的基准差异跨越了富平县南部隆起特征（图 5.63 中的剖面 *CC'*）。2015～2019 年，InSAR 观测实现了一个速率约为 5 mm/a 的隆起模式，而在 1972～2014 年，水准测量数据记录了一个速率约为 5 mm/a 的沉降。20 世纪 60 年代以来，从地下含水层抽取地下水一直是富平县生活和灌溉用水的主要水源（柴娟 等，2021），由于地下水的过度开采，1985～2005 年地面急剧下降，但在 2005 年，富平县实施取水条例后，地下水位从 2012 年开始上升，如图 5.64（柴娟 等，2021）所示。分析认为，地面沉降与地下水的过度开采有关，InSAR 观测到的隆起特征很可能是由地下水位恢复引起的。富平县南部地下水位的变化可以解释水准测量与 InSAR 观测的形变结果相反。②大气延迟和 DEM 误差可能在较大地形区域引起额外的相位误差。在 *EE'* 剖面上 InSAR 观测与水准测量受地形影响较大，随高程增加逐渐增大，如图 5.63 所示。③在局部形变的区域（如剖面 *BB'* 的一些点），可能会出现较大的差异值，因为 InSAR 观测数据提取自一个 5 km 的缓冲区，这些站点的水准测量数据不满足 InSAR 观测的拟合线，但与一些原始 InSAR 观测结果一致。

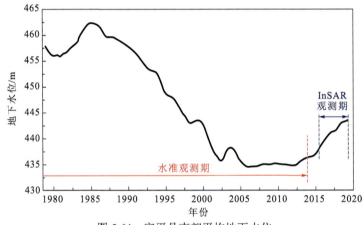

图 5.64　富平县南部平均地下水位

### 3. 活动断层分析

InSAR 观测（2015～2019 年）和水准测量（1972～2014 年）结果在不同时期具有较高的一致性，表明渭河盆地正断层具有较高的构造继承性。如图 5.63 所示，大多数异常都发生在与人类活动相关的地区。此外，渭河盆地具有较高的历史地震活动性和大量的构造裂缝，这也说明渭河盆地的断裂几百年来一直是活跃的（Qu et al.，2018）。在 2015～2019 年的 InSAR 观测期间，许多渭河盆地的断层一直处于活跃状态。

在渭河盆地南界的北秦岭断裂（F1），形成一条长约 210 km、近东西向的山地前缘断裂，隆起一侧为变质岩、花岗岩，凹陷一侧为年代良好的新生代厚黄土台地（Hu et al.，2016b；Zhang et al.，1995）。F1 表现为较强的垂向差异运动，具有明显的正断层特征，倾角向北为 60°～85°（Zhang et al.，1995）。InSAR 在 2015～2019 年沿 F1 观测到 2～4 mm/a 的差异移动，如图 5.60（a）和（b）所示，与 1972～2014 年 3 条路线观测到的 2～3 mm/a 的速率相当（Hu et al.，2016b）。2015～2019 年 F1 中西段的活跃度略高于东部，1972～2014年则相反，但 F1 各段的活跃度差异很小。InSAR 在 F1 的北侧发现了一个带状隆起，覆盖了至少 55 km×8 km 的区域，东西向延长。F8 和 F1 向西延伸是该带状的两个主要边界，如图 5.61 和图 5.63 所示。

口镇-关山断裂（F4）是渭河盆地东北部的一条隐伏断裂，整体走向为东西向，长 100～150 km，向南倾角 40°～ 80°，是渭河盆地地震活动最活跃的断裂之一。该全新世活动断裂具有明显的线性关系，主要表现为正倾滑动和左旋走滑，南侧相对下移（杨晨艺 等，2021）。1976 年以来，该地区已经发生了 100 多次中强地震。尽管三原县和富平县的形变主要是由地下水的抽取引起的，但从 InSAR 垂向速率图上可以观察到 F4 两侧明显的差异运动，如图 5.61 所示。不同段的活动速度不同，2015～2019 年 F4 西段（约 3 mm/a）比东段更活跃，如图 5.61 和 5.63 所示。在 F4 东部几乎没有垂直形变。根据杨晨艺等（2021）的研究，2012～2014 年，东段在发生阶梯蠕动后经历了一个静止阶段，然而根据泾阳和口镇两次断层的水准资料得出的 F4 西部段持续活动的结论仍存在争议。

渭河断裂（F7）是沿渭河发育的一条深埋基底断裂带，长大于 300 km，宽 1～2 km，整体走向为东西向，自西向东深度逐渐减小（Shi et al.，2008；彭建兵，1992）。渭河盆地 68%的 $M_W$4.0 级地震和 70%的 $M_W$5.0 级地震与 F7 相关；87%的 $M_W$6.0 级地震发生在地震活动的渭河断裂。F7 近期断裂活动以正倾角为主，东段北倾 65°～80°，西段南倾 70°（Hu et al.，2016b；Shi et al.，2008）。F7 被划分为活动的断裂，其北侧相对向上移动，如图 5.61和图 5.63 所示。在 InSAR 沉降图中可以观察到渭河断裂垂直位移为 3～10 mm/a（图 5.61），特别是在 F20～F21 段，而 F7 最西段（宝鸡-梅县）在 2015～2019 年相对不明显。F21～F14 段的形变较为复杂，多条活动断裂交叉分布。F7 在深层地层与长安-临潼断裂（F14）相交，在浅层沉积物与泾阳-高岭断裂（F12）相连（Shi et al.，2008）。F7 附近的近期地震主要发生在以 F22 和 F14 为界的 V 形带，即几条断层的交会地带（图 5.61）。F7 东段除渭南的形变特征外，未观察到明显的差异运动。InSAR 在 F7 南侧发现了一个 9 km×1.5 km的带状沉降，呈东西向延伸，在 F7 北侧发现了一个 2.5 km×0.7 km 的带状隆起。两个块活动速率的差值可达 25 mm/a。该地区未发现与地下水有关的沉降，所发现的强烈的差异运动很可能是由断层引起的。

对比大部分断层位置位移，如图 5.61（a）和图 5.63 所示，形变速率在断层之间，甚至在断层内部都有很大的差异。除上述讨论的断层外，F6、F10、F13、F21、F22、F24、F25、F26 等断裂还可以观察到 1～8 mm/a 的活动断层，而其他休眠或不活动的断层，活动速率均小于 2 mm/a，包括 1556 年华县地震的发震断层华山断层（F2），如图 5.63 所示。断层块相交区不仅是断层间错动的主要发生地，也是地震活动的主要发生地。在研究期间，渭河盆地西部祁山-马召断裂附近的地震活动减弱，而渭河盆地中部的高陵和杨陵地震活动增强。

### 4. InSAR 识别活动断层踪迹

渭河盆地断层研究广泛，但已发表的断层图大多局限且粗糙，仅沿地形边界/地表裂缝或在罕见的离散地质调查点/地表裂缝之间绘制非常简单的线性构造。对于地表没有证据的隐伏断层更是如此，其痕迹只能通过在罕见的离散地质点之间划线来勾画。InSAR 具有全面揭示大尺度地表形变、识别小尺度地表异常和位移边界的能力，具有较高的空间分辨率。断层位置上形变梯度的不连续性为通过 InSAR 观测描绘断层活动段提供了机会，因为断层的两个块体通常以不同的速度移动。图 5.65（Qu et al.，2022）为扶风县和三原县地区放大形变图，已知断层（白线）和 InSAR 探测断层（黑线）叠加。InSAR 速率图成功地识别了沿断层线/附近的几个不连续面，如图 5.65（a）和（c）中对比色所示（由白色箭头指出）。InSAR 探测的不连续线在预先绘制的断层位置上或附近，表明 InSAR 探测结果与已知断层位置基本一致，但具有可重复性强、覆盖范围广、消耗低的优点。

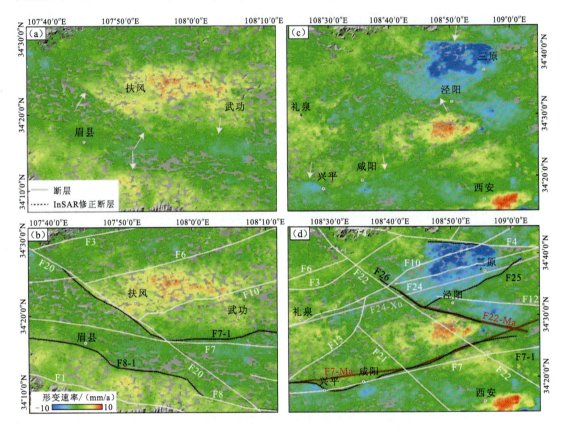

图 5.65　扶风县和三原县垂直形变图
（a）和（b）扶风县；（c）和（d）三原县

# 参 考 文 献

柴娟，曹苗苗，刘莎，2021. 富平县地下水位动态变化分析. 地下水，43: 70-72.

陈蓓蓓，宫辉力，李小娟，等，2011. 基于 InSAR 技术北京地区地面沉降监测与风险分析. 地理与地理信息科学，27(2): 16-20.

陈海潮，2020. 长白山天池火山碎屑喷出物、火山地层和火山地质填图. 长春: 吉林大学.

陈红旗，黄润秋，彭建兵，2003. 与地震相关的西安地裂事件的全过程研究. 工程地质学报，11(4): 343-348.

陈庆宇，熊仁伟，田勤俭，2018. 陇县—岐山—马召断裂几何结构特征. 地震，38(3): 66-80.

邓起东，张培震，冉勇康，等，2002. 中国活动构造基本特征. 中国科学(D 辑: 地球科学)，32(12): 1020-1030.

邓清海, 马凤山, 袁仁茂, 等, 2007. 基于 GPS 的江阴市地面沉降规律及机理研究. 工程地质学报, 15(5): 621-629.

段毅, 危自根, 杨小林, 等, 2019. 腾冲火山结构研究进展和展望. 地球物理学进展, 34(4): 1288-1297.

范军, 左小清, 李涛, 等, 2018. PS-InSAR 和 SBAS-InSAR 技术对昆明主城区地面沉降监测的对比分析. 测绘工程, 27(6): 50-58.

冯万鹏, 李振洪. 2010. InSAR 资料约束下震源参数的 PSO 混合算法反演策略. 地球物理学进展, 25(4): 1189-1196.

高艳龙, 郑智江, 韩月萍, 等, 2012. GNSS 连续站在天津地面沉降监测中的应用. 大地测量与地球动力学, 32(5): 22-26.

葛大庆, 戴可人, 郭兆成, 等, 2019. 重大地质灾害隐患早期识别中综合遥感应用的思考与建议. 武汉大学学报(信息科学版), 44: 949-956.

葛大庆, 王艳, 郭小方, 等, 2007. 基于相干点目标的多基线 D-InSAR 技术与地表形变监测. 遥感学报, 11(4): 574-580.

耿大玉, 李忠生, 2000. 中美两国的地裂缝灾害. 地震学报, 22(4): 433-441.

郭鹏, 韩竹军, 安艳芬, 等, 2017. 冷龙岭断裂系活动性与2016年门源6.4级地震构造研究. 中国科学: 地球科学, 47(5): 617-630.

胡羽丰, 李振洪, 王乐, 等, 2022. 2022 年汤加火山喷发的综合遥感快速解译分析. 武汉大学学报(信息科学版), 47(2): 242-251.

惠振阳, 程朋根, 官云兰, 等, 2018. 机载 LiDAR 点云滤波综述. 激光与光电子学进展, 55(6): 7-15.

季灵运, 刘传金, 徐晶, 等, 2017. 九寨沟 $M_S$7.0 地震的 InSAR 观测及发震构造分析. 地球物理学报, 60(10): 4069-4082.

季灵运, 王庆良, 崔笃信, 等, 2011. 利用 SBAS-DInSAR 技术提取腾冲火山区形变时间序列. 大地测量与地球动力学, 31(4): 149-159.

季灵运, 朱良玉, 刘传金, 等, 2021. InSAR 同震形变场及其在震源参数确定中的应用研究进展. 地球科学与环境学报, 43(3): 604-620.

姜衍祥, 杨建图, 董克刚, 等, 2006. 利用 GPS 监测地面沉降的精度分析. 测绘科学, 31(5): 63-65.

李诗娆, 张波, 刘国祥, 等, 2021. 基于 NPSI 方法的西安市地裂缝灾害链地表形变监测与演化态势分析. 遥感技术与应用, 36(4): 857-864.

李世海, 刘天苹, 刘晓宇, 2009. 论滑坡稳定性分析方法. 岩石力学与工程学报, 28: 3309-3324.

李为乐, 许强, 陆会燕, 等, 2019. 大型岩质滑坡形变历史回溯及其启示. 武汉大学学报(信息科学版), 44(7): 1043-1053.

李永生, 冯万鹏, 张景发, 等, 2015. 2014 年美国加州纳帕 $M_W$6.1 地震断层参数的 Sentinel-1A InSAR 反演. 地球物理学报, 58(7): 2339-2349.

李永生, 张景发, 李振洪, 等, 2013. 利用短基线集干涉测量时序分析方法监测北京市地面沉降. 武汉大学学报(信息科学版), 38(11): 1374-1377.

李振洪, 韩炳权, 刘振江, 等, 2022. InSAR 数据约束下 2016 年和 2022 年青海门源地震震源参数及其滑动分布. 武汉大学学报(信息科学版), 47(6): 887-897.

李振洪, 李鹏, 丁咚, 等, 2018. 全球高分辨率数字高程模型研究进展与展望. 武汉大学学报(信息科学版), 43(12): 1927-1942.

李振洪, 宋闯, 余琛, 等, 2019. 卫星雷达遥感在滑坡灾害探测和监测中的应用: 挑战与对策. 武汉大学学报(信息科学版), 44(7): 967-979.

刘静, 陈涛, 张培震, 等, 2013. 机载激光雷达扫描揭示海原断裂带微地貌的精细结构. 科学通报, 58(1): 41-45.

刘沛然, 杨成生, 赵超英, 2017. 河北邢台隆尧地裂缝活动 PS-InSAR 监测与分析. 测绘技术装备, 19: 42-46.

刘媛媛. 2014. 基于多源 SAR 数据的时间序列 InSAR 地表形变监测研究. 西安: 长安大学.

卢全中, 彭建兵, 范文, 等, 2007. 陕西三原双槐树地裂缝的发育特征. 工程地质学报, 15(4): 458-462.

卢全中, 赵富坤, 彭建兵, 等, 2013. 隐伏地裂缝破裂扩展研究综述. 工程地质学报, 21(6): 898-907.

吕品姬, 李正媛, 孙伶俐, 等, 2022. 2022 年汤加火山喷发对中国大陆地应变观测的影响分析. 武汉大学学报(信息科学版), 47(6): 927-933.

牛全福, 陆铭, 马亚娜, 等, 2021. PS-InSAR 技术在兰州市地面形变中的监测应用. 科学技术与工程, 21: 7909-7915.

潘家伟, 李海兵, Chevalier M L, 等, 2022. 2022 年青海门源 $M_S$6.9 地震地表破裂带及发震构造研究. 地质学报, 96(1): 215-231.

潘懋, 李铁锋, 2002. 灾害地质学. 北京: 北京大学出版社.

彭建兵, 1992. 渭河断裂带的构造演化与地震活动. 地震地质, 14(2): 113-120.

彭建兵, 2012. 西安地裂缝灾害. 北京: 北京大学出版社.

瞿伟, 王运生, 张勤, 等, 2016. 空间大地测量GPS揭示的汾渭盆地及其邻域现今地壳应变场变化特征. 地球物理学报, 59(3): 828-839.

沈红艳, 付善春, 李世成, 等, 2018. 西安地裂缝成因机理及灾害防治措施分析. 安阳工学院学报, 17(4): 83-87.

孙安辉, 高原, 赵国峰, 等, 2022. 2022 年 1 月 8 日青海门源 6.9 级地震的震源区结构特征和 b 值意义初探. 地球物理学报, 65: 1175-1183.

万永革, 2019. 同一地震多个震源机制中心解的确定. 地球物理学报, 62(12): 4718-4728.

万永革, 沈正康, 盛书中, 等, 2010. 2008 年新疆于田 7.3 级地震对周围断层的影响及其正断层机制的区域构造解释. 地球物理学报, 53(2): 280-280.

王德潜, 索传郿, 贾思吉, 1996. 西安地裂缝近期超常活动因素及其量化分析. 陕西地质 (A01): 49-58.

王飞永, 2021. 地裂缝灾害的发育特征与成因机制研究. 西安: 长安大学.

王念秦, 张倬元, 王家鼎, 2003. 一种典型黄土滑坡的滑距预测方法. 西北大学学报(自然科学版), 33(1): 111-114.

王艺伟, 叶淑君, 于军, 等, 2016. 中国 "采水型" 地裂缝特征和成因分析. 高校地质学报, 22(4): 741-752.

吴树仁, 石菊松, 张春山, 等, 2009. 地质灾害风险评估技术指南初论. 地质通报, 28(8): 995-1005.

吴越, 刘东升, 陆新, 等, 2011. 承灾体易损性评估模型与滑坡灾害风险度指标. 岩土力学, 32(8): 2487-2492.

吴忠芳, 2009. RS 和 GIS 技术支持下的武隆县大型滑坡遥感解译及其危险性评价. 重庆: 西南大学.

徐纪人, 姚立珣, 汪进, 1986. 1986 年 8 月 26 日门源 6.4 级地震及其强余震的震源机制解. 西北地震学报, 10(2): 25-33.

徐晶, 邵志刚, 刘静, 等, 2017. 基于库仑应力变化分析巴颜喀拉地块东端的强震相互关系. 地球物理学报,

60(10): 4056-4068.

徐卫亚, 张志腾, 1995. 滑坡失稳破坏概率及可靠度研究. 灾害学, 10: 33-37.

许建东, 2018. 中国活动火山监测与研究历史回顾. 城市与减灾, 5: 54-59.

许强, 2018. 构建新"三查"体系, 创新地灾防治新机制. 中国矿业报社, 3: 12.

许强, 2020. 对地质灾害隐患早期识别相关问题的认识与思考. 武汉大学学报(信息科学版), 45(11): 1651-1659.

许强, 曾裕平, 2009. 具有蠕变特点滑坡的加速度变化特征及临滑预警指标研究. 岩石力学与工程学报, 6: 1099-1106.

许强, 董秀军, 李为乐, 2019. 基于天-空-地一体化的重大地质灾害隐患早期识别与监测预警. 武汉大学学报(信息科学版), 44(7): 957-966.

许强, 陆会燕, 李为乐, 等, 2022. 滑坡隐患类型与对应识别方法. 武汉大学学报(信息科学版), 47(3): 377-387.

许强, 汤明高, 徐开祥, 等, 2008. 滑坡时空演化规律及预警预报研究. 岩石力学与工程学报, 27(6): 1104-1112.

杨晨艺, 李晓妮, 冯希杰, 等, 2021. 渭河盆地北缘口镇-关山断层的晚第四纪—现今的活动性. 地震地质, 43: 504-520.

杨成生, 张勤, 赵超英, 等, 2014. 短基线集 InSAR 技术用于大同盆地地面沉降、地裂缝及断裂活动监测. 武汉大学学报(信息科学版), 39(8): 945-950.

杨乐, 彭海游, 周莫林, 等, 2014. 基于层次分析法的奉节县城地质环境承载力评价. 重庆交通大学学报(自然科学版), 33(2): 95-99.

杨艳, 贾三满, 王海刚, 等, 2013. 北京规划新城地面沉降影响分析. 城市规划(11): 67-71.

杨云飞, 2021. 基于 InSAR/GPS 数据的腾冲火山区域地壳活动性研究. 昆明: 云南师范大学.

殷坤龙, 张宇, 汪洋, 2022. 水库滑坡涌浪风险研究现状和灾害链风险管控实践. 地质科技通报, 41(2): 1-12.

殷跃平, 2018. 全面提升地质灾害防灾减灾科技水平. 中国地质灾害与防治学报, 29(5): 3.

翟栋梁, 刘川, 乔建伟, 等, 2021. 临汾盆地北张地裂缝发育特征与成因分析. 地震工程学报, 43: 1326-1333.

张成龙, 李振洪, 余琛, 等, 2021. 利用 GACOS 辅助下 InSAR Stacking 对金沙江流域进行滑坡监测. 武汉大学学报(信息科学版), 46(11): 1649-1657.

张成龙, 李振洪, 张双成, 等, 2022. 综合遥感解译 2022 年 $M_W$6.7 青海门源地震地表破裂带. 武汉大学学报(信息科学版), 47(8): 1257-1270.

张东明, 李剑锋, 田贵维, 等, 2011. 基于 GIS 和 RS 的重庆市滑坡遥感解译. 自然灾害学报, 20(2): 56-61.

张鹏. 2021. 北京顺义隐伏活动断裂及其诱发地裂缝灾害研究. 北京: 中国地质科学院.

张勤, 丁晓光, 黄观文, 等, 2008. GPS 技术在西安市地面沉降与地裂缝监测中的应用. 全球定位系统, 33(6): 41-46.

张勤, 赵超英, 丁晓利, 等, 2009. 利用 GPS 与 InSAR 研究西安现今地面沉降与地裂缝时空演化特征. 地球物理学报, 52: 1214-1222.

张双成, 张雅斐, 司锦钊, 等, 2024. 南水进京后利用升降轨 InSAR 解译北京地面沉降发展态势. 武汉大学学报(信息科学版), 49(8): 1337-1346.

张扬, 刘艳芳, 刘莹, 等, 2022. 武汉市地面沉降时空分异特征及地理探测机制. 武汉大学学报(信息科学版), 47(9): 1486-1497.

赵超英, 张勤, 丁晓利, 等, 2009. InSAR 技术用于西安地区 1992-1993 年间活动地裂缝的定位研究. 地球物理学进展, 24(3): 1122-1127.

赵立波, 赵连锋, 曹俊兴, 2015. 2014 年 2 月 12 日新疆于田 $M_s$7.3 地震源区静态库仑应力变化和地震活动率. 2015 年中国地球科学联合学术年会.

郑文俊, 张竹琪, 张培震, 等, 2013. 1954 年山丹 71/4 级地震的孕震构造和发震机制探讨. 地球物理学报, 56(3): 916-928.

朱武, 张勤, 赵超英, 等, 2010. 基于 CR-InSAR 的西安市地裂缝监测研究. 大地测量与地球动力学, 30(6): 20-23.

Abidin H Z, Davies R J, Kusuma M A, et al., 2009. Subsidence and uplift of Sidoarjo (East Java) due to the eruption of the Lusi mud volcano (2006-present). Environmental Geology, 57: 833-844.

Aiazzi B, Baronti S, Selva M, et al., 2006. Enhanced Gram-Schmidt spectral sharpening based on multivariate regression of MS and Pan data. IEEE International Symposium on Geoscience and Remote Sensing, Denver, CO, USA, 3806-3809.

Alex A H M, Ge L, Li X, et al., 2012. Monitoring ground deformation in Beijing, China with persistent scatterer SAR interferometry. Journal of Geodesy, 86: 375-392.

Alexiou S, Deligiannakis G, Pallikarakis A, et al., 2021. Comparing high accuracy t-LiDAR and UAV-SfM derived point clouds for geomorphological change detection. ISPRS International Journal of Geo-Information, 10(6): 367.

Amatya P, Kirschbaum D, Stanley T, et al., 2021. Landslide mapping using object-based image analysis and open source tools. Engineering Geology, 282: 106000.

Anderson K R, Johanson I A, Patrick M R, et al., 2019. Magma reservoir failure and the onset of caldera collapse at Kīlauea volcano in 2018. Science, 366(6470): 1214-1224.

Antonielli B, Monserrat O, Bonini M, et al., 2014. Pre-eruptive ground deformation of Azerbaijan mud volcanoes detected through satellite radar interferometry (DInSAR). Tectonophysics, 637: 163-177.

Baker S, Amelung F, 2012. Top-down inflation and deflation at the summit of Kilauea Volcano, Hawaii observed with InSAR. Journal of Geophysical Research: Solid Earth, 117(B12): B12406.

Barnhart W D, Willis M J, Lohman R B, et al., 2011. High-resolution (0.5 m) optical imagery and InSAR for constraining earthquake slip: The 2010-2011 canterbury, New Zealand Earthquakes. American Geophysical Union.

Bechor N B, Zebker H A, 2006. Measuring two dimensional movements using a single InSAR pair. Geophysical Research Letters, 33(16): 275-303.

Behling R, Roessner S, Golovko D, et al., 2016. Derivation of long-term spatiotemporal landslide activity：A multi-sensor time series approach. Remote Sensing of Environment, 186: 88-104.

Bekaert D, Hooper A, Wright T, 2015. A spatially variable power law tropospheric correction technique for InSAR data. Journal of Geophysical Research: Solid Earth, 120(2): 1345-1356.

Berardino P, Fornaro G, Lanari R, et al., 2002. A new algorithm for surface deformation monitoring based on small baseline differential SAR interferograms. IEEE Transactions on Geoscience Remote Sensing, 40(11):

2375-2383.

Bloch W, Metzger S, Schurr B, et al., 2022. The 2015-2017 Pamir earthquake sequence: Foreshocks, main shocks and aftershocks, seismotectonics, fault interaction and fluid processes. Geophysical Journal International, 233(1): 641-662.

Brunori C A, Bignami C, Albano M, et al., 2015. Land subsidence, ground fissures and buried faults: InSAR monitoring of Ciudad Guzmán (Jalisco, Mexico). Remote Sensing, 7(7): 8610-8630.

Castellaro S, 2016. The complementarity of H/V and dispersion curves. Geophysics, 81(6): 323-338.

Casu F, Manconi A, Pepe A, et al., 2011. Deformation time-series generation in areas characterized by large displacement dynamics: The SAR amplitude Pixel-Offset SBAS technique. IEEE Transactions on Geoscience Remote Sensing, 49(7): 2752-2763.

Chen G H, Shan X, Moon W, et al., 2008. A Modeling of the magma chamber beneath the Changbai Mountains Volcanic area constrained by InSAR and GPS derived deformation. Chinese Journal of Geophysics, 51(4): 765-773.

Chen J, Zebker H A, Segall P, et al., 2014a. The 2010 slow slip event and secular motion at Kilauea, Hawaii, inferred from TerraSAR-X InSAR data. Journal of Geophysical Research: Solid Earth, 119(8): 6667-6683.

Chen W, Li X, Wang Y, et al., 2014b. Forested landslide detection using LiDAR data and the random forest algorithm: A case study of the Three Gorges, China. Remote Sensing of Environment, 152: 291-301.

Chowdhury R, Flentje P, 2003. Role of slope reliability analysis in landslide risk management. Bulletin of Engineering Geology the Environment, 62(1): 41-46.

Cohen-Waeber J, Bürgmann R, Chaussard E, et al., 2018. Spatiotemporal patterns of precipitation-modulated landslide deformation from independent component analysis of InSAR time series. Geophysical Research Letters, 45(4): 1878-1887.

Comert R, Avdan U, Gorum T, et al., 2019. Mapping of shallow landslides with object-based image analysis from unmanned aerial vehicle data. Engineering Geology, 260: 105264.

Crosta G B, Utili S, de Blasio F V, et al., 2014. Reassessing rock mass properties and slope instability triggering conditions in Valles Marineris, Mars. Earth and Planetary Science Letters, 388: 329-342.

Dai K, Li Z, Tomás R, et al., 2016. Monitoring activity at the Daguangbao mega-landslide (China) using Sentinel-1 TOPS time series interferometry. Remote Sensing of Environment, 186: 501-513.

Dai K, Li Z, Xu Q, et al., 2020. Entering the era of earth observation-based landslide warning systems: A novel and exciting framework. IEEE Geoscience Remote Sensing Magazine, 8(1): 136-153.

Danneels G, Pirard E, Havenith H B, 2007. Automatic landslide detection from remote sensing images using supervised classification methods. IGARSS, 3014-3017.

Di Napoli M, Marsiglia P, Di Martire D, et al., 2020. Landslide susceptibility assessment of wildfire burnt areas through earth-observation techniques and a machine learning-based approach. Remote Sensing, 12(15): 2505.

Dietterich H R, Poland M P, Schmidt D A, et al., 2012. Tracking lava flow emplacement on the east rift zone of Kilauea, Hawaii, with synthetic aperture radar coherence. Geochemistry Geophysics Geosystems, 13(5): Q05001.

Du Z Y, Ge L L, Ng A H M, et al., 2018. Mapping land subsidence over the eastern Beijing city using satellite radar interferometry. International Journal of Digital Earth, 11(5): 504-519.

Eeckhaut M, Kerle N, Poesen J, 2012. Object-oriented identification of forested landslides with derivatives of single pulse LiDAR data. Geomorphology, 173: 30-42.

Eineder M, Hubig M, Milcke B, 1998. Unwrapping large interferograms using the minimum cost flow algorithm. //Munich: IEEE International Geoscience & Remote Sensing Symposium: 83-87.

Elliott J R, Walters R J, England P C, et al., 2010. Extension on the Tibetan plateau: Recent normal faulting measured by InSAR and body wave seismology. Geophysical Journal International, 183(2): 503-535.

Elliott J R, Walters R J, Wright T J, 2016. The role of space-based observation in understanding and responding to active tectonics and earthquakes. Nature Communications, 7: 13844.

Evans S, 2006. The formation and failure of landslide dams: An approach to risk assessment. Italian Journal of Engineering Geology Environment, 1: 15-20.

Fan X, Xu Q, Alonso-Rodriguez A, et al., 2019. Successive landsliding and damming of the Jinsha River in eastern Tibet, China: Prime investigation, early warning, and emergency response. Landslides, 16(5): 1003-1020.

Farquharson J I, Amelung F, 2020. Extreme rainfall triggered the 2018 rift eruption at Kilauea volcano. Nature, 580: 491-495.

Feng G C, Ding X L, Li Z W, et al., 2012. Calibration of an InSAR-derived coscimic deformation map associated with the 2011 $M_W$-9.0 Tohoku-Oki Earthquake. IEEE Geoscience and Remote Sensing Letters, 9(2): 302-306.

Ferretti A, Prati C, Rocca F, 2000. Nonlinear subsidence rate estimation using permanent scatterers in differential SAR interferometry. IEEE Transactions on Geoscience Remote Sensing, 38(5): 2202-2212.

Ferretti A, Prati C, Rocca F, 2001. Permanent scatterers in SAR interferometry. IEEE Transactions on Geoscience Remote Sensing, 39(1): 8-20.

Fielding E J, Talebian M, Rosen P A, et al., 2005. Surface ruptures and building damage of the 2003 Bam, Iran, earthquake mapped by satellite synthetic aperture radar interferometric correlation. Journal of Geophysical Research: Solid Earth, 110: B03302.

Fonstad M A, Dietrich J T, Courville B C, et al., 2013. Topographic structure from motion: A new development in photogrammetric measurement. Earth Surface Processes and Landforms, 38(4): 421-430.

Fukushima Y, Mori J J, Hashimoto M, et al., 2009. Subsidence associated with the LUSI mud eruption, East Java, investigated by SAR interferometry. Marine and Petroleum Geology, 26: 1740-1750.

Gao M X, Xu X W, Klinger Y, et al., 2017. High-resolution mapping based on an Unmanned Aerial Vehicle (UAV) to capture paleoseismic offsets along the Altyn-Tagh fault, China. Scientific Reports, 7(1): 8281.

Ghorbanzadeh O, Blaschke T, Gholamnia K, et al., 2019. Evaluation of different machine learning methods and deep-learning convolutional neural networks for landslide detection. Remote Sensing, 11(2): 196.

Goldstein R M, Werner C L, 1998. Radar interferogram filtering for geophysical applications. Geophysical Research Letters, 25(21): 4035-4038.

Gorokhovich Y, Machado E A, Melgar L I G, et al., 2016. Improving landslide hazard and risk mapping in Guatemala using terrain aspect. Natural Hazards, 81(2): 869-886.

Gorsevski P V, Brown M K, Panter K, et al., 2016. Landslide detection and susceptibility mapping using LiDAR and an artificial neural network approach: A case study in the Cuyahoga Valley National Park, Ohio.

Landslides, 13(3): 467-484.

Grandin R, Klein E, Métois M, et al., 2016. Three-dimensional displacement field of the 2015 $M_W$8.3 Illapel earthquake (Chile)from across-and along-track Sentinel-1 TOPS interferometry. Geophysical Research Letters, 43(6): 2552-2561.

Han L, Peng Z, Johnson C W, et al., 2017. Shallow microearthquakes near Chongqing, China triggered by the Rayleigh waves of the 2015 M7.8 Gorkha, Nepal earthquake. Earth and Planetary Science Letters, 479: 231-240.

Han Y F, Song X, Shan X, et al., 2010. Deformation monitoring of Changbaishan Tianchi volcano using D-InSAR technique and error analysis. Chinese Journal of Geophysics (Acta Geophysica Sinica), 53: 1571-1579.

Harris R A, 1998. Introduction to special section: Stress triggers, stress shadows, and implications for seismic hazard. Journal of Geophysical Research: Solid Earth, 103(B10): 24347-24358.

He P, Xu C, Wen Y, et al., 2015. Estimating the magma activity of the Changbaishan volcano with PALSAR data. Geomatics and Information Science of Wuhan University, 40(2): 214-221.

Hilley G E, Burgmann R, Ferretti A, et al., 2004. Dynamics of slow-moving landslides from permanent scatterer analysis. Science, 304(5679): 1952-1955.

Hou A Y, Kakar R K, Neeck S, et al., 2014. The global precipitation measurement mission. Bulletin of the American Meteorological Society, 95(5): 701-722.

Hu B, Wang H S, Sun Y L, et al., 2014. Long-term land subsidence monitoring of Beijing (China) using the small baseline subset (SBAS) technique. Remote Sensing, 6(5): 3648-3661.

Hu J, Liu J, Li Z, et al., 2021. Estimating three-dimensional coseismic deformations with the SM-VCE method based on heterogeneous SAR observations: Selection of homogeneous points and analysis of observation combinations. Remote Sensing of Environment, 255: 112298.

Hu L Y, Dai K R, Xing C Q, et al., 2019. Land subsidence in Beijing and its relationship with geological faults revealed by Sentinel-1 InSAR observations. International Journal of Applied Earth Observation and Geoinformation, 82: 101886.

Hu X, Lu Z, Pierson T C, et al., 2018. Combining InSAR and GPS to determine transient movement and thickness of a seasonally active low-gradient translational landslide. Geophysical Research Letters, 45(3): 1453-1462.

Hu X, Wang T, Pierson T C, et al., 2016a. Detecting seasonal landslide movement within the Cascade landslide complex (Washington) using time-series SAR imagery. Remote Sensing of Environment, 187: 49-61.

Hu Y, Hao M, Ji L, et al., 2016b. Three-dimensional crustal movement and the activities of earthquakes, volcanoes and faults in Hainan Island, China. Geodesy and Geodynamics, 7(4): 284-294.

Huang L, Li Z, 2011. Comparison of SAR and optical data in deriving glacier velocity with feature tracking. International Journal of Remote Sensing, 32(10): 2681-2698.

Hungr O, 1995. A model for the runout analysis of rapid flow slides, debris flows, and avalanches. Canadian Geotechnical Journal, 32(4): 610-623.

Hungr O, Corominas J, Eberhardt E, 2005, Estimating landslide motion mechanism, travel distance and velocity, in landslide risk management. Boca Raton: CRC Press.

Hungr O, Leroueil S, Picarelli L, 2013. The Varnes classification of landslide types, an update. Landslides, 11(2): 167-194.

Iio K, Furuya M, 2018. Surface deformation and source modeling of Ayaz-Akhtarma mud volcano, Azerbaijan, as detected by ALOS/ALOS-2 InSAR. Progress in Earth and Planetary Science, 5: 1-16.

Jaboyedoff M, Carrea D, Derron M H, et al., 2020. A review of methods used to estimate initial landslide failure surface depths and volumes. Engineering Geology, 267: 105478.

James M R, Robson S, 2012. Straightforward reconstruction of 3D surfaces and topography with a camera: Accuracy and geoscience application. Journal of Geophysical Research-Earth Surface, 117: F03017.

Ji L, Xu J, Wang Q, et al., 2013. Episodic deformation at Changbaishan Tianchi volcano, northeast China during 2004 to 2010, observed by persistent scatterer interferometric synthetic aperture radar. Journal of Applied Remote Sensing, 7: 073499.

Ji S, Yu D, Shen C, et al., 2020. Landslide detection from an open satellite imagery and digital elevation model dataset using attention boosted convolutional neural networks. Landslides, 17(6): 1337-1352.

Jin Z Y, Fialko Y, 2021. Coseismic and early postseismic deformation due to the 2021 M7.4 Maduo (China) earthquake. Geophysical Research Letters, 48(21): e2021GL095213.

Jo M J, Jung H S, Won J S, 2015. Detecting the source location of recent summit inflation via three-dimensional InSAR observation of Kilauea volcano. Remote Sensing, 7(11): 14386-14402.

Jónsson S N, Zebker H, Segall P, et al., 2002. Fault slip distribution of the 1999 $M_W$7.1 Hector Mine, California, earthquake, estimated from satellite radar and GPS measurements. Bulletin of the Seismological Society of America, 92(4): 1377-1389.

Ju Y, Xu Q, Jin S, et al., 2022. Loess landslide detection using object detection algorithms in northwest China. Remote Sensing, 14(5): 1182.

Keyport R N, Oommen T, Martha T R, et al., 2018. A comparative analysis of pixel-and object-based detection of landslides from very high-resolution images. International Journal of Applied Earth Observation Geoinformation, 64: 1-11.

Kim J, Lin S Y, Yun H, et al., 2017. Investigation of potential volcanic risk from Mt. Baekdu by D-InSAR time series analysis and atmospheric correction. Remote Sensing, 9(2): 138.

Kiyoo M. 1958, Relations between the eruptions of various volcanoes and the deformations of the ground surfaces around them. Earthquake Research Institute, 36: 99-134.

Kundu B, Yadav R, Burgmann R, et al., 2020. Triggering relationships between magmatic and faulting processes in the May 2018 eruptive sequence at Kīlauea volcano, Hawaii. Geophysical Journal International, 222: 461-473.

Lague D, Brodu N, Leroux J, 2013, Accurate 3D comparison of complex topography with terrestrial laser scanner: Application to the Rangitikei canyon (N-Z). Journal of Photogrammetry and Remote Sensing, 82: 10-26

Lee E, 2009. Landslide risk assessment: The challenge of estimating the probability of landsliding. Quarterly Journal of Engineering Geology Hydrogeology, 42: 445-458.

Leonard R J, 1929. An earth fissure in southern Arizona. The Journal of Geology, 37: 765-774.

Leprince S, Ayoub F, Klinger Y, et al., 2007. Co-registration of optically sensed images and correlation

(COSI-Corr): An operational methodology for ground deformation measurements. IEEE International Geoscience and Remote Sensing Symposium, 1943-1946.

Leprince S, Muse P, Avouac J P, 2008. In-flight CCD distortion calibration for pushbroom satellites based on subpixel correlation. IEEE Transactions on Geoscience and Remote Sensing, 46: 2675-2683.

Li G R, Zhao C Y, Wang B H, et al., 2023. Evolution of spatiotemporal ground deformation over 30 years in Xi'an, China, with multi-sensor SAR interferometry. Journal of Hydrology, 616: 128764.

Li X, Xu W, Jónsson S, et al., 2020. Source model of the 2014 $M_W$6.9 Yutian earthquake at the southwestern end of the Altyn Tagh fault in Tibet estimated from satellite images. Seismological Research Letters, 91: 3161-3170.

Li Y, Jiang W, Zhang J, et al., 2016a. Space geodetic observations and modeling of 2016 $M_W$5.9 Menyuan earthquake: Implications on seismogenic tectonic motion. Remote Sensing, 8: 519.

Li Z, 2005. Correction of atmospheric water vapour effects on repeat-pass SAR interferometry using GPS, MODIS and MERIS data. London: University College London.

Li Z, Elliott J R, Feng W, et al., 2011. The 2010 $M_W$6.8 Yushu (Qinghai, China)earthquake: Constraints provided by InSAR and body wave seismology. Journal of Geophysical Research: Solid Earth, 116: B10.

Li Z B, Shi W, Myint S, et al., 2016b. Semi-automated landslide inventory mapping from bitemporal aerial photographs using change detection and level set method. Remote Sensing of Environment, 175: 215-230.

Li Z H, Fielding E J, Cross P, 2009. Integration of InSAR time-series analysis and water-vapor correction for mapping postseismic motion after the 2003 Bam (Iran) earthquake. IEEE Transactions on Geoscience Remote Sensing, 47: 3220-3230.

Lin A, Ouchi T, Chen A, et al., 2001. Co-seismic displacements, folding and shortening structures along the Chelungpu surface rupture zone occurred during the 1999 Chi-Chi (Taiwan)earthquake. Tectonophysics, 330: 225-244.

Lin A, Rao G, Yan B, 2015. Flexural fold structures and active faults in the northern-western Weihe Graben, central China. Journal of Asian Earth Sciences, 114: 226-241.

Lin J, Stein R S, 2004. Stress triggering in thrust and subduction earthquakes and stress interaction between the southern San Andreas and nearby thrust and strike-slip faults. Journal of Geophysical Research: Solid Earth, 109(B2): B02303.

Lin Q, Wang Y, 2018a. Spatial and temporal analysis of a fatal landslide inventory in China from 1950 to 2016. Landslides, 15: 2357-2372.

Lin J, Stein R S, 2018b. Stress triggering in thrust and subduction earthquakes and stress interaction between the southern San Andreas and nearby thrust and strike-slip faults. Journal of Geophysical Research: Solid Earth, 2004: 109.

Liu J H, Hu J, Li Z W, et al., 2022. Three-dimensional surface displacements of the 8 January 2022 $M_W$6.7 Menyuan earthquake, China from Sentinel-1 and ALOS-2 SAR observations. Remote Sensing, 14: 1404.

Liu L M, Yu J, Chen B B, et al., 2020. Urban subsidence monitoring by SBAS-InSAR technique with multi-platform SAR images: A case study of Beijing Plain, China. European Journal of Remote Sensing, 53: 141-153.

Liu M J, Gu M L, Sun Z G, et al., 2004. Activity of main faults and hydrothermal alteration zone at the Tianchi

Volcano, Changbaishan. Earthquake Research in China, 20: 64-72.

Liu X J, Zhao C Y, Zhang Q, et al., 2021. Integration of Sentinel-1 and ALOS/PALSAR-2 SAR datasets for mapping active landslides along the Jinsha River corridor, China. Engineering Geology, 284: 106033.

Liu Z J, Yu C, Li Z H, et al., 2023. Co-and post-seismic mechanisms of the 2020 $M_W$6.3 Yutian earthquake and local stress evolution. Earth and Space Science, 10: 1.

Lu P, Qin Y, L Z H, et al., 2019. Landslide mapping from multi-sensor data through improved change detection-based Markov random field. Remote sensing of Environment, 231: 111235.

Lu Z, Dzurisin D, Biggs J, et al., 2010. Ground surface deformation patterns, magma supply, and magma storage at Okmok volcano, Alaska, from InSAR analysis: 1. Intereruption deformation, 1997-2008. Journal of Geophysical Research: Solid Earth, 115: B5.

Lundgren P, Bagnardi M, Dietterich H, 2019. Topographic changes during the 2018 Kilauea eruption from single-pass airborne InSAR. Geophysical Research Letters, 46: 16.

Luo H B, Li Z H, Chen J, et al., 2019. Integration of range split spectrum interferometry and conventional InSAR to monitor large gradient surface displacements. International Journal of Applied Earth Observation Geoinformation, 74: 130-137.

Lv Z Y, Shi W, Zhang X, et al., 2018. Landslide inventory mapping from bitemporal high-resolution remote sensing images using change detection and multiscale segmentation. IEEE Journal of Selected Topics in Applied Earth Observations Remote Sensing, 11: 1520-1532.

Martha T R, Kerle N, Van W, et al., 2011. Segment optimization and data-driven thresholding for knowledge-based landslide detection by object-based image analysis. IEEE Transactions on Geoscience Remote Sensing, 49: 4928-4943.

Massonnet D, Feigl K, 1998. Radar interferometry and its application to changes in the earth's surface. Reviews of Geophysics, 36: 441-500.

Meng Z, Shu C Z, Yang Y, et al., 2022. Time series surface deformation of Changbaishan volcano based on Sentinel-1B SAR data and its geological significance. Remote Sensing, 14: 1213.

Michel R, Avouac J P, 2006. Coseismic surface deformation from air photos: The Kickapoo step over in the 1992 Landers rupture. Journal of Geophysical Research Solid Earth, 111: B3.

Michel R, Avouac J P, Taboury J, 1999. Measuring ground displacements from SAR amplitude images: Application to the Landers earthquake. Geophysical Research Letters, 26: 875-878.

Milillo P, Fielding E J, Shulz W H, et al., 2014. Cosmo-skymed spotlight interferometry over rural areas: The slumgullion landslide in Colorado, USA. IEEE Journal of Selected Topics in Applied Earth Observations Remote Sensing, 7(7): 2919-2926.

Morishita Y, Lazecky M, Wright T J, et al., 2020. LiCSBAS: An open-source InSAR time series analysis package integrated with the LiCSAR automated Sentinel-1 InSAR processor. Remote Sensing, 12: 424.

Muhetaer N, Yu J, Wang Y, et al., 2021. Temporal and spatial evolution characteristics analysis of Beijing land subsidence based on InSAR. IOP Conference Series: Earth and Environmental Science, 658: 012050.

Murgia F, Bignami C, Brunori C A, et al., 2019. Ground deformations controlled by hidden faults: Multi-frequency and multitemporal InSAR techniques for urban hazard monitoring. Remote Sensing, 11: 2246.

Neal C A, Brantley S R, Antolik L, et al., 2019. The 2018 rift eruption and summit collapse of Kilauea volcano. Science, 363: 367-374.

Ng A, Ge L, Li X J, et al., 2012. Monitoring ground deformation in Beijing, China with persistent scatterer SAR interferometry. Journal of Geodesy, 86: 375-392.

Okada, Y, 1992. Internal deformation due to shear and tensile faults in a half-space. Bulletin of the Seismological Society of America, 82: 1018-1040.

Okamoto T, Larsen J O, Matsuura S, et al., 2004. Displacement properties of landslide masses at the initiation of failure in quick clay deposits and the effects of meteorological and hydrological factors. Engineering Geology, 72: 233-251.

Oskin M E, Arrowsmith J R, Corona A H, et al., 2012. Near-field deformation from the El Mayor-Cucapah earthquake revealed by differential LiDAR. Science, 335: 702-705.

Othman A A, Gloaguen R, 2013. Automatic extraction and size distribution of landslides in Kurdistan region, NE Iraq. Remote Sensing, 5: 2389-2410.

Ozener H, Dogru A, Acar M, 2013. Determination of the displacements along the Tuzla fault (Aegean region-Turkey): Preliminary results from GPS and precise leveling techniques. Journal of Geodynamics, 67: 13-20.

Palmer J, 2017. Creeping earth could hold secret to deadly landslides. Nature, 548: 384-386.

Pathier E, Fielding E J, Wright T J, et al., 2006. Displacement field and slip distribution of the 2005 Kashmir earthquake from SAR imagery. Geophysical Research Letters, 33: 5.

Patrick M, Dietterich H, Lyons J, et al., 2019. Cyclic lava effusion during the 2018 eruption of Kilauea volcano. Science, 366: 9070.

Pazzi V, Tanteri L, Bicocchi G, et al., 2017. H/V measurements as an effective tool for the reliable detection of landslide slip surfaces: Case studies of Castagnola (La Spezia, Italy) and Roccalbegna (Grosseto, Italy). Physics and Chemistry of the Earth, 98: 136-153.

Peng J B, Qiao J W, Sun X H, et al., 2020. Distribution and generative mechanisms of ground fissures in China. Journal of Asian Earth Sciences, 191: 104218.

Peng M, Zhao C, Zhang Q, et al., 2019. Research on spatiotemporal land deformation (2012–2018) over Xi'an, China, with multi-Sensor SAR datasets. Remote Sensing, 11: 664.

Pepe A, Lanari R, 2006. On the extension of the minimum cost flow algorithm for phase unwrapping of multitemporal differential SAR interferograms. IEEE Transactions on Geoscience and Remote Sensing, 44: 2374-2383.

Plank S, Marchese F, Nicola G, et al., 2020. The short life of the volcanic island New Late'iki (Tonga) analyzed by multi-sensor remote sensing data. Scientific Reports, 10: 22293.

Pradhan B, 2013. A comparative study on the predictive ability of the decision tree, support vector machine and neuro-fuzzy models in landslide susceptibility mapping using GIS. Computers Geosciences, 51: 350-365.

Pradhan B, Lee S, 2010. Delineation of landslide hazard areas on Penang Island, Malaysia, by using frequency ratio, logistic regression, and artificial neural network models. Environmental Earth Sciences, 60: 1037-1054.

Qi S W, Zou Y, Wu F Q, et al., 2017. A recognition and geological model of a deep-seated ancient landslide at a reservoir under construction. Remote Sensing, 9: 383.

Qu C Y, Shan X J, Liu Y H, et al., 2012. Ground surface ruptures and near-fault, large-scale displacements caused by the Wenchuan $M_s$8.0 earthquake derived from pixel offset tracking on synthetic aperture radar images. Acta Geologica Sinica-English Edition, 86: 510-519.

Qu F, Zhang Q, Lu Z, et al., 2014. Land subsidence and ground fissures in Xi'an, China 2005-2012 revealed by multi-band InSAR time-series analysis. Remote Sensing of Environment, 155: 366-376.

Qu F, Zhang Q, Niu Y, et al., 2022. Mapping the recent vertical crustal deformation of the Weihe basin (China) using Sentinel-1 and ALOS-2 ScanSAR imagery. Remote Sensing, 14: 3182.

Qu W, Lu Z, Zhang Q, et al., 2018. Crustal deformation and strain fields of the Weihe basin and surrounding area of central China based on GPS observations and kinematic models mapping the recent vertical crustal deformation of the Weihe basin (China) using Sentinel-1 and ALOS-2 ScanSAR imagery. Journal of Geodynamics, 120: 1-10.

Rao G, Lin A, Yan B, et al., 2014. Tectonic activity and structural features of active intracontinental normal faults in the Weihe graben, central China. Tectonophysics, 636: 270-285.

Ren J, Zhang Z, Gai H, et al., 2021. Typical Riedel shear structures of the coseismic surface rupture zone produced by the 2021 $M_W$7.3 Maduo earthquake, Qinghai, China, and the implications for seismic hazards in the block interior. Natural Hazards Research, 1: 152.

Rosen P A, Hensley S, Joughin I R, et al., 2000. Synthetic aperture radar interferometry. Proceedings of the IEEE, 88: 333-382.

Rosi A, Tofani V, Tanteri L, et al., 2018. The new landslide inventory of Tuscany (Italy) updated with PS-InSAR: Geomorphological features and landslide distribution. Landslides, 15: 5-19.

Saar M O, MangaM, 2003. Seismicity induced by seasonal groundwater recharge at Mt. Hood, Oregon. Earth and Planetary Science Letters, 214: 605-618.

Salvi S, Stramondo S, Funning G J, et al., 2012. The Sentinel-1 mission for the improvement of the scientific understanding and the operational monitoring of the seismic cycle. Remote Sensing of Environment, 120: 164-174.

Sato H P, Abe K, Ootaki O, 2003. GPS-measured land subsidence in Ojiya City, Niigata Prefecture, Japan. Engineering Geology, 67: 379-390.

Schmidt D A, Bürgmann R, 2003. Time-dependent land uplift and subsidence in the Santa Clara valley, California, from a large interferometric synthetic aperture radar data set. Journal of Geophysical Research: Solid Earth, 108(B9): 2416.

Scholz C H, 1998. Earthquakes and friction laws. Nature, 391: 37-42.

Schumann H H, Poland J F, 1969. Land subsidence, earth fissures and groundwater withdrawal in south central Arizona. International Symposium on Subsidence, Tokyo.

Shan B, Zheng Y, Liu C, et al., 2017. Coseismic Coulomb failure stress changes caused by the 2017 M7.0 Jiuzhaigou earthquake, and its relationship with the 2008 Wenchuan earthquake. Science China Earth Sciences, 60: 2181-2189.

Sheng Z P, Helm D C, Li J, 2003. Mechanisms of earth fissuring caused by groundwater withdrawal. Environmental & Engineering Geoscience, 9: 313-324.

Shi W, Zhang M, Ke H, et al., 2020a. Landslide recognition by deep convolutional neural network and change detection. IEEE Transactions on Geoscience Remote Sensing, 59: 4654-4672.

Shi W, Chen G, Meng X, et al., 2020b. Spatial-temporal evolution of land subsidence and rebound over Xi'an in western China revealed by SBAS-InSAR analysis. Remote sensing, 12, 3756.

Shi X, Zhang L, Balz T, et al., 2015. Landslide deformation monitoring using point-like target offset tracking with multi-mode high-resolution TerraSAR-X data. ISPRS Journal of Photogrammetry and Remote Sensing, 105: 128-140.

Shi Y Q, Feng X J, Dai W Q, et al., 2008. Distribution and structural characteristics of the Xi'an section of the Weihe fault. Acta Seismologica Sinica, 21: 636-651.

Siebert L, Simkin T L, 2013. Volcanoes of the world: An illustrated catalog of Holocene volcanoes and their eruptions. Smithsonian Institution, Global Volcanism Program Digital Information Series, GVP-3.

Singleton A, Li Z H, Hoey T, et al., 2014. Evaluating sub-pixel offset techniques as an alternative to D-InSAR for monitoring episodic landslide movements in vegetated terrain. Remote sensing of Environment, 147: 133-144.

Song C, Yu C, Li Z H, et al., 2021. Landslide geometry and activity in Villa de la Independencia (Bolivia) revealed by InSAR and seismic noise measurements. Landslides, 18, 2721-2737.

Song C, Yu C, Li Z H, et al., 2019. Coseismic slip distribution of the 2019 $M_W$7.5 New Ireland earthquake from the integration of multiple remote sensing techniques. Remote Sensing, 11.

Stein R S, 1999. The role of stress transfer in earthquake occurrence. Nature, 402: 605-609.

Steketee J,1958. On Volterra's dislocations in a semi-infinite elastic medium. Canadian Journal of Physics, 36: 192-205.

Thiebes B, 2011. Landslide analysis and early warning systems: Local and regional case study in the Swabian Alb, Germany. Berlin: Springer Science & Business Media.

Toda S, 2005. Forecasting the evolution of seismicity in southern California: Animations built on earthquake stress transfer. Journal of Geophysical Research, 110: B5.

Toda S, Stein R S, Richards D K, et al., 2005. Forecasting the evolution of seismicity in southern California: Animations built on earthquake stress transfer. Journal of Geophysical Research: Solid Earth, 110: B5.

Trasatti E, Tolomei C, Wei L, et al., 2021. Upward magma migration within the multi-level plumbing system of the Changbaishan volcano (China/North Korea) revealed by the modeling of 2018-2020 SAR data. Frontiers in Earth Science, 9: 741287.

Van den Eeckhaut M, Kerle N, Poesen J, et al., 2012. Object-oriented identification of forested landslides with derivatives of single pulse LiDAR data. Geomorphology, 173-174: 30-42.

Varnes D J,1984. Landslide Hazard Zonation: A Review of Principles and Practice. Pairs: UNESCO, Natural Hazards.

Wang H, Liu Z J, Ng A H, et al., 2017. Sentinel-1 observations of the 2016 Menyuan earthquake: A buried reverse event linked to the left-lateral Haiyuan fault. International Journal of Applied Earth Observation and Geoinformation, 61: 14-21.

Wang T, Poland M P, Lu Z, 2015. Dome growth at Mount Cleveland, Aleutian Arc, quantified by time series TerraSAR-X imagery. Geophysical Research Letters, 42: 614-610.

Wang T, Wei S, Shi X, et al., 2018. The 2016 Kaikōura earthquake: Simultaneous rupture of the subduction interface and overlying faults. Earth and Planetary Science Letters, 482: 44-51.

Wang X X, Liu L, Niu Q K, et al., 2021. Multiple data products reveal long-term variation characteristics of terrestrial water storage and its dominant factors in data-scarce alpine regions. Remote Sensing, 13: 2356.

Wang Z, Li Z H, Liu Y, et al., 2019. A new processing chain for real-time ground-based SAR (RT-GBSAR) deformation monitoring. Remote Sensing, 11: 2437.

Wegnuller U, Werner C, Strozzi T, et al., 2016. Sentinel-1 support in the GAMMA software. Procedia Computer Science, 100: 1305-1312.

Wells D L, Coppersmith K J, 1994. New empirical relationships among magnitude, rupture length, rupture width, rupture area, and surface displacement. Bulletin of the Seismological Society of America, 84(4): 974-1002.

Werner C L, Wegmüller U, Strozzi T, 2000. GAMMA SAR and interferometric processing software. ERS-ENVISAT Symposium, Gothenburg, Sweden: 16-20.

Westoby M J, Brasington J, Glasser N F, et al., 2012. 'Structure-from-Motion' photogrammetry: A low-cost, effective tool for geoscience applications. Geomorphology, 179: 300-314.

Wright T J, Parsons B E, et al., 2004a. Toward mapping surface deformation in three dimensions using InSAR. Geophysical Research Letters, 31: L01607.

Wright T J, Parsons B E, England P C, et al., 2004b. InSAR observations of low slip rates on the major faults of western Tibet. Science, 305: 236-239.

Wu C H, Cui P, Li Y S, et al., 2018. Seismogenic fault and topography control on the spatial patterns of landslides triggered by the 2017 Jiuzhaigou earthquake. Journal of Mountain Science, 15: 793-807.

Wu Y L, Li W P, Wang Q Q, et al., 2016. Landslide susceptibility assessment using frequency ratio, statistical index and certainty factor models for the Gangu County, China. Arabian Journal of Geosciences, 9: 84.

Wu Z, Wang T, Wang Y, et al., 2021a. Deep-learning-based phase discontinuity prediction for 2-D phase unwrapping of SAR interferograms. IEEE Transactions on Geoscience Remote Sensing, 60: 1-16.

Wu Z, Wang T, Wang Y, et al., 2021b. Deep learning for the detection and phase unwrapping of mining-induced deformation in large-scale interferograms. IEEE Transactions on Geoscience Remote Sensing, 60: 1-18.

Wu J C, Song X L, Wu W W, et al., 2021c. Analysis of crustal movement and deformation in Mainland China based on CMONOC baseline time series. Remote Sensing, 13: 2481.

Xiao R Y, Yu C, Li Z H, 2020. General survey of large-scale land subsidence by GACOS-corrected InSAR stacking: Case study in North China Plain. International Association of Hydrological Sciences, 382: 213-218.

Xu Q, Yuan Y, Zeng Y, et al., 2011. Some new pre-warning criteria for creep slope failure. Science China Technological Sciences, 54: 210-220.

Xu X, Sandwell D T, Ward L A, et al., 2020. Surface deformation associated with fractures near the 2019 Ridgecrest earthquake sequence. Science, 370: 605-608.

Xu Y S, Shen S L, Cai Z Y, et al., 2008. The state of land subsidence and prediction approaches due to groundwater withdrawal in China. Natural Hazards, 45: 123-135.

Yang C S, Zhang F, Liu R C, et al., 2020. Ground deformation and fissure activity of the Yuncheng Basin (China) revealed by multiband time series InSAR. Advances in Space Research, 66: 490-504.

Yang Q, Ke Y, Zhang D, et al., 2018. Multi-Scale analysis of the relationship between land subsidence and buildings: A case study in an eastern Beijing urban area using the PS-InSAR technique. Remote Sensing, 10:

1006.

Yang X M, Davis P M, Dieterich J H, 1988. Deformation from inflation of a dipping finite prolate spheroid in an elastic half-space as a model for volcanic stressing. Journal of Geophysical Research: Solid Earth, 93: 4249-4257.

Yu C, Li Z H, Penna N T, 2020. Triggered afterslip on the southern Hikurangi subduction interface following the 2016 Kaikōura earthquake from InSAR time series with atmospheric corrections. Remote Sensing of Environment, 251: 112097.

Yu C, Li Z, Penna N T, 2018a. Interferometric synthetic aperture radar atmospheric correction using a GPS-based iterative tropospheric decomposition model. Remote Sensing of Environment, 204: 109-121.

Yu C, Li Z, Penna N T, et al., 2018b. Generic atmospheric correction model for interferometric synthetic aperture radar observations. Journal of Geophysical Research-Solid Earth, 123(10): 9202-9222.

Yu C, Penna N T, Li Z, 2017. Generation of real-time mode high-resolution water vapor fields from GPS observations. Journal of Geophysical Research: Atmospheres, 122(3): 2008-2025.

Yuan Z, Liu Z, Li X, et al., 2021a. Detailed mapping of the surface rupture of the 12 February 2014 Yutian $M_s$7.3 earthquake, Altyn Tagh fault, Xinjiang, China. Science China Earth Sciences, 64: 127-147.

Yuan M, Li M, Liu H, et al., 2021b. Subsidence monitoring base on SBAS-InSAR and slope stability analysis method for damage analysis in mountainous mining subsidence regions. Remote Sensing, 13(16): 3107.

Yun S, Hudnut K, Owen S, et al., 2015. Rapid damage mapping for the 2015 $M_W$7.8 Gorkha earthquake using synthetic aperture radar data from COSMO-SkyMed and ALOS-2 satellites. Seismological Research Letters, 86(6): 1549-1556.

Zhang C, Li Z, Yu C, et al., 2022a. An integrated framework for wide-area active landslide detection with InSAR observations and SAR pixel offsets. Landslides, 19(12): 2905-2923.

Zhang S, Zhang Y, Yu J, et al., 2022b. Interpretation of the spatiotemporal evolution characteristics of land deformation in Beijing during 2003– 2020 using Sentinel, ENVISAT, and Landsat Data. Remote Sensing, 14(9): 2242.

Zhang J, Gao B, Liu J, et al., 2021a. Early landslide detection in the Lancangjiang region along the Sichuan-Tibet railway based on SBAS-InSAR technology. Geoscience, 35(1): 64-73.

Zhang J, Zhu W, Cheng Y, et al., 2021b. Landslide detection in the Linzh-Ya'an section along the Sichuan-Tibet railway based on InSAR and hot spot analysis methods. Remote Sensing, 13(18): 3566.

Zhang Y, Mercier J L, Vergély P, 1998. Extension in the graben systems around the Ordos (China), and its contribution to the extrusion tectonics of south China with respect to Gobi-Mongolia. Tectonophysics, 285(1-2): 41-75.

Zhang Y, Vergély P, Mercier J, 1995. Active faulting in and along the Qinling Range (China) inferred from spot imagery analysis and extrusion tectonics of south China. Tectonophysics, 243(1-2): 69-95.

Zhang Y, Yao X, Xiong T, et al., 2010. Rapid identification and emergency investigation of surface ruptures and geohazards induced by the Ms7.1 Yushu earthquake. Acta Geologica Sinica-English Edition, 84(6): 1315-1327.

Zhao C, Kang Y, Zhang Q, et al., 2018a. Landslide identification and monitoring along the Jinsha River catchment (Wudongde Reservoir Area), China, using the InSAR method. Remote Sensing, 10(7): 993.

Zhao C, Liu C, Zhang Q, et al., 2018b. Deformation of Linfen-Yuncheng basin (China) and its mechanisms revealed by Π-RATE InSAR technique. Remote Sensing of Environment, 218: 221-230.

Zhong C, Liu Y, Gao P, et al., 2020. Landslide mapping with remote sensing: Challenges and opportunities. International Journal of Remote Sensing, 41(4): 1555-1581.

Zhou C, Gong H, Chen B, et al., 2019. Corrigendum to "Quantifying the contribution of multiple factors to land subsidence in the Beijing Plain, China with machine learning technology". Geomorphology, 339: 142.

Zhou C, Lan H, Gong H, et al., 2020. Reduced rate of land subsidence since 2016 in Beijing, China: Evidence from Tomo-PSInSAR using RadarSAT-2 and Sentinel-1 datasets. International Journal of Remote Sensing, 41(4): 1259-1285.

Zhou L, Guo J, Li X, 2015. Monitoring and analyzing surface subsidence based on SBAS-InSAR in Beijing region, China. International Conference on Intelligent Earth Observing and Applications, SPIE, 9808: 578-585.

Zhu C, Wang C, Zhang B, et al., 2021. Differential interferometric synthetic aperture radar data for more accurate earthquake catalogs. Remote Sensing of Environment, 266: 112690.

Zhuang J, Peng J, Wang G, et al., 2018. Distribution and characteristics of landslide in Loess plateau: A case study in Shaanxi province. Engineering Geology, 236: 89-96.

Zuo C, Huang L, Zhang M, et al., 2016. Temporal phase unwrapping algorithms for fringe projection profilometry: A comparative review. Optics and Lasers in Engineering, 85: 84-103.

# 影像大地测量与灾害动力学的发展趋势

## 6.1 概　述

随着 SAR、光学遥感和 LiDAR 等对地观测成像技术的迅速发展，影像大地测量学已成为大地测量、遥感、数字摄影测量、计算机视觉等学科相互交叉融合的重要研究方向，在解决大型国防工程建设、减灾防灾、环境保护和新能源等现代科学问题方面发挥着重要作用，为人类社会经济的可持续发展等做出了突出贡献（张勤 等，2017；宁津生，2008）。

我国是个多灾的国家，每年因灾害造成的直接和间接经济损失达到 1000 亿元以上，约占国内生产总值的 3%～6%，平均每年因灾害死亡人数高达数万人。我国自然灾害的多发性与严重性是由其所处自然地理环境及特质决定的。各种自然灾害对人类和社会的危害及破坏是多样的，不仅威胁人类生命，还会造成严重的经济损失，破坏生态环境，制约国民经济的可持续发展。灾害动力系统是一个复杂的系统，灾害发生的大多特征并不是传统力学所能描述的，具有突变性、模糊性、灰色等特征，然而这些突变论、混沌理论等非线性和复杂的科学问题，使得研究灾害动力学的发生演化及其影响因素成为可能（孙振华，1996）。灾害动力学能解释关于工程地质与灾害地质的重要科学问题，包括地裂缝、黄土滑坡、黄河流域、川藏廊道等区域的灾害动力学机制与防控关键技术，为解决重大城市、地铁、高铁、长输管线、大型水库等重大工程中的减灾技术难题和重大工程地质问题提供指导。灾害动力系统包括孕灾动力学、成灾动力学、链灾动力学及致灾动力学（彭建兵，2001）。国内学者多将灾害进行分类，强调对灾害的管理，重视致灾因子，这就造成灾害系统整体结构被忽视，这些研究的不足恰是灾害动力系统研究的重要方面。

为了分析灾害机理，把握灾害分布特性及情况，影像大地测量学在其中的应用必不可少，在提高效率的同时还可以提高灾害调查和监测的安全性。影像大地测量学有利于把握灾害动力系统的整体结构，有助于在复杂系统中对防灾减灾及经济的宏观调控进行研究。

## 6.2 影像大地测量与灾害动力学的国家需求

目前，影像大地测量学正处于蓬勃发展时期，其在国民经济和社会发展中起着必不可少的重要作用，是发展空间技术和国防建设的重要保障。

随着国家综合实力的增强，影像大地测量与灾害动力学研究将不断满足新的国家需求，包括基础理论研究的需求、大型工程建设的需求、防灾减灾救灾的需求。

## 6.2.1 基础理论研究的需求

影像大地测量学作为一门综合交叉性的学科，以点、面测量为基础，解决地球系统科学问题，涉及学科众多，包括生态环境、空间大气、地球物理、农业、海洋等学科。计算机、通信等技术的快速发展，为影像大地测量学和相关学科的交叉融合提供了发展机遇。通过卫星遥感、航空遥感、地面观测等天-空-地一体化立体观测技术，结合大数据分析、高性能计算、机器学习和人工智能等现代科技手段，研究地球表层自然、环境、人类活动的相互作用也成为发展趋势。另外，随着大数据时代的到来，各学科的交叉与融合是科学研究的必经之路，影像大地测量手段和信息日益丰富，除了更好地推动地球科学的发展以外，也势必促进气象学、环境科学、计算机科学、农学等的发展。

随着各国航天事业的高速发展及政府对卫星遥感技术的大力支持，各类军民商用卫星系统层出不穷，建立了较为完善的卫星遥感数据获取体系，为推动经济社会高质量发展提供了新动能。与此同时，人工智能技术的迅猛发展极大程度地提升了数据分析的智能化、精准化水平，为影像大地测量带来了新的发展机遇。结合新一代人工智能、大数据、物联网、5G 等先进技术，推动影像大地测量应用朝着智能化、大众化、产业化方向发展是大势所趋（赖积保 等，2022）。人工智能由 20 世纪 50 年代开始发展，是研究、开发用于模拟、延伸和扩展人的智能的理论、方法、技术及应用系统的一门新的技术科学。2006 年以来，随着大数据的进一步积聚、理论算法的革新、计算能力的提升，人工智能在很多应用领域取得了突破性进展。

在灾害监测方面，通过人工智能技术可以对以往积累的海量灾害遥感数据信息进行学习，挖掘和分析数据中的高价值信息，实现洪水、火灾、地震、泥石流、海啸等典型自然灾害的动态监测，为发现灾情的产生和发展规律，灾害评估与应急响应，甚至认知和预测灾害提供重要技术支撑。例如，在灾害日常监测与预警等备灾阶段，利用影像大地测量技术发现潜在的孕灾环境、致灾因子、承灾体等信息，通过对灾害发生的风险等级、区域划分实现灾害风险评估与承灾体脆弱性评估，为应灾减灾准备措施提供依据；在灾害应急响应阶段，将影像大地测量技术应用于对灾害的动态监测与承灾体损失评估，可为综合评估、次生灾害的风险预警及灾害救援提供重要的决策依据；在灾后恢复重建期间，影像大地测量技术可有效支持灾区恢复重建规划制订，并对恢复重建的进度、效益、质量进行动态评测，为恢复重建和减灾设施建设的成效提供科学的数据参考。

## 6.2.2 大型工程建设的需求

随着影像大地测量的快速发展，与国家经济建设快速发展相适应的一些重大工程相继开展，如西部大开发、国家生态环境保护、西电东输、川藏交通廊道建设、南水北调和港珠澳大桥建设等。这些重大工程不论是在前期的准备、建设和维稳过程中，还是后期的监测和维护过程中，都需要影像大地测量的监测支持。

## 1. 川藏交通廊道建设

2018 年 10 月 10 日，习近平总书记在中央财经委员会第三次会议上做出全面启动川藏铁路规划建设重大部署，并要求把握科学规划、技术支撑、保护生态、安全可靠的总体思路。川藏交通廊道起于四川省成都市，终于西藏自治区拉萨市，途经雅安、康定、昌都、林芝等地，全长 1543 km，是我国西部区域战略交通工程。川藏交通廊道沿线地形地貌起伏剧烈，构造地震高度活跃，气候天气极端多变，自然地质灾害频发，严重威胁川藏交通廊道工程建设与安全运营，因此亟须开展沿线重大地质灾害的早期识别与变形监测。传统地质灾害调查和监测手段，如野外调查、全站仪测绘等耗时耗力，效率低下，难以实现川藏交通廊道全线高精度地质灾害监测的目的。基于此，作者团队运用影像大地测量技术，通过对覆盖川藏交通廊道的 3000 余景 InSAR 数据和光学遥感影像进行解译与分析处理，探测出 2344 个灾害隐患点，并对其中的 97 个典型灾害点进行现场确认，如图 6.1（Zhang et al.，2021）所示。研究成果可为川藏交通廊道的建设和运营提供科学支撑。

## 2. 西电东输

我国煤炭资源主要分布于西部地区和北部地区，水资源主要分布于西南地区，而东部地区一次能源相对匮乏且用电负荷较大，西电东输就是把煤炭资源、水资源等丰富的西部地区能源转化为电能，输送到电力能源紧缺的东部沿海城市。电力从生产到使用的过程中，输电线路起着电力"大动脉"的作用，电力网在现代能源供应体系中具有至关重要的枢纽作用，同时关系着国家的能源安全。对电力线路进行定期安全巡检一方面可以保障电力输送的安全性及畅通性，另一方面也有利于电力运输系统的运行维护（陈宗器，2004）。传统的电力巡检方法工作强度大、工作环境艰苦、工作效率低，且常常出现错检、漏检等问题。在当今现代化电网快速发展和安全运行的需求下，高精度、高效率、自动化程度高的智能化电力巡检方式成为国家电网管理部门所需的新型巡检方式（宋慧娟，2020）。将机载 LiDAR 系统用于国家电力巡检是西电东输关键环节的一项创新。机载 LiDAR 电力巡检经过数据采集、点云数据预处理、专业软件分析，对获取的高精度点云数据进行分类（图 6.2），使电力线与其他地物区分开，为电力线的安全巡检提供技术及数据基础，极大地提升了西电东输重大工程的电力巡检效率。

## 3. 港珠澳大桥建设

港珠澳大桥总长约 55 km，东接香港特别行政区，西接广东省珠海市和澳门特别行政区，它的建成对粤港澳大湾区发展起到巨大的作用。港珠澳大桥横跨珠江口水域，测量环境复杂，工作中涉及业主、施工、行政管理等部门单位，具有协调工作烦琐复杂、工作量大、工期时间紧张的特点。建设中采用多种技术手段对广州港出海航道、高速客船航路、沉管浮运水路、防台避风水域等共计进行 36 项扫海测量，扫测 324.5 km² 的海域，全面掌握了水下地形情况，为特定水域投入使用提供了技术保障。基于影像大地测量技术分析珠江口海域的泥沙分布，对港珠澳大桥及桥区水域进行水上水下三维建模，将船载三维激光和多波束测深系统结合使用，解决了系统整合、定位精度、后期数据镶嵌等难题，模型具备可视化、可量测性，为桥区水域的通航安全提供了技术支撑（刘大召 等，2020）（图 6.3）。

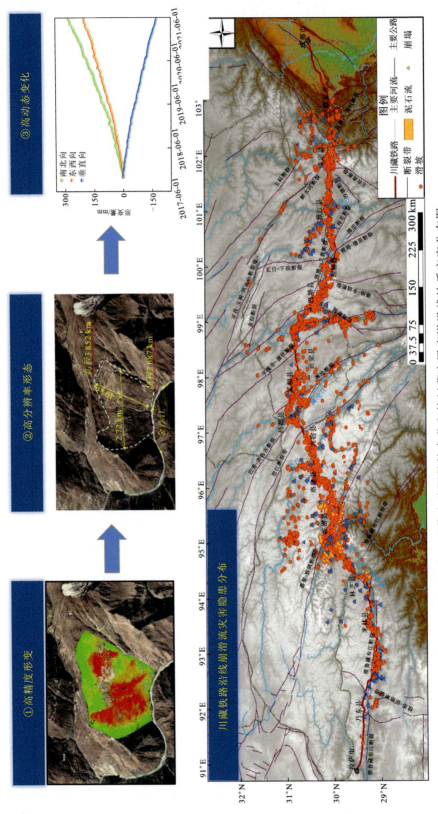

③高动态变化

②高分辨率形态

①高精度形变

川藏铁路沿线崩滑流灾害隐患分布

图6.1　基于影像大地测量技术获取的川藏交通廊道沿线地质灾害分布图

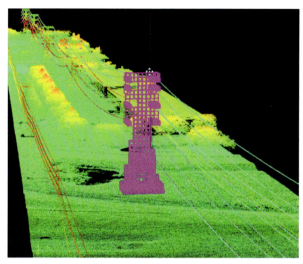

图 6.2　机载 LiDAR 电力线路巡检点云分类图

图 6.3　港珠澳大桥建筑信息模型技术深度应用

## 6.2.3　防灾减灾救灾的需求

我国是一个灾害频发的国家，地震（2008 年汶川地震、2010 年玉树地震和 2022 年门源地震）、地质灾害（2000 年易贡滑坡、2018 年白格滑坡、2010 年甘肃舟曲泥石流和 2022年青海大通山洪等）和洪涝（2021 年郑州洪涝）等灾害给国家和人民带来了巨大的损失。防灾减灾是全世界关注的一个重点问题，也是包括影像大地测量学在内的地球科学的重要任务。

灾害影响因素复杂、涉及学科众多，具有巨大的破坏性和危害性。根据资料收集和野外调查结果，采用无人机获取的高精度三维地形数据建立灾害模型，模拟灾害从启动至堆积的整个过程，研究其灾变速度、堆积特征和破碎程度等动力学特性，可为大型国防工程建设提出重要支撑。

国家各部门非常重视防灾减灾和灾害救援的相关工作，但综合来看，国家仍然缺少对综合灾害的研究，因此应加强对灾害综合研究的人力物力财力的投入，缩小与世界减灾科学技术方法领先国家的差距，使其达到先进领先的水平（蔡勤禹 等，2021）。影像大地测量学在防灾减灾和救援活动中发挥着日益增强的作用，无论是灾害来临前的监测预警，还是灾后的环境生态恢复，都可以发挥极其重要的作用。针对无法预测的灾害，通过近实时高分辨率的遥感影像，也可为受灾人民快速规划救援通道提供重要支持。

## 1. 影像大地测量学在滑坡中的应用

据自然资源部统计，2021 年我国共发生滑坡 2335 起，造成经济损失达数亿元[①]。滑坡发生时的巨大势能往往会形成高速、远程"崩-滑-流"复合的灾害地质体，给当地居民带来毁灭性的破坏和重大人员伤亡。因此，对滑坡灾害的研究至关重要。凭借影像大地测量学提供的大范围、高空间分辨率、非接触的观测技术优势，早在 20 世纪 70 年代，光学卫星影像就被运用到滑坡灾害的相关研究中。当前，影像大地测量学对滑坡灾害的研究主要集中在广域的滑坡探测和单体滑坡的监测。利用光学遥感数据，常用的技术有目视解译法、变化检测法、影像互相关等技术；利用 SAR 影像数据，常用的技术有 InSAR、SAR 偏移量追踪等技术；机载 LiDAR 可获取高分辨率、高精度的 DEM 和 DOM，可通过机器学习方法，进行滑坡半自动化的探测。影像大地测量学在滑坡灾害中的应用如图 6.4 所示。

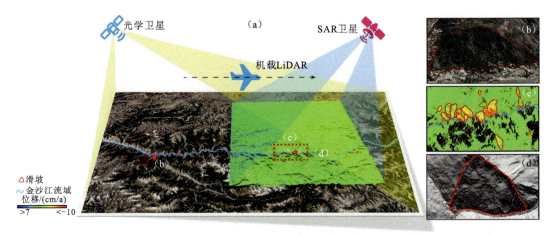

图 6.4　影像大地测量学在滑坡灾害中的应用

（a）滑坡灾害应用中的不同传感器；（b）光学卫星影像解译滑坡；（c）InSAR 探测滑坡；（d）无人机生成的 DSM 解译滑坡

## 2. 影像大地测量学在地震中的应用

地震是破坏最严重的自然灾害之一，地震及其次生灾害往往会造成严重的生命和财产损失。自 1993 年首次利用 InSAR 获取了美国加利福尼亚州兰德斯地震的同震形变场后，以 SAR/InSAR 技术为代表的影像大地测量学监测技术已成为地震灾害研究的有力手段。尤其是欧洲空间局发射 C 波段的 Sentinel-1 A/B 卫星后，基于其全球免费共享的数据，SAR/InSAR 技术几乎监测到了全球所有陆地及近海浅源中强震的地表形变场，如 2014 年 $M_W$6.1 级美国加利福尼亚州纳帕地震、2015 年 $M_W$7.8 级尼泊尔地震和 2017 年 $M_W$7.3 级伊

---

① https://www.mnr.gov.cn/dt/ywbb/202201/t20220113_2717375.html[2024-01-19].

朗地震等。此外，基于 InSAR 技术还多次监测到小于 $M_W5.0$ 级地震的地表形变。据不完全统计，迄今具有影像大地测量学背景约束的震例分析已超过 220 个。当前，影像大地测量学对地震灾害的研究主要集中在以下三个方面。①高精度地表形变场获取，其中包括大气误差、大梯度形变引起的解缠误差的改正等；利用 Offset Tracking、MAI 等技术或基于地表应力应变等模型的地表三维形变场获取。②基于 SAR 偏移量、光学偏移量和无人机航拍等技术的地表破裂带的绘制，如 Xu 等（2020）使用 InSAR 相位梯度研究地表破裂。③利用 SAR 强度信息、无人机应急监测和机载 LiDAR 等技术对发震区域进行危险性评估。

2020 年 6 月 25 日新疆于田发生了 $M_W6.3$ 级地震，震中位于青藏高原西北部，由康西瓦断裂、郭扎错断裂和阿尔金断裂形成的构造结合区，是继 2008 年 $M_W7.2$ 级、2012 年 $M_W6.2$ 级和 2014 年 $M_W6.9$ 级地震之后该区域发生的又一次强震活动，对研究区域构造活动和评估区域未来地震活动性具有重要意义。Liu 等（2023）利用 Sentinel-1 InSAR 获取该事件的同震和震后形变场，进而调查断层的同震破裂行为和震后形变机制，基于 4 次地震的滑动分布模型，探讨了 2020 年地震的局部应力演化、触发机制和区域未来地震危险性，如图 6.5 所示。

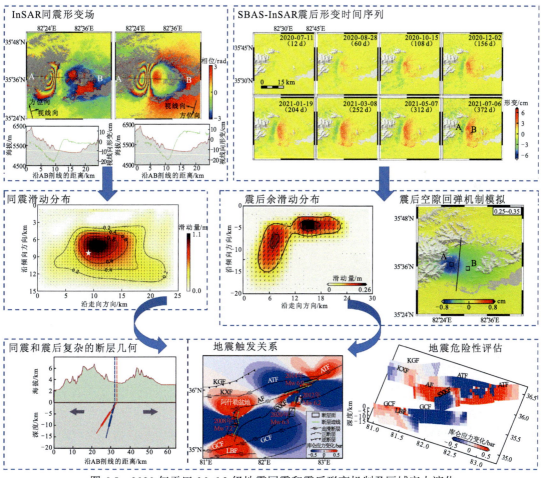

图 6.5　2020 年于田 $M_W6.3$ 级地震同震和震后形变机制及区域应力演化

### 3. 影像大地测量学在火山中的应用

火山是由火山碎屑和熔岩组成的锥形地貌，通常由喷出口、火山锥和火山口组成。21世纪以来，全球多座火山发生喷发并带来巨大损失。火山构造活动（岩浆的积累或后撤、火山侧翼活动等）会导致地表发生形变，理解火山区域地表形变对火山内部岩浆的来源、火山监测与预警等具有重要指导意义。通常情况下火山构造区域地形复杂，当火山出现喷发前兆或正在喷发时，传统的形变监测手段难以实施，而 InSAR 技术可以进行连续、大范围火山形变监测，获取火山形变区的精细形变场（李振洪 等，2022）。2022 年 1 月汤加海域洪阿哈阿帕伊岛火山发生喷发并引发大范围海啸，此次火山喷发导致汤加及附近岛屿被火山灰覆盖，海底网络电缆和电话信号中断，并造成 6 人死亡。胡羽丰等（2022）对汤加火山喷发事件进行了应急响应，综合利用国内外多时相卫星光学影像、雷达影像、GNSS 监测站等数据进行快速解译，分析火山喷发过程及影响，评估汤加部分地区的受灾情况，提出多源数据获取-地貌演化监测-地表形变监测-环境响应探测-灾害损毁评估-灾后恢复决策一整套综合遥感技术框架（图 5.25）。

### 4. 影像大地测量学在洪涝中的应用

洪涝作为强降雨或持续降雨而导致低洼地区溃水或淹没的一种自然现象，是世界上最主要的自然灾害之一（史培军 等，2014）。洪涝灾害因其发生速度快、影响范围广及重现频率高等特点，对全球造成严重的伤亡与经济损失。洪涝灾害发生后，快速准确地获取降水时空演化、洪水淹没范围、次生地质灾害分布等灾情信息，对灾后应急处置具有极其重要的意义。遥感技术以其数据获取方便、时空分辨率高、数据覆盖范围广等优点逐渐成为洪涝灾害监测的主要手段，可以为防洪决策和抗灾救灾工作提供重要数据和技术支撑。遥感监测洪涝的关键在于水体信息的提取，其主要使用传感器主动或被动地接收水体反射的信息，并利用灾前和灾后的水体信息进行叠加得到洪水淹没区域。SAR 技术克服了光学遥感的缺陷，可以全天候运行，能够穿透云、雨和雾，不受恶劣天气的影响，因而被广泛应用到洪涝灾害遥感监测中。

2021 年 7 月 20 日，河南省大部分出现暴雨和大暴雨，其中郑州局部出现特大暴雨，并引发了大范围的洪涝灾害，郑州及周边地区受灾严重，公路、铁路、民航等交通网被迫中断，同时暴雨导致黄河及中小流域水位迅速上涨，次生灾害风险明显增加。学者利用包括遥感卫星雷达影像、欧洲中期天气预报中心降雨和水汽数据、地质灾害调查数据等多源数据对此次暴雨洪涝的形成和发展进行分析，监测洪涝淹没范围变化，研究洪涝次生灾害风险和交通受灾情况，并给出暴雨洪涝灾害的监测和预警建议，为暴雨洪涝灾害研究和灾害应急提供科学数据支撑和参考。面向大范围洪涝灾害灾情信息快速获取的需求，李振洪等（2023）提出"短临天气预报-洪涝灾害近实时评估-次生灾害风险评估-交通受损情况模拟"的大范围洪涝灾害灾情信息快速获取技术体系，并基于获取的灾情信息组织气象、灾害、交通等各行各业的专家，协同开展应急会商，充分发挥专业优势，强化灾害链式过程的预测与分析，制订灾后应急预案并提交主管部门以供决策。

# 6.3 影像大地测量与灾害动力学的瓶颈

随着多平台、多波段卫星系统的大量涌现，各类影像为研究地球形状和重力场及其随时间的变化提供了新的更高精度、更高分辨率的数据支持，推动着大地测量学科的发展和大地测量应用领域的拓展（杨元喜 等，2022）。同时，人工智能、大数据、物联网、数字孪生等现代信息技术的发展，对影像大地测量学提出了新的挑战。如何将这些信息技术与影像处理有机结合起来，进而为防灾减灾、环境保护、可再生能源开发等现代经济社会需求服务结合起来，是影像大地测量学要着力解决的问题（柳钦火 等，2018）。

## 6.3.1 亟待解决的关键科学问题

影像大地测量学经历了近 30 年的发展，在地表形变监测及灾害识别、海平面上升、冰川消融等领域得到了广泛应用，发挥着越来越重要的作用。遥感技术作为影像大地测量学的核心手段，在信息获取技术方面也实现了从米级至亚米级的跨越，逐渐向多平台、多时相、多光谱及多分辨率方向发展，可见光、近红外、短波红外、热红外、微波等多源影像资源愈加丰富。因此，如何充分利用不同源影像的优势特征，提高影像的光谱、空间和时间分辨率，进而提高信息提取、分析的能力，动态监测和研究地球动力学现象，研究地球本体的各种物理场，认识与探索地球内部的各种物理过程并揭示其规律是影像大地测量学未来研究的重点方向之一，也是亟待解决的关键科学问题之一（沈伟 等，2016；Aliparast，2009；郭增建 等，1989）。

## 6.3.2 亟待突破的关键技术瓶颈

不同传感器、不同时间和空间平台对地观测影像，为地表动态过程的立体监测提供了精确数据，如星载的雷达、光学、红外等影像催生了一系列先进的影像处理和分析技术；多源、多时相观测催生了异质数据融合反演技术等。近年来，为了满足精细化监测的需求，形成了 LiDAR、无人机航测、三维激光扫描、SAR 等众多新兴的研究方向，同时，基于高频次对地观测影像，生成如高时空分辨率 4D 影像、GACOS 等衍生产品。这些影像数据、技术方法、服务产品相互促进，共同为大地测量学的发展提供有力支撑，同时也导致当前影像大地测量学的发展面临一些技术挑战。

1. 影像处理主要面临的技术挑战

对海量的影像数据进行快速、高效及近实时化的处理一直是影像大地测量学的研究热点。据不完全统计，目前海量影像数据的实时快速处理能力比例约为 10%，不能提供实时或近实时的应急响应数据与信息，限制了其进一步的应用。云计算（cloud computing）是分布式计算的一种，通过多部服务器组成的系统进行快速处理和分析，并实时传送给用户使用。于是，分布式计算、效用计算、负载均衡、并行计算、边缘计算、网络存储、热备份冗杂和虚拟化等计算机技术将成为影像大地测量数据处理的热点。

现有的融合算法适应性不足，缺乏能够适用于不同应用场景的算法，亟须建立灵活多样的融合框架和融合规则知识库，研发适应多场景的多影像智能融合算法。可见光、多光谱、红外、高光谱、微波等多源异构遥感数据能够提供地物多层次、多角度、多维度和更为详尽的属性信息，为卫星遥感数据的精确识别与解译带来前所未有的机遇。但多源异构遥感数据结构复杂、特性各异、不确定性高，因此亟待突破跨模态多源遥感数据融合识别技术，进一步提升遥感影像识别与解译的精度。

目前，影像融合的质量大多依赖于研究人员的个人经验或辅以个别评价指标，亟须研发出一套完善的影像融合质量评价体系，形成一套数据标准体系。受卫星传感器成像系统的限制，获取影像在高空间分辨率和高光谱分辨率方面互相制约而不可兼得，然而，由于无真实高空间分辨率多光谱影像，如何有效地评价融合影像质量及各融合方法的性能具有一定的挑战。目前的方法不能很好地推广至全分辨率尺寸进行评价，并且十分依赖数据库学习，不能实时在线地进行评价。

目前，海量影像数据应用在不同的场景中，而传统信息处理方法在处理效率、精度上的不足，限制了海量影像数据信息的挖掘及利用，人机交互中经常会出现参与人的不同，导致结果有所差异，亟须发展自动化和智能化的研究方法以满足海量遥感影像处理的需求。虽然影像处理算法已经在遥感影像处理的很多领域取得了相对于传统方法更好的结果，但由于迭代过程等原因，通常基于自动化算法的遥感影像处理方法的时间效率较低，难以满足实际生产应用中遥感大数据的需求。

### 2. InSAR 技术主要面临的挑战

#### 1）相位失相干

重复轨道 InSAR 技术可以获取大范围厘米级甚至亚厘米级的地表形变信息，但前提是影像具有一定程度的相干性。相干性不仅是评价局部干涉条纹质量的重要指标，同时也是一个散射体特性的重要表征参数。重复轨道观测期间，由植被生长或气象原因特别是雨、雪等情况导致各像元内散射体后向散射特性的变化，由地震、火山、滑坡、矿山开采等引起的大梯度形变，以及传感器姿态变化和雷达波透射比等因素，导致干涉相位相干性降低，称为失相干噪声。

#### 2）大气延迟

卫星雷达信号在地球大气层传播过程中都会受到大气延迟的影响，其是重复轨道 InSAR 测量中最为显著的误差源之一，很容易掩盖真实地表形变信号，造成地表形变提取的困难。大气延迟误差主要由两部分构成。一部分是信号穿过电离层（距离地面 50～1000 km）过程中产生的延时误差，称为电离层误差。受太阳活动的影响，电离层的分布极其不均，随高度、地域、时间变化而变化，正是由于电离层分布的不均匀性，其对星载 SAR 的成像会产生振幅闪烁、时延、色散、相位偏移、法拉第旋转及电离层吸收等影响。另一部分是信号穿过对流层（距离地面 0～12 km）过程中产生的延时误差，称为对流层延迟。对流层延迟主要由对流层中水汽含量、温度及气压的时空变化引起，影像大地测量学中常将对流层延迟分为与大气水汽相关且时空变化剧烈的湿延迟，以及受大气水汽影响小、在时空上较为稳定的干延迟。由于 InSAR 的差分特性，大部分干延迟误差被消除，在 InSAR 干涉影像上的对流层延迟误差主要由湿延迟主导。需要注意的是，在某些极端天气或者剧烈地形起伏的情况下，干延迟引起的误差也不容忽视。

**3）相位解缠误差**

由于 SAR 系统发射和接收信号的限制，在干涉影像中只能获取不大于 $2\pi$ 的绝对相位，称为缠绕相位；相位解缠是将干涉影像中各个像元的相位值从缠绕相位（$-\pi \sim \pi$）恢复到实际连续相位的过程，是 InSAR 数据处理必不可少的关键一步，也是难点所在。传统解缠技术使用的是单基线解缠，其中相位解缠绕问题属于病态问题。单基线解缠在地形突变的区域往往无法得到可靠的结果，而多基线技术克服了传统单基线中相位连续性假设的限制，能够求解复杂地形，大规模相位解缠技术通过"分而治之"策略能快速获得大规模数据的高精度结果。大多数 InSAR 解缠方法都专注于单个影像的解缠，因此是二维的。随着多时相 InSAR 的出现，三维相位解缠变得越来越重要，也逐渐成为相位解缠的重要方法。

**4）斜视影像几何畸变**

由于成像雷达系统固有的侧视观测方式，地面坡度和类似的地形特征将导致 SAR 系统获取的影像出现几何畸变，主要包括透视收缩、叠掩和阴影。与地形相关的几何畸变不能完全消除，但多位学者针对该问题提出了多种解决方案。例如，戴可人等（2021）定量计算了川藏铁路沿线升降轨 Sentinel-1 影像的几何畸变区域，发现升降轨联合观测可有效将几何畸变区域缩小至 1.5%；Sun 等（2016）结合 16 景升轨 ALOS 影像和 18 景降轨 Envisat 影像，利用 InSAR 技术为舟曲地区滑坡监测提供了更全面的认识；Kropatsch 等（1990）直接利用 DEM 及 SAR 系统几何参数计算了研究区域的阴影和叠掩区；Zhang 等（2019）提出了基于多分辨率密集解码器网络自动提取 SAR 影像中水体和阴影的方法。综上所述，针对 SAR 影像几何畸变问题，可通过以下方式解决：①结合升降轨 SAR 影像、具有不同入射角的多轨道影像和不同卫星平台的 SAR 影像，从不同角度获取地面信息，最大限度降低 SAR 影像几何畸变的影响（李振洪 等，2019）。②对于中等分辨率的雷达影像，利用外部 DEM 及 SAR 系统几何参数可提前量化几何畸变；对于高分辨率的雷达影像，利用机器学习方法无须外部高分辨率 DEM 即可精确识别雷达影像的阴影和叠掩区，通过对其掩膜可大幅度提高数据处理效率（李振洪 等，2019）。

**5）多维形变测量**

InSAR 技术用于形变测量的一个挑战是仅能获取一维形变，即地表真实变化在视线向的投影（李振洪 等，2019），而视线向上一维形变测量可导致地表形变的低估和误判，已成为制约 InSAR 技术应用和推广的瓶颈之一（朱建军 等，2017），如何有效地恢复地表真实二维或者三维形变场也是 InSAR 技术亟须解决的难点问题。SAR 卫星的近极轨飞行和侧视成像特征决定了 InSAR 对南北向的形变不敏感，以往的研究往往忽略南北向形变从而获取地表垂向和东西向的形变。随着 SAR 卫星的发展，用于同一研究区域的 SAR 数据源逐渐增多，利用多平台、多轨道 SAR 数据的测量结果理论上可以分解出三维地表形变。利用形变先验模型对 InSAR 观测值进行约束是获取地表三维形变的一个有效思路（李振洪 等，2022）。

### 3. LiDAR 主要面临的技术挑战

经过 20 多年的发展，LiDAR 在易操作性、机动灵活性、智能化、高效化等方面日益成熟，在工程测量、地质灾害、智慧城市、虚拟现实、增强现实等科学与工程研究中发挥十分重要的作用。尽管研究人员在点云处理方面已经取得了较好的研究成果，但在点云的智能化处理方面仍然面临如下的巨大挑战（杨必胜 等，2017）。

#### 1）海量数据存储、组织与管理

LiDAR 数据的信息量巨大，往往以 TB 计算，而且获取成本在目前的遥感手段中较高。如此海量的数据存储本身就需要占用巨大的空间，而且更为关键的是要对其进行调用、处理、分析，将会产生更大的空间需求。目前，已有研究开始就 LiDAR 的数据压缩问题进行探讨，这也是 LiDAR 研究的一个前沿问题和难点问题（郭庆华 等，2014）。

#### 2）多维点云变化发现与分类

建立统一时空参考框架下多维点云的变化发现与提取方法，研究基于时间窗口的多维点云与地物三维模型的关联方法，可提取地物空间要素的几何和属性变化；研究面向地物空间结构变化的可视化分析方法，可为揭示空间要素的变化规律提供科学工具。

#### 3）复杂三维动态场景的精准理解

基于机器学习、人工智能等先进理论方法探索多维点云结构化建模与分析的理论和方法，建立复杂三维动态场景中多态目标的准确定位、分类及语义化模型，研究面向多维点云的三维动态场景中各类要素的特征描述、分类与建模方法，是目前学者比较关注的问题。

## 6.4　影像大地测量与灾害动力学前沿

影像大地测量学具有高精度、全球覆盖、实时观测的优点，极大地促进了对地球科学的研究。各种观测手段的融合为研究特定的科学问题创造了条件。

影像大地测量学辅助灾害应用是灾害研究发展的重要趋势，是国内外开展相关工作的重要研究方法。灾害动力学需要深入研究该领域的交叉学科进展和缺陷，随着灾害动力学理论的数值模拟技术不断完善，通过融合遥感、地理信息系统技术，最终形成可视化的灾害预测预警平台，可为人民生命财产安全和地质灾害防治及预警提供技术支撑。

### 6.4.1　研究目标

影像大地测量学从最初的以地球作为研究对象，通过遥感和大地测量的交叉融合，研究地球形状、大小及其变化，到后面外延到生态环境、农业、海洋等多门学科，与新一代通信技术、人工智能、云计算等技术产生的多学科进一步交叉融合，以期实现自然科学与科技基础的强强联合。影像大地测量技术具有覆盖范围广、周期短、时效性强，且不受地面监测条件控制的特点，利用影像大地测量技术快速获取不同源影像的优势特征，可提高影像的光谱、空间和时间分辨率，进而提高信息提取、分析和动态监测的能力。

### 1. 影像处理

近年来，随着影像大地测量学的发展，高分辨率遥感卫星不断升空，遥感影像数据量急剧膨胀，LiDAR、同步定位与建图（simultaneous localization and mapping，SLAM）等技术迅猛发展，使得实时处理海量点云数据成为其技术突破的难题。影像大地测量学作为一种准确、客观、及时获取地球表面海量宏观数据信息的手段，其时效性是全面直观获取信息、科学响应应急管理的前提和基础，不仅对海量数据的处理精度有更高的要求，而且在快速、高效、近实时化处理等方面具有非常大的挑战。

（1）建立灵活多样的融合框架和融合规则知识库，研发适应多场景的多影像智能融合算法。由于遥感数据和融合模型的多样性，目前仍很难找到一种适合各种类型数据、各种应用的融合算法，建立统一的数学融合模型。多源数据的融合现阶段比较重视融合的数学技术方法而忽略了融合的物理机制。因此，加强融合的物理机制研究，提高数据融合的精度和可信度，建立数据融合质量的评估体系是未来数据融合研究的发展方向。

（2）研发出一套完善的影像融合质量评价体系，形成一套数据标准体系。遥感影像融合的目的是充分结合不同遥感卫星影像的优势，使遥感数据得到充分利用。遥感影像融合方法千差万别，每一种融合方法对应的融合效果都不相同。应通过融合质量的评价来区分不同融合方法的特点，以及融合影像质量的优劣。根据影像的特点可以更好地为下一步的应用研究服务。因此，研发出一套完善的影像融合质量评价体系，形成一套数据标准体系以评价影像融合质量，显得尤为重要。在评价方法上，采用定性评价和定量评价，形成完整的评价体系，是影像处理研究的下一个目标。影像融合质量评价不再依赖数据库训练，能够实现实时在线评价也是研究目标之一。

（3）开展自动化和智能化数据处理的研究。智能化处理技术已经展现了在解决遥感影像处理问题中的潜力并取得了初步成效。未来，在遥感影像智能化处理方向上有许多问题及研究热点可能取得突破，如遥感影像约束优化问题的多目标求解，遥感影像智能化处理方法时间效率的提高等。利用海量遥感数据，可更好地为人类和社会服务，因此如何从云端快速获取海量影像数据并对其进行高效地信息处理和价值挖掘，已成为当前海量遥感影像数据处理领域的重点与难点。

### 2. SAR 技术

#### 1）高时空分辨率宽带成像 SAR 卫星技术

星载 SAR 技术应用广泛。在灾害隐患评估、目标检测识别、地形测绘等应用领域，要求 SAR 影像拥有更高的空间分辨率；在海洋目标监视、灾区应急勘探等应用领域，要求 SAR 系统可获取更宽幅的影像。通过高分辨率星载 SAR 系统对地球进行连续高精度观测，对获得的高分辨率 SAR 影像进行干涉处理可以精确测量地物高程、海冰、洋流等目标的运动信息。传统星载 SAR 系统的空间分辨率与带宽相互制约，宽幅成像要求在俯仰向具有较宽的波束，而越宽波束对应天线高度越小，降低了卫星信号的发射频率，导致影像的信噪比降低，使高空间分辨率和宽幅成像难以同时满足。随着星载 SAR 的发展，其时间分辨率从数月缩短到数小时。例如，德国的 SAR-Lupe 组网卫星由 5 颗位于不同轨道面的 SAR 卫星组成，重访周期降为 6 h；意大利的 COSMO-SkyMed 星座由 4 颗近似均匀分布在同一轨道面的 SAR 卫星组成，时间分辨率约为 12 h；美国的 Lacrosse 和 FIA 系列 SAR 卫星通过结合多颗 SAR 卫星和正逆行大倾斜轨道面来实现快速重访。

**2）轻小型化 SAR 卫星技术**

大型星载 SAR 系统由于造价高、研制周期长、稳定性要求高等技术要求限制了其发展和应用，低成本、定制化的轻小型 SAR 卫星应运而生。轻小型 SAR 卫星包括重量一般在 1000 kg 以下的小型 SAR 卫星和重量在 500 kg 以下的微小型卫星。轻小型星载 SAR 系统在构建多星组网或分布式星载 SAR 系统方面存在优势，如可提高影像的时间分辨率、满足数据的时效性和连续性要求、降低观测盲区等，这也是大型单颗星载 SAR 难以实现的。国内外多个商业轻小型 SAR 卫星公司相继成立，芬兰的 ICEYE 公司在轻小型 SAR 卫星行业具有代表性；美国的 Capella Space 公司建设了一个由 36 颗卫星组网的 SAR 卫星星座，以实现将重访周期降低至每小时；美国的 Umbra 公司构建了一个由 12 颗星组成的星座，以实现将空间分辨率提高至 15 cm；日本的 Synspective 公司发射了 25 颗小型 SAR 卫星，以实现组成可覆盖全球的遥感星座，提供全球的 SAR 卫星数据。我国的天仪研究院和中国电子科技集团公司第三十八研究所合作计划完成 56 颗 SAR 卫星组网，到 2025 年实现 96 颗高分辨率 SAR 星座的组网，将部署在多个轨道面，为我国海洋环境、灾害监测及土地利用等领域提供数据支持；"海丝"系列卫星是厦门大学与天仪研究院、中国电子科技集团公司第三十八研究所合作研制的星座系统，目前海丝一号和海丝二号卫星已经成功发射，"海丝"系列卫星星座计划由 32 颗 SAR、水色和高分辨率光学卫星等构成。轻小型 SAR 系统在多元化和多样化市场要求及星载 SAR 载荷技术跨越式发展的推进下，将迎来蓬勃的发展。

**3）自动化人数据快速处理技术**

随着 SAR 卫星和 InSAR 技术的不断发展，利用 InSAR 在全球范围内开展系统性、连续性的形变监测逐渐成为可能。尽管拥有海量的 SAR 影像，按照目前的算法仍很难得到全球形变信息，因为利用 InSAR 技术得到的形变信息，需要研究区域的先验知识和专家的详细解译，耗时耗力，较难成功。随着市场需求多样化，可扩展的自动化数据分析正在满足新市场的需求，应用机器学习技术支持 InSAR 处理流程或分析干涉图，可以进一步补充 InSAR 算法的研究，提高 SAR 影像的处理效率、生产力和可持续性。机器学习可以迭代地学习某些函数的近似值，而且该过程无须人工干预解译和区域的先验信息，因此基于深度学习技术对 InSAR 时间序列干涉图进行学习，可以实现亚厘米级形变的自动提取，但目前如何从形变时间序列中得到连续的瞬时信号仍然是一个关键难点。利用自动化大数据快速处理技术在全球范围内得到系统性、连续性的形变结果，对于观测地震、火山、滑坡、地面沉降、冰川运动等造成的形变都会有更深刻、更详细的理解，更加接近瞬间地表真实的形变，减少人工引入误差的影响。

### 3. LiDAR

LiDAR 以其高测量精度、精细的时间和空间分辨率，以及较远的探测距离而成为一种重要的主动遥感工具。LiDAR 不但能够精确测距，而且能够精确测速、精确跟踪，在民用、军用领域具有广阔的应用前景。近年来，随着传感器、通信和定位定姿技术的发展，人工智能、深度学习、虚拟/增强现实等领域先进技术的重要进展有力地推动了数字现实时代的来临。激光扫描与点云智能化处理将顺应数字现实时代的需求朝以下几个方面发展。

**1）地基-机载-星载 LiDAR 相结合实现载荷平台一体化**

建设地面监测-航空测量-卫星遥感的天-空-地载荷一体化监测系统，利用地基 LiDAR 构建地面监测网络系统，结合机载 LiDAR 和星载 LiDAR 构建空基测量系统和卫星遥感系统，利用空中和卫星平台有效范围覆盖大的特点，提升大尺度监测能力，精确测量被测目标的全方位连续实时立体化信息，实现对数据的全方位获取。

**2）LiDAR 数据与多源遥感数据融合**

随着遥感技术的发展，包括光学遥感、微波雷达、LiDAR、航空像片等多源遥感数据均已应用于各个场景，但不同遥感数据具有各自的特点，LiDAR 可以获取高精度的三维空间结构信息，但提供的光谱信息有限。因此，将 LiDAR 数据与其他遥感数据结合，可充分发挥多源遥感数据的优势。

**3）点云数据的智能化与自动化处理**

点云的特征描述、语义理解、关系表达、目标语义模型、多维可视化等关键问题将在人工智能、深度学习等先进技术的驱动下朝着自动化、智能化的方向快速发展，点云将成为测绘地理信息中继传统矢量模型、栅格模型之后的一类新型模型，将有力地提升地物目标认知与提取自动化程度和知识化服务的能力。

## 6.4.2 前沿热点研究内容

在国家经济建设飞速发展的背景下，资源开发工程建设力度逐渐增大，许多重大工程面临地质环境协调问题，需要开展大量复杂的地质灾害调查工作。运用航空遥感技术能够高效辅助并实现大部分场景人工调查难以开展的地质灾害识别、调查、监测等诸多工作（董秀军 等，2019）。极端自然条件下的航空硬件开发、无人机自主飞行与实时数据处理、多源遥感数据集成与融合、地质灾害智能化识别与航空遥感地质灾害专业分析软件集成与开发等，将是灾害动力学的前沿热点研究内容（Li et al.，2015）。

航空机载系统和设备的软硬件开发包括航空电子软件的设计与开发、硬件的设计与开发及航空设备的安全飞行，旨在减小风险和成本的同时提高航空电子科技的软硬件质量，提高航空设备对地质灾害监测的精度与效率。无人机自主飞行的挑战在于，在不确定条件下近实时且无人工干预地解决一系列优化求解问题。无人机控制结构需要包含更大的可拓展性，故障诊断和自修复重构也是无人机自主控制中提高安全性的关键技术，将有利于对野外地质灾害的调查。海量数据的近实时处理有助于地质灾害调查数据快速导入数字地球灾害管理系统，可为地质灾害的防灾治灾减灾提供数据备份和管理（董秀军 等，2019）。多源遥感数据对地质灾害的监测不仅时空分辨率高，还极大地节约了人力物力资源，但单一遥感数据的时空分辨率较为单一，不能满足地质灾害调查的需求，因此未来遥感数据的集成与融合是大地测量学在地质灾害监测中的重点研究内容（许强 等，2019）。随着人工智能的快速发展，机器学习等人工智能方法被广泛应用于地质灾害的监测和调查，对大地测量获取的最直接的数据——遥感影像而言，计算机视觉的多种算法可以被应用于地质灾害的识别、探测和监测，卷积神经网络（convolutional neural networks，CNN）等深度学习网络模型的非线性能力有助于对潜在地质灾害进行预测，稳健的地质灾害预测模型也是研究重点内容之一（许强 等，2019）。由于目前没有专门应用于灾害学的机器学习算法，泛化能力仍有待提高，灾害样本的大量收集也是前沿热点研究内容之一。

## 6.4.3 发展趋势

影像大地测量学未来发展趋势主要包括创新基础理论、适应国家需求及拓宽应用场景。多平台、多时相、多光谱及多分辨率卫星系统的大量涌现，使得可见光、近红外、短波红外、热红外、微波等多源影像资源愈加丰富。如何充分利用不同源影像的优势特征，服务于国家重大工程建设及防灾、减灾、救灾，并不断拓宽其应用场景，是未来学科发展的关键。

### 1. 学科的交叉融合与快速发展

影像大地测量学是一门综合交叉性的学科，以测绘科学与技术、遥感科学与技术两个学科的合集为基础，解决地球系统科学问题，涉及生态环境、空间大气、地球物理、农业、海洋等多门学科。新一代通信技术、物联网技术、电子技术、超级计算技术、人工智能和云计算等技术的快速发展，为影像大地测量学和相关学科的交叉融合提供了发展机遇，地面观测等天-空-地一体化立体观测技术，结合大数据分析、高性能计算、机器学习和人工智能等现代科技手段，研究地球表层自然、环境、人类活动的相互作用。影像大地测量学能够获得精确的、大量的在空间和时间方面有很高分辨率的对地观测数据，因此对灾害动力学、海洋学、地质学、地震学等地球科学的作用也越来越大。

### 2. 拓宽应用场景

影像大地测量学的发展对对地观测卫星提出了更高和更多的要求，同样新一代 SAR、光学、LiDAR 等对地观测卫星不断丰富，不仅能更好地服务于传统测绘，也为智能驾驶、精准农业等新型应用提供了重要的位置信息，为特高压、城际高速铁路和城际轨道交通等"新基建"提供了高精度空间基准基础设施。此外，卫星测高、卫星重力测量等技术的发展，极大地提升了影像大地测量为地球表面、海洋和太空目标点位置等提供连续的时序观测信息的能力，尤其是 InSAR 技术的发展，推进了地表形变监测、滑坡监测、矿山形变监测、大型水坝监测、城市地下水变化监测及特殊工程形变监测等技术进步。此外，随着深度学习、互联网+、人工智能、大数据分析技术的发展，影像大地测量的应用领域也随之迅速拓展。

国家经济建设的快速发展，离不开国家重大工程，其中包括大量的地质灾害调查监测工作，而灾害动力学中从孕灾、致灾、链灾到成灾的过程都离不开影像大地测量学的帮助（李洪梁 等，2022；卓冠晨 等，2022）。灾害系统和灾变动力学的研究需要不同学科在理论、方法和应用上相互交叉、渗透和组合，从本质上解释灾害的孕育、发生及发展的规律，对灾害的预防有重要指导意义（李乾坤 等，2013）。采用影像大地测量学遥感技术能够快速有效地代替人工调查与传统监测对地质灾害进行识别调查和监测，对于影像大地测量学应用于地质灾害是未来一大研究趋势和挑战机遇。此外，研究天-空-地一体化的遥感海量异构数据的融合、三维可视化展示及地质灾害遥感解译，也是影像大地测量学应用于灾害动力学的未来发展趋势之一。

# 参 考 文 献

蔡勤禹, 姜志浩, 2021. 新中国成立以来我国应对重大灾害体制变迁考察. 中国应急管理科学(3): 22-30.

陈宗器, 2004. 西电东输的现状和展望. 华通技术(3): 33-39.

戴可人, 张乐乐, 宋闯, 等, 2021. 川藏铁路沿线 Sentinel-1 影像几何畸变与升降轨适宜性定量分析. 武汉大学学报(信息科学版), 46(10): 1450-1460.

董秀军, 王栋, 冯涛, 2019. 无人机数字摄影测量技术在滑坡灾害调查中的应用研究. 地质灾害与环境保护, 30(3)：77-84.

董秀军, 邓博, 袁飞云, 等, 2023. 航空遥感在地质灾害领域的应用：现状与展望. 武汉大学学报(信息科学版), 48(12): 1897-1913.

郭庆华, 刘瑾, 陶胜利, 等, 2014. 激光雷达在森林生态系统监测模拟中的应用现状与展望. 科学通报, 59(6): 459-478.

郭增建, 秦保燕, 1989. 灾害物理学的方法论(三). 灾害学(2): 1-8.

胡羽丰, 李振洪, 王乐, 等, 2022. 2022 年汤加火山喷发的综合遥感快速解译分析. 武汉大学学报(信息科学版), 47(2): 242-251.

赖积保, 康旭东, 鲁续坤, 等, 2022. 新一代人工智能驱动的陆地观测卫星遥感应用技术综述. 遥感学报, 26(8): 1530-1546.

李洪梁, 黄海, 李元灵, 等, 2022. 川藏交通廊道沿线板块缝合带地质灾害效应. 地球科学, 47(12): 4523-4545.

李乾坤, 石胜伟, 韩新强, 等, 2013. 国内地质灾害机理与防治技术研究现状. 探矿工程(岩土钻掘工程), 40(7): 52-54.

李振洪, 王建伟, 胡羽丰, 等, 2023. 大范围洪涝灾害影响下的交通网受损快速评估. 武汉大学学报 (信息科学版), 48(7): 1039-1049.

李振洪, 张宇星, 张勤, 等, 2019. 卫星雷达遥感在滑坡灾害探测和监测中的应用：挑战与对策. 武汉大学学报(信息科学版), 44(7): 967-979.

李振洪, 朱武, 余琛, 等, 2022. 雷达影像地表形变干涉测量的机遇、挑战与展望. 测绘学报, 51(7):

1485-1519.

刘大召, 李卓, 陈仔豪, 等, 2020. 基于高分 1 号遥感数据港珠澳大桥对珠江口海域悬浮泥沙分布的影响. 广东海洋大学学报, 40(6): 89-95.

柳钦火, 徐新良, 孟庆岩, 等, 2018. "一带一路"区域可持续发展生态环境遥感监测. 遥感学报, 22(4): 686-708.

宁津生, 2008. 测绘学概论. 武汉: 武汉大学出版社.

彭建兵, 2001. 区域稳定动力学研究(一): 理论与方法体系. 工程地质学报, 9(1): 3-11.

沈伟, 李同录, 2016. 高速远程滑坡运动学研究综述. 工程地质学报, 24(s1): 958-969.

史培军, 袁艺, 2014. 重特大自然灾害综合评估. 地理科学进展, 33(9): 1145-1151.

宋慧娟, 2020. 基于混合现实的人工智能在电力巡检中的应用. 电网与清洁能源, 36(2): 75-79.

孙振华, 1996. 上海城市人为灾害的灾变动力学研究. 灾害学, 11(1): 54-58.

许强, 董秀军, 李为乐, 2019. 基于天-空-地一体化的重大地质灾害隐患早期识别与监测预警. 武汉大学学报(信息科学版), 44(7): 957-966.

杨必胜, 梁福逊, 黄荣刚, 2017. 三维激光扫描点云数据处理研究进展、挑战与趋势. 测绘学报, 46(10): 1509-1516.

杨元喜, 王建荣, 楼良盛, 等, 2022. 中国空间科学技术. 航天测绘发展现状与展望, 42(3): 9.

张勤, 黄观文, 杨成生, 2017. 地质灾害监测预警中的精密空间对地观测技术. 测绘学报, 46(10): 8.

朱建军, 李志伟, 胡俊, 2017. InSAR 变形监测方法与研究进展. 测绘学报, 46(10): 1717-1733.

卓冠晨, 戴可人, 周福军, 等, 2022. 川藏交通廊道典型工点 InSAR 监测及几何畸变精细判识. 地球科学, 47(6): 2031-2047.

Aliparast M, 2009. Two-dimensional finite volume method for dam-break flow simulation. International Journal of Sediment Research, 24(1): 99-107.

Kropatsch W G, Strobl D, 1990. The generation of sar layover and shadow maps from digital elevation models. IEEE Transactions on Geoscience and Remote Sensing, 28(1): 98-107.

Liu Z, Yu C, Li Z, et al., 2023. Co- and Post-seismic mechanisms of the 2020 $M_W$6.3 Yutian earthquake and local stress evolution. Earth and Space Science, 10(1): e2022EA002604.

Li X, Cheng X, Chen W, et al., 2015. Identification of forested landslides using LiDAR data, object-based image analysis, and machine learning algorithms. Remote Sensing, 7(8): 9705-9726.

Sun Q, Hu J, Zhang L, et al., 2016. Towards slow-moving landslide monitoring by integrating multi-sensor InSAR time series datasets: The Zhouqu case study, China. Remote Sensing, 8(11): 908.

Xu X H, Sandwell D T, Smith-Konter B, 2020. Coseismic displacements and surface fractures from Sentinel-1 InSAR: 2019 ridgecrest earthquakes. Seismological Research Letters, 91(4): 1979-1985.

Xu X H, Sandwell D T, Ward L, et al., 2019. Surface deformation associated with fractures near the 2019 Ridgecrest earthquake sequence. Science, 370(6516): 605-608.

Zhang J, Zhu W, Cheng Y, et al., 2021. Landslide detection in the Linzhi-Ya'an section along the Sichuan-tibet railway based on InSAR and hot spot analysis methods. Remote Sensing, 13(18): 3566.

Zhang P, Chen L, Li Z, et al., 2019. Automatic extraction of water and shadow from SAR images based on a multi-resolution dense encoder and decoder network. Sensors, 19(16): 3576.